2020 陕西省二级造价工程师职业资格考试培训教材

建设工程造价管理基础知识

陕西省建设工程造价与建筑行业
劳动保险基金统筹管理总站　组织编写

王智虎　主审

柴　琪　原　波　杜沪阳　主编

中国建材工业出版社

图书在版编目（CIP）数据

建设工程造价管理基础知识/陕西省建设工程造价与建筑行业劳动保险基金统筹管理总站组织编写；柴琪，原波，杜沪阳主编．－－北京：中国建材工业出版社，2020.7

ISBN 978-7-5160-2981-7

Ⅰ.①建… Ⅱ.①陕… ②柴… ③原… ④杜… Ⅲ.①建筑造价管理－资格考试－自学参考资料　Ⅳ.①TU723.31

中国版本图书馆CIP数据核字（2020）第120579号

建设工程造价管理基础知识

Jianshe Gongcheng Zaojia Guanli Jichu Zhishi

陕西省建设工程造价与建筑行业劳动保险基金统筹管理总站　组织编写

王智虎　主审

柴　琪　原　波　杜沪阳　主编

出版发行：中国建材工业出版社
地　　址：北京市海淀区三里河路1号
邮　　编：100044
经　　销：全国各地新华书店
印　　刷：北京鑫正大印刷有限公司
开　　本：889mm×1194mm　1/16
印　　张：15
字　　数：460千字
版　　次：2020年7月第1版
印　　次：2020年7月第1次
定　　价：76.00元

本社网址：www.jccbs.com，微信公众号：zgjcgycbs
请选用正版图书，采购、销售盗版图书属违法行为
版权专有，盗版必究，举报有奖。本社法律顾问：北京天驰君泰律师事务所，张杰律师
举报信箱：zhangjie@tiantailaw.com　举报电话：（010）68343948
本书如有印装质量问题，由我社市场营销部负责调换，联系电话：（010）88386906

陕西省二级造价工程师职业资格考试培训教材
《建设工程造价管理基础知识》
《建设工程计量与计价实务》
编审委员会

总　　编	文建华			
主　　任	原　波			
副 主 任	杜沪阳	赵启哲		
顾　　问	邓立俊			
成　　员	胡永青	丛　梅	高旭静	冯安怀
参编人员	柴　琪	李永忠	李社虎	张小林
	胡永青	丛　梅	高旭静	史媛媛
	张大道	彭　浩	邓　乐	王　萍
	庄智斌	曹　方	武　波	孙立勇
	曹　振	赵启哲	李　寓	苏晓迪
	马　琳	王　琦	朱丽娟	柴　庆
	周　妍	黄无非	张淑华	黄定龙
	张　芳	杜　峰	吴秀利	田敏霞
	朱　军	李　斌	耿　娟	孙少锋
	韩明明	孙爱东	赵　茜	况诗文
	郑　杨			

《建设工程造价管理基础知识》
编审人员名单

主　　审　王智虎
主　　编　柴　琪　原　波　杜沪阳
编写人员　原　波　杜沪阳　柴　琪　李　寓　张　芳　闫　虹

前　　言

　　为了更好地贯彻国家关于造价工程师职业资格制度及工程造价管理有关方针政策，帮助造价从业人员学习专业知识、掌握二级造价工程师职业资格考试的内容和要求，我省组织有关专家和人员依据《全国建设工程二级造价工程师职业资格考试大纲》编写了二级造价工程师职业资格考试培训教材《建设工程造价管理基础知识》、《建设工程计量与计价实务》（按专业分为《土木建筑工程》、《管道安装工程》、《电气安装工程》三册），以下简称"本系列培训教材"。

　　本系列培训教材依据《建设工程工程量清单计价规范》、《陕西省建设工程工程量清单计价规则》（2009）、《陕西省建设工程工程量清单计价费率》（2009）、《陕西省建设工程消耗量定额》（2004）、《陕西省建设工程价目表》（2009）以及陕西省建设工程造价管理最新文件编写。

　　本系列培训教材《建设工程造价管理基础知识》包括工程造价管理相关法律法规、工程造价计价依据与方法、工程建设各阶段的造价管理；《建设工程计量与计价实务》包括专业基础知识、工程计量、工程计价及综合案例。在内容上紧密结合考试大纲，突出重点，理论与实践相结合，注重工程造价的科学性和实用性。在教材编排上，做到计量与计价实务教材与基础理论教材良好衔接，内在逻辑符合教学方法要求，有利于学员参加培训学习和自学。本系列培训教材图文并茂，综合案例贴近工作实际，在强化基础知识、专业知识和基本技能的同时，引导理论运用于实践、增强实务技能应试能力。本系列培训教材既是二级造价工程师的考试培训教材，也可作为造价从业人员的参考用书。

　　在陕西省建设工程造价与建筑行业劳动保险基金统筹管理总站精心组织下，本系列培训教材在编写和审定过程中得到了陕西省建设工程造价管理协会、长安大学、西安建筑科技大学、杨凌职业技术学院、陕西建设技师学院、陕西恒瑞项目管理有限公司等单位的参与和支持

　　由于工程造价涉及的知识面广、专业技术性强，难免有不足和疏漏之处，恳请读者提出宝贵意见和批评建议。

编审委员会
2020 年 7 月

目　　录

第一章　工程造价管理相关法律法规与制度 ················· 1
　　第一节　建设工程造价管理相关法律法规 ················· 1
　　第二节　工程造价管理制度 ························· 35

第二章　工程项目管理 ····························· 41
　　第一节　建设工程项目管理概述 ······················ 41
　　第二节　建设工程项目实施模式 ······················ 51

第三章　工程造价构成 ····························· 65
　　第一节　工程造价构成概述 ························· 65
　　第二节　建筑安装工程费用 ························· 67
　　第三节　设备及工器具购置费 ······················· 73
　　第四节　工程建设其他费用 ························· 77
　　第五节　预备费及建设期利息 ······················· 83

第四章　工程计价方法及依据 ························· 86
　　第一节　工程计价方法 ··························· 86
　　第二节　工程计价依据 ··························· 89
　　第三节　计价定额 ······························ 98
　　第四节　建筑安装工程费用定额 ······················ 110
　　第五节　工程造价信息 ··························· 114

第五章　工程决策和设计阶段造价管理 ····················· 119
　　第一节　工程决策和设计阶段造价管理工作 ················· 119
　　第二节　投资估算编制 ··························· 128
　　第三节　设计概算编制 ··························· 134
　　第四节　施工图预算编制 ·························· 141

第六章　工程施工招标投标阶段造价管理 ···················· 148
　　第一节　施工招标投标 ··························· 148
　　第二节　施工合同示范文本 ························· 154
　　第三节　工程量清单编制 ·························· 167
　　第四节　招标最高限价编制 ························· 182
　　第五节　投标报价编制 ··························· 191

第七章　工程施工和竣工阶段造价管理 …………………………………………… 195
　　第一节　工程施工成本管理 ………………………………………………… 195
　　第二节　工程变更与工程索赔 ……………………………………………… 202
　　第三节　建设工程价款结算 ………………………………………………… 211
　　第四节　清单计价模式下竣工结算编制 …………………………………… 224
　　第五节　竣工决算编制 ……………………………………………………… 229

参考文献 ……………………………………………………………………………… 231

第一章 工程造价管理相关法律法规与制度

第一节 建设工程造价管理相关法律法规

一、建设工程法律体系

法律体系是指由一个国家现行的各个部门法构成的有机联系的统一整体。建设工程法律法规体系是指把已经制定的和需要制定的建设工程方面的法律、行政法规、部门规章和地方法规、地方规章有机结合起来,形成的一个相互联系、相互补充、相互协调的完整统一的体系。建设工程法律具有综合性的特点,包括经济法、行政法、民法、商法等内容。建设工程法律同时又具有一定的独立性和完整性,具有自己的完整体系。

我国法律体系的基本框架是由宪法及宪法相关法,如民法、商法、行政法、经济法、社会法、刑法、诉讼与非诉讼程序法等构成的。

我国的法律体系按形式可分为以下七大类:

1. 宪法

宪法是由全国人民代表大会依照特别程序制定的具有最高效力的根本法。规定国家制度、社会制度的基本原则。其主要功能是制约和平衡国家权力,保障公民权利。宪法在我国法律体系中具有最高的法律地位和法律效力,是我国最高的法律形式。宪法也是建设法规的最高形式,是国家进行建设管理、监督的权力基础。

2. 法律

法律是指由全国人民代表大会和全国人民代表大会常务委员会制定颁布的规范性法律文件,即狭义的法律。法律分为基本法律和一般法律(也称专门法)两类。

基本法律是由全国人民代表大会制定的调整国家和社会生活中带有普遍性的社会关系的规范性法律文件的统称,如刑法、民法、诉讼法以及有关国家机构的组织法等。

一般法律是由全国人民代表大会常务委员会制定的调整国家和社会生活中某种具体社会关系或其中某一方面内容的规范性法律文件的统称。

建设法律既包括专门的建设领域的法律,也包括与建设活动相关的其他法律。例如,前者有《中华人民共和国城乡规划法》《中华人民共和国建筑法》和《中华人民共和国城市房地产管理法》等;后者有《中华人民共和国民法总则》《中华人民共和国合同法》和《中华人民共和国行政许可法》等。

3. 行政法规

行政法规是国家最高行政机关国务院根据宪法和法律就有关执行法律和履行行政管理职权的问题,以及依据全国人民代表大会及其常务委员会特别授权所制定的规范性文件的总称。行政法规由总理签署国务院令公布。

现行的建设行政法规主要有《建设工程质量管理条例》《建设工程安全生产管理条例》《建设工程勘察设计管理条例》《城市房地产开发经营管理条例》和《招标投标法实施条例》等。

4. 地方性法规、条例

省、自治区、直辖市的人民代表大会及其常务委员会根据本行政区域的具体情况和实际需要,在不同宪法、法律、行政法规相抵触的前提下,可以制定地方性法规。

设区的市人民代表大会及其常务委员会根据本市的具体情况和实际需要，在不同宪法、法律、行政法规和本省、自治区的地方性法规相抵触的前提下，可以对城乡建设与管理、环境保护、历史文化保护等方面的事项制定地方性法规。设区的市的地方性法规须报省、自治区的人民代表大会常务委员会批准后施行。

目前，各地方都制定了大量的规范建设活动的地方性法规、条例，如《陕西省实施〈中华人民共和国招标投标法〉办法》。

5. 部门规章

国务院各部、委员会、中国人民银行、审计署和具有行政管理职能的直属机构所制定的规范性文件称为部门规章。部门规章由部门首长签署命令予以公布。部门规章签署公布后，及时在国务院公报或者部门公报和中国政府法制信息网以及在全国范围内发行的报纸上刊载。

部门规章规定的事项应当属于执行法律或者国务院的行政法规、决定、命令的事项，其名称可以是"规定""办法"和"实施细则"等。如《建筑工程施工发包与承包计价管理办法》《建设工程价款结算暂行办法》和《建设工程质量保证金管理办法》等。

6. 地方政府规章

省、自治区、直辖市和设区的市、自治州的人民政府，可以根据法律、行政法规和本省、自治区、直辖市的地方性法规，制定地方政府规章。地方政府规章由省长或者自治区主席或者直辖市市长签署命令予以公布。

地方政府规章签署公布后，及时在本级人民政府公报和中国政府法制信息网以及在本行政区域范围内发行的报纸上刊载。如《陕西省建设工程造价管理办法》（陕西省人民政府令第133号）等。

7. 国际条约

国际条约是指我国与外国缔结、参加、签订、加入、承认的双边、多边的条约、协定和其他具有条约性质的文件。国际条约的名称，除条约外，还有公约、协议、协定、议定书、宪章、盟约、换文和联合宣言等。除我国在缔结时宣布持保留意见不受其约束的外，这些条约的内容都与国内法具有一样的约束力，所以也是我国法的形式。例如，我国加入WTO后，WTO中与工程建设有关的协定也对我国的建设活动产生约束力。

二、《中华人民共和国建筑法》及相关条例

（一）建筑法

2019年4月经修改后公布的《中华人民共和国建筑法》（以下简称《建筑法》）主要适用于各类房屋建筑及其附属设施的建造和与其配套的线路、管道、设备的安装活动，但其中关于施工许可、企业资质审查和工程发包、承包、禁止转包，以及工程监理、安全和质量管理的规定，也适用于其他专业建筑工程的建筑活动。《建筑法》的主要内容包括总则、建筑许可、建筑工程发包与承包、建筑工程监理、建筑安全生产管理、建筑工程质量管理、法律责任和附则。

1. 建筑许可

根据《建筑法》的规定，建筑许可包括建筑工程施工许可和从业资格两个方面。

（1）建筑工程施工许可。

1）施工许可的形式。现阶段对建设工程开工条件的审批存在颁发"施工许可证"和批准"开工报告"两种形式。一般情况下是办理施工许可证；对于少数工程实行批准开工报告的形式。实行开工报告的，需要审查：①资金到位情况；②投资项目市场预测；③设计图纸是否满足施工要求；④现场条件是否具备"三通一平"等的要求。

根据《建筑法》的规定，按照国务院有关规定批准开工报告的建筑工程，因故不能按期开工或者中止施工的，应当及时向批准机关报告情况。因故不能按期开工超过6个月的，应当重新办理开工报告的批准手续。

2) 施工许可证的办理。

根据《建筑法》的规定，除国务院建设行政主管部门确定的限额以下的小型工程外，建筑工程开工前，建设单位应当按照国家有关规定向工程所在地县级以上人民政府建设行政主管部门申请领取施工许可证。按照国务院规定的权限和程序批准开工报告的建筑工程，不再领取施工许可证。

申请领取施工许可证，应当具备如下条件：

① 已办理建筑工程用地批准手续；
② 在城市规划区内的建筑工程，已取得规划许可证；
③ 需要拆迁的，其拆迁进度符合施工要求；
④ 已经确定建筑施工单位；
⑤ 有满足施工需要的施工图纸及技术资料；
⑥ 有保证工程质量和安全的具体措施；
⑦ 建设资金已经落实；
⑧ 法律、行政法规规定的其他条件。

3) 施工许可证的有效期限。

建设单位应当自领取施工许可证之日起 3 个月内开工。因故不能按期开工的，应当向发证机关申请延期；延期以两次为限，每次不超过 3 个月。既不开工又不申请延期或者超过延期时限的，施工许可证自行废止。

4) 中止施工和恢复施工。

在建的建筑工程因故中止施工的，建设单位应当自中止施工之日起 1 个月内，向发证机关报告，并按照规定做好建设工程的维护管理工作。

建筑工程恢复施工时，应当向发证机关报告；中止施工满 1 年的工程恢复施工前，建设单位应当报发证机关核验施工许可证。

（2）从业资格。

1) 单位资质。

根据《建筑法》的规定，从事建筑活动的建筑施工企业、勘察单位、设计单位和工程监理单位，应当具备下列条件：①有符合国家规定的注册资本；②有与其从事的建筑活动相适应的具有法定执业资格的专业技术人员；③有从事相关建筑活动所应有的技术装备；④法律、行政法规规定的其他条件。

2) 专业技术人员资格。

根据《建筑法》的规定，从事建筑活动的专业技术人员，应当依法取得相应的执业资格证书，并在执业资格证书许可的范围内从事建筑活动。我国工程建设领域建立了建筑师、监理工程师、结构工程师、造价工程师、建造师等职（执）业资格制度。2017 年 9 月 15 日，经国务院同意，人力资源社会保障部印发《关于公布国家职业资格目录的通知》，公布国家职业资格目录，将造价工程师列入准入类执业资格。

2. 建筑工程发包与承包

《建筑法》规定了建筑工程发包与承包活动的基本原则及发包与承包活动应遵守的具体行为规范。

（1）建筑工程发包与承包的基本原则。建筑工程发包与承包活动应当共同遵守的基本原则包括：

1) 建筑工程的发包与承包双方应当依法订立合同，全面履行合同约定义务的原则。建筑工程的发包单位与承包单位订立的合同，是指有关建筑工程的承包合同，即由承包方按期完成发包方交付的特定工程项目，发包方按期验收，并支付报酬的协议。建筑工程承包合同包括建筑工程的勘察合同、设计合同、建筑施工合同和设备安装合同。建筑工程承包合同可以由建设单位与一个总承包单位订立总承包合同，然后由总承包单位与各分包单位订立分包合同，也可以由建设单位分别与从事建筑活动的勘察、设计、施工、安装单位签订合同。在建筑活动中，要求当事人应当依法订立合同，以合同的形式明确约定双方的权利义务，并以法律保障其实施，对于建立和维护建筑市场的正常秩序，维护建筑活动各方当事人的合法权益，具有重要意义。

发包单位和承包单位应当全面履行合同约定的义务。所谓全面履行合同约定的义务，是指当事人应当按照建筑工程承包合同约定的有关工程的质量、数量、工期、造价及结算办法等要求，全部履行各自的义务，任何一方都不得擅自变更或解除合同。不按照合同约定履行义务的，依法承担违约责任。

2）建筑工程发包与承包的招标投标活动应当遵循公开、公正、平等竞争的原则。采用招标投标的方式进行建筑工程的发包与承包，其最显著的特征，是将竞争机制引入建筑工程的发包与承包活动中，应符合《建筑法》的规定。

3）在建筑工程的发包与承包活动中禁止任何形式的行贿受贿行为的原则。发包单位及其工作人员在建筑工程发包中不得收受贿赂、回扣或者索取其他好处。承包单位及其工作人员不得利用向发包单位及其工作人员行贿、提供回扣或者给予其他好处等不正当手段承揽工程。

4）建筑工程的造价应当由合同双方依法约定以及发包单位应当依照合同约定及时拨付工程款项的原则。建筑工程造价应当按照国家有关规定，由发包单位与承包单位在合同中约定。公开招标发包的，其造价的约定，须遵守招标投标的法律规定。发包单位应当按照合同的约定，及时拨付工程款项。发包方与承包方在合同中对工程造价的约定，既包括对计价范围、标准的约定，也包括对工程计价方式的约定。

（2）建筑工程的发包方式。

1）建筑工程发包。

建筑工程依法实行招标发包，对不适于招标发包的可以直接发包。建筑工程实行招标发包的，发包单位应当将建筑工程发包给依法中标的承包单位。建筑工程实行直接发包的，发包单位应当将建筑工程发包给具有相应资质条件的承包单位。建筑工程的发包单位可以将建筑工程的勘察、设计、施工、设备采购一并发包给一个工程总承包单位，也可以将建筑工程勘察、设计、施工、设备采购的一项或者多项发包给一个工程总承包单位；但是不得将应当由一个承包单位完成的建筑工程肢解成若干部分发包给几个承包单位。

按照合同约定，建筑材料、建筑构配件和设备由工程承包单位采购的，发包单位不得指定承包单位购入用于工程的建筑材料、建筑构配件和设备或者指定生产厂、供应商。

2）建筑工程承包。

承包建筑工程的单位应当持有依法取得的资质证书，并在其资质等级许可的业务范围内承揽工程。禁止建筑施工企业超越本企业资质等级许可的业务范围或者以任何形式用其他建筑施工企业的名义承揽工程。禁止建筑施工企业以任何形式允许其他单位或者个人使用本企业的资质证书、营业执照，以本企业的名义承揽工程。

建筑工程总承包单位可以将承包工程中的部分工程发包给具有相应资质条件的分包单位；但是，除总承包合同中约定的分包外，必须经建设单位认可。施工总承包的，建筑工程主体结构的施工必须由总承包单位自行完成。建筑工程总承包单位按照总承包合同的约定对建设单位负责；分包单位按照分包合同的约定对总承包单位负责。总承包单位和分包单位就分包工程对建设单位承担连带责任。禁止总承包单位将工程分包给不具备相应资质条件的单位。禁止分包单位将其承包的工程再分包。禁止承包单位将其承包的全部建筑工程转包给他人，禁止承包单位将其承包的全部建筑工程肢解以后以分包的名义分别转包给他人。

大型建筑工程或者结构复杂的建筑工程，可以由两个以上的承包单位联合共同承包。共同承包的各方对承包合同的履行承担连带责任。两个以上不同资质等级的单位实行联合共同承包的，应当按照资质等级低的单位的业务许可范围承揽工程。联合承包是由两个以上的承包单位共同承包，当参加联合承包的具有相同专业的各单位资质等级不同时，为防止出现越级承包的问题，规定联合体只能按资质等级较低的单位的许可业务范围承揽工程。

3. 建筑工程监理

《建筑法》规定国家推行建筑工程监理制度，国务院可以规定实行强制监理的建筑工程的范围。实行监理的建筑工程，建设单位与其委托的工程监理单位应当订立书面委托监理合同。实施建筑工程监理前，建设单位应当将委托的工程监理单位、监理的内容及监理权限，书面通知被监理的建筑施工企业。

工程监理单位应当根据建设单位的委托，客观、公正地执行监理任务。工程监理人员发现工程设计不符合建筑工程质量标准或者合同约定的质量要求的，应当报告建设单位要求设计单位改正；认为工程施工不符合工程设计要求、施工技术标准和合同约定的，有权要求建筑施工企业改正。

4. 建筑安全生产管理

建筑工程安全生产管理必须坚持安全第一、预防为主、综合治理的方针，建立健全安全生产的责任制度和群防群治制度。

建筑工程设计应当符合按照国家规定制定的建筑安全规程和技术规范，保证工程的安全性能。建筑施工企业在编制施工组织设计时，应当根据建筑工程的特点制定相应的安全技术措施；对专业性较强的工程项目，应当编制专项安全施工组织设计，并采取安全技术措施。

建筑施工企业应当在施工现场采取维护安全、防范危险、预防火灾等措施；有条件的，应当对施工现场实行封闭管理。施工现场对毗邻的建筑物、构筑物和特殊作业环境可能造成损害的，建筑施工企业应当采取措施加以保护。

施工现场安全由建筑施工企业负责。实行施工总承包的，由总承包单位负责。分包单位向总承包单位负责，服从总承包单位对施工现场的安全生产管理。建筑施工企业应当依法为职工参加工伤保险缴纳工伤保险费。鼓励企业为从事危险作业的职工办理意外伤害保险，支付保险费。

涉及建筑主体和承重结构变动的装修工程，建设单位应当在施工前委托原设计单位或者具有相应资质条件的设计单位提出设计方案；没有设计方案的，不得施工。房屋拆除应当由具备保证安全条件的建筑施工单位承担，由建筑施工单位负责人对安全负责。

5. 建筑工程质量管理

建设单位不得以任何理由，要求建筑设计单位或建筑施工单位违反法律、行政法规和建筑工程质量、安全标准，降低工程质量，建筑设计单位和建筑施工单位应当拒绝建设单位的此类要求。

建筑工程的勘察、设计单位必须对其勘察、设计的质量负责。勘察、设计文件应当符合有关法律、行政法规的规定和建筑工程质量、安全标准，建筑工程勘察、设计技术规范以及合同的约定。设计文件选用的建筑材料、建筑构配件和设备，应当注明其规格、型号、性能等技术指标，其质量要求必须符合国家规定的标准。建筑设计单位对设计文件选用的建筑材料、建筑构配件和设备，不得指定生产厂、供应商。

建筑施工企业对工程的施工质量负责。建筑施工企业必须按照工程设计图纸和施工技术标准施工，不得偷工减料。工程设计的修改由原设计单位负责，建筑施工企业不得擅自修改工程设计。建筑施工企业必须按照工程设计要求、施工技术标准和合同的约定，对建筑材料、构配件和设备进行检验，不合格的不得使用。

建筑工程竣工经验收合格后，方可交付使用；未经验收或验收不合格的，不得交付使用。交付竣工验收的建筑工程，必须符合规定的建筑工程质量标准，有完整的工程技术经济资料和经签署的工程保修书，并具备国家规定的其他竣工条件。

建筑工程实行质量保修制度。保修范围应当包括地基基础工程、主体结构工程、屋面防水工程和其他土建工程，以及电气管线、上下水管线的安装工程，供热、供冷系统工程等项目。保修的期限应当按照保证建筑物合理寿命年限内正常使用、维护使用者合法权益的原则确定。

（二）建设工程质量管理条例

为了加强对建设工程质量的管理，保证建设工程质量，保护人民生命和财产安全，根据《建筑法》，制定《建设工程质量管理条例》。《建设工程质量管理条例》主要明确了建设单位、勘察单位、设计单位、施工单位、工程监理单位的质量责任和义务，以及工程质量保修期限等内容。

1. 建设单位的质量责任和义务

（1）工程发包。

建设单位应当将工程发包给具有相应资质等级的单位。建设单位不得将建设工程肢解发包。建设单位应当依法对工程建设项目的勘察、设计、施工、监理以及与工程建设有关的重要设备、材料等的采购进行招标。不得迫使承包方以低于成本的价格竞标，不得任意压缩合理工期；不得明示或者暗示设计单位或者施工单位违反工程建设强制性标准，降低建设工程质量。

建设单位必须向有关的勘察、设计、施工、工程监理等单位提供与建设工程有关的原始资料。原始资料必须真实、准确、齐全。

（2）工程监理。

实行监理的建设工程，建设单位应当委托具有相应资质等级的工程监理单位进行监理，也可以委托具有工程监理相应资质等级并与被监理工程的施工承包单位没有隶属关系或者其他利害关系的该工程的设计单位进行监理。下列建设工程必须实行监理：

1）国家重点建设工程；
2）大中型公用事业工程；
3）成片开发建设的住宅小区工程；
4）利用外国政府或者国际组织贷款、援助资金的工程；
5）国家规定必须实行监理的其他工程。

（3）工程施工。

1）建设单位在领取施工许可证或者开工报告前，应当按照国家有关规定办理工程质量监督手续。
2）按照合同约定，由建设单位采购建筑材料、建筑构配件和设备的，建设单位应当保证建筑材料、建筑构配件和设备符合设计文件和合同要求。建设单位不得明示或者暗示施工单位使用不合格的建筑材料、建筑构配件和设备。
3）涉及建筑主体和承重结构变动的装修工程，建设单位应当在施工前委托原设计单位或者具有相应资质等级的设计单位提出设计方案；没有设计方案的，不得施工。房屋建筑使用者在装修过程中，不得擅自变动房屋建筑主体和承重结构。

（4）工程竣工验收。建设单位收到建设工程竣工报告后，应当组织设计、施工、工程监理等有关单位进行竣工验收；建设工程经验收合格的，方可交付使用。建设工程竣工验收应当具备下列条件：

1）完成建设工程设计和合同约定的各项内容；
2）有完整的技术档案和施工管理资料；
3）有工程使用的主要建筑材料、建筑构配件和设备的进场试验报告；
4）有勘察、设计、施工、工程监理等单位分别签署的质量合格文件；
5）有施工单位签署的工程保修书。

建设单位应当严格按照国家有关档案管理的规定，及时收集、整理建设项目各环节的文件资料，建立、健全建设项目档案，并在建设工程竣工验收后，及时向建设行政主管部门或者其他有关部门移交建设项目档案。

2. 勘察、设计单位的质量责任和义务

（1）工程承揽。

从事建设工程勘察、设计的单位应当依法取得相应等级的资质证书，并在其资质等级许可的范围内承揽工程。禁止勘察、设计单位超越其资质等级许可的范围或者以其他勘察、设计单位的名义承揽工程。禁止勘察、设计单位允许其他单位或者个人以本单位的名义承揽工程。勘察、设计单位不得转包或者违法分包所承揽的工程。

(2) 勘察设计。

勘察、设计单位必须按照工程建设强制性标准进行勘察、设计，并对其勘察、设计的质量负责。勘察单位提供的地质、测量、水文等勘察成果必须真实、准确。设计单位应当根据勘察成果文件进行建设工程设计。设计文件应当符合国家规定的设计深度要求，注明工程合理使用年限。注册建筑师、注册结构工程师等注册执业人员应当在设计文件上签字，对设计文件负责。设计单位还应当就审查合格的施工图设计文件向施工单位做出详细说明。

设计单位在设计文件中选用的建筑材料、建筑构配件和设备，应当注明规格、型号、性能等技术指标，其质量要求必须符合国家规定的标准。除有特殊要求的建筑材料、专用设备、工艺生产线等外，设计单位不得指定生产厂、供应商。

设计单位还应当参与建设工程质量事故分析，并对因设计造成的质量事故，提出相应的技术处理方案。

3. 施工单位的质量责任和义务

(1) 工程承揽。

施工单位应当依法取得相应等级的资质证书，并在其资质等级许可的范围内承揽工程。禁止施工单位超越本单位资质等级许可的业务范围或者以其他施工单位的名义承揽工程；禁止施工单位允许其他单位或者个人以本单位的名义承揽工程；施工单位不得转包或者违法分包工程。

(2) 工程施工。

施工单位对建设工程的施工质量负责。施工单位应当建立质量责任制，确定工程项目的项目经理、技术负责人和施工管理负责人。施工单位还应当建立、健全教育培训制度，加强对职工的教育培训；未经教育培训或者考核不合格的人员，不得上岗作业。

建设工程实行总承包的，总承包单位应当对全部建设工程质量负责；建设工程勘察、设计、施工、设备采购的一项或者多项实行总承包的，总承包单位应当对其承包的建设工程或者采购的设备的质量负责。

总承包单位依法将建设工程分包给其他单位的，分包单位应当按照分包合同的约定对其分包工程的质量向总承包单位负责，总承包单位与分包单位对分包工程的质量承担连带责任。

施工单位必须按照工程设计图纸和施工技术标准施工，不得擅自修改工程设计，不得偷工减料。施工单位在施工过程中发现设计文件和图纸有差错的，应当及时提出意见和建议。

(3) 质量检验。

施工单位必须按照工程设计要求、施工技术标准和合同约定，对建筑材料、建筑构配件、设备和商品混凝土进行检验，检验应当有书面记录和专人签字；未经检验或者检验不合格的，不得使用。施工人员对涉及结构安全的试块、试件以及有关材料，应当在建设单位或者工程监理单位监督下现场取样，并送具有相应资质等级的质量检测单位进行检测。

施工单位还必须建立、健全施工质量的检验制度，严格工序管理，做好隐蔽工程的质量检查和记录。隐蔽工程在隐蔽前，施工单位应当通知建设单位和建设工程质量监督机构。施工单位对施工中出现质量问题的建设工程或者竣工验收不合格的建设工程，应当负责返修。

4. 工程监理单位的质量责任和义务

(1) 业务承担。

工程监理单位应当依法取得相应等级的资质证书，并在其资质等级许可的范围内承担工程监理业务。禁止工程监理单位超越本单位资质等级许可的范围或者以其他工程监理单位的名义承担工程监理业务；禁止工程监理单位允许其他单位或者个人以本单位的名义承担工程监理业务；工程监理单位不得转让工程监理业务。

工程监理单位与被监理工程的施工承包单位以及建筑材料、建筑构配件和设备供应单位有隶属关系或者其他利害关系的，不得承担该项建设工程的监理业务。

(2) 监理工作实施。

工程监理单位应当依照法律、法规以及有关技术标准、设计文件和建设工程承包合同，代表建设单位对施工质量实施监理，并对施工质量承担监理责任。

工程监理单位应当选派具备相应资格的总监理工程师和监理工程师进驻施工现场。监理工程师应当按照工程监理规范的要求，采取旁站、巡视和平行检验等形式，对建设工程实施监理。未经监理工程师签字，建筑材料、建筑构配件和设备不得在工程上使用或者安装，施工单位不得进行下一道工序的施工。未经总监理工程师签字，建设单位不拨付工程款，不进行竣工验收。

5. 工程质量保修

(1) 工程质量保修制度。

建设工程实行质量保修制度。建设工程承包单位在向建设单位提交工程竣工验收报告时，应当向建设单位出具质量保修书。质量保修书中应当明确建设工程的保修范围、保修期限和保修责任等。建设工程的保修期，自竣工验收合格之日起计算。

如果建设工程在保修范围和保修期限内发生质量问题，施工单位应当履行保修义务，并对造成的损失承担赔偿责任。如果建设工程在超过合理使用年限后需要继续使用，产权所有人应当委托具有相应资质等级的勘察、设计单位鉴定，并根据鉴定结果采取加固、维修等措施，重新界定使用期。

(2) 工程最低保修期限。

在正常使用条件下，建设工程最低保修期限如下：

1) 基础设施工程、房屋建筑的地基基础工程和主体结构工程，为设计文件规定的该工程合理使用年限；

2) 屋面防水工程、有防水要求的卫生间、房间和外墙面的防渗漏为 5 年；

3) 供热与供冷系统为两个采暖期、供冷期；

4) 电气管道、给排水管道、设备安装和装修工程为两年。

其他工程的保修期限由发包方与承包方约定。

6. 监督管理

(1) 工程质量监督检查。县级以上人民政府建设行政主管部门和其他有关部门履行监督检查职责时，有权采取下列措施：

1) 要求被检查的单位提供有关工程质量的文件和资料；

2) 进入被检查单位的施工现场进行检查；

3) 发现有影响工程质量的问题时，责令改正。

(2) 工程竣工验收备案。建设单位应当自建设工程竣工验收合格之日起 15 日内，将建设工程竣工验收报告和规划、公安消防、环保等部门出具的认可文件或者准许使用文件报建设行政主管部门或者其他有关部门备案。

(3) 工程质量事故报告。建设工程发生质量事故，有关单位应当在 24h 内向当地建设行政主管部门和其他有关部门报告。对重大质量事故，事故发生地的建设行政主管部门和其他有关部门应当按照事故类别和等级向当地人民政府和上级建设行政主管部门和其他有关部门报告。特别重大质量事故的调查程序按照国务院有关规定办理。任何单位和个人对建设工程的质量事故、质量缺陷都有权检举、控告、投诉。

(三) 建设工程安全生产管理条例

为了加强建设工程安全生产监督管理，由国务院于 2003 年 11 月 24 日发布《建设工程安全生产管理条例》，明确了建设单位、勘察单位、设计单位、施工单位、工程监理单位及其他与建设工程安全生产有关的单位的安全生产责任，并规定了生产安全事故的应急救援和调查处理。

1. 建设单位的安全责任

建设单位应当向施工单位提供施工现场及毗邻区域内供水、排水、供电、供气、供热、通信、广播电视等地下管线资料，气象和水文观测资料，相邻建筑物和构筑物、地下工程的有关资料，并保证资料的真实、准确、完整。

建设单位不得对勘察、设计、施工、工程监理等单位提出不符合建设工程安全生产法律、法规和强制性标准规定的要求，不得压缩合同约定的工期；不得明示或者暗示施工单位购买、租赁、使用不符合安全施工要求的安全防护用具、机械设备、施工机具及配件、消防设施和器材。

建设单位在编制工程概算时，应当确定建设工程安全作业环境及安全施工措施所需费用；在申请领取施工许可证时，应当提供建设工程有关安全施工措施的资料。

依法批准开工报告的建设工程，建设单位应当自开工报告批准之日起15日内，将保证安全施工的措施报送建设工程所在地的县级以上地方人民政府建设行政主管部门或者其他有关部门备案。

建设单位应当将拆除工程发包给具有相应资质等级的施工单位，还应当在拆除工程施工15日前，将施工单位资质等级证明，拟拆除建筑物、构筑物及可能危及毗邻建筑的说明，拆除施工组织方案，堆放、清除废弃物的措施等资料，报送建设工程所在地的县级以上地方人民政府建设行政主管部门或者其他有关部门备案。实施爆破作业的，应当遵守国家有关民用爆炸物品管理的规定。

2. 勘察、设计、工程监理及其他有关单位的安全责任

（1）勘察单位的安全责任。勘察单位应当按照法律、法规和工程建设强制性标准进行勘察，提供的勘察文件应当真实、准确，满足建设工程安全生产的需要。

勘察单位在勘察作业时，应当严格执行操作规程，采取措施保证各类管线、设施和周边建筑物、构筑物的安全。

（2）设计单位的安全责任。设计单位应当按照法律、法规和工程建设强制性标准进行设计，防止因设计不合理导致生产安全事故的发生。

设计单位应当考虑施工安全操作和防护的需要，对涉及施工安全的重点部位和环节在设计文件中注明，并对防范生产安全事故提出指导意见。采用新结构、新材料、新工艺的建设工程和特殊结构的建设工程，设计单位应当在设计中提出保障施工作业人员安全和预防生产安全事故的措施建议。设计单位和注册建筑师等注册执业人员应当对其设计负责。

（3）工程监理单位的安全责任。工程监理单位应当审查施工组织设计中的安全技术措施或者专项施工方案是否符合工程建设强制性标准。工程监理单位在实施监理过程中，如发现存在安全事故隐患，应当要求施工单位整改；情况严重的，应当要求施工单位暂时停止施工，并及时报告建设单位。施工单位如拒不整改或者不停止施工，工程监理单位应当及时向有关主管部门报告。

工程监理单位和监理工程师应当按照法律、法规和工程建设强制性标准实施监理，并对建设工程安全生产承担监理责任。

（4）机械设备配件供应单位的安全责任。为建设工程提供机械设备和配件的单位，应当按照安全施工的要求配备齐全有效的保险、限位等安全设施和装置。出租的机械设备和施工机具及配件，应当具有生产（制造）许可证、产品合格证。出租单位应当对出租的机械设备和施工机具及配件的安全性能进行检测，在签订租赁协议时，应当出具检测合格证明。禁止出租检测不合格的机械设备和施工机具及配件。

（5）施工机械设施安装单位的安全责任。在施工现场安装、拆卸施工起重机械和整体提升脚手架、模板等自升式架设设施，必须由具有相应资质的单位承担。安装、拆卸上述机械和设施，应当编制拆装方案、制订安全施工措施，并由专业技术人员现场监督。安装完毕后，安装单位应当自检，出具自检合格证明，并向施工单位进行安全使用说明，办理验收手续并签字。如上述机械和设施的使用达到国家规定的检验检测期限，必须经具有专业资质的检验检测机构检测。检验检测机构应当出具安全合格证明文件，并对检测结果负责。经检测不合格的，不得继续使用。

3. 施工单位的安全责任

（1）工程承揽。施工单位从事建设工程的新建、扩建、改建和拆除等活动，应当具备国家规定的

注册资本、专业技术人员、技术装备和安全生产等条件，依法取得相应等级的资质证书，并在其资质等级许可的范围内承揽工程。

（2）安全生产责任制度。施工单位主要负责人依法对本单位的安全生产工作全面负责。施工单位应当建立、健全安全生产责任制度，制定安全生产规章制度和操作规程，保证本单位安全生产条件所需资金的投入，对所承担的建设工程进行定期和专项安全检查，并做好安全检查记录。

施工单位的项目负责人应当由取得相应执业资格的人员担任，对建设工程项目的安全施工负责，落实安全生产责任制度、安全生产规章制度和操作规程，确保安全生产费用的有效使用，并根据工程的特点组织制定安全施工措施，消除安全事故隐患，及时、如实报告生产安全事故。

建设工程实行施工总承包的，由总承包单位对施工现场的安全生产负总责。总承包单位依法将建设工程分包给其他单位的，分包合同中应当明确各自的安全生产方面的权利、义务。总承包单位和分包单位对分包工程的安全生产承担连带责任。分包单位应当服从总承包单位的安全生产管理，如分包单位不服从管理导致生产安全事故，由分包单位承担主要责任。

（3）安全生产管理费用。施工单位对列入建设工程概算的安全作业环境及安全施工措施所需费用，应当用于施工安全防护用具及设施的采购和更新、安全施工措施的落实、安全生产条件的改善，不得挪作他用。

（4）施工现场安全管理。施工单位应当设立安全生产管理机构，配备专职安全生产管理人员。专职安全生产管理人员负责对安全生产进行现场监督检查。发现安全事故隐患，应当及时向项目负责人和安全生产管理机构报告；对违章指挥、违章操作，应当立即制止。专职安全生产管理人员的配备办法由国务院建设行政主管部门会同国务院其他有关部门制定。

（5）安全生产教育培训。施工单位的主要负责人、项目负责人、专职安全生产管理人员应当经建设行政主管部门或者其他有关部门考核合格后方可任职。施工单位应当建立、健全安全生产教育培训制度，应当对管理人员和作业人员每年至少进行一次安全生产教育培训，其教育培训情况记入个人工作档案。安全生产教育培训考核不合格的人员，不得上岗。

作业人员进入新的岗位或者新的施工现场前，应当接受安全生产教育培训。未经教育培训或者教育培训考核不合格的人员，不得上岗作业。施工单位在采用新技术、新工艺、新设备、新材料时，应当对作业人员进行相应的安全生产教育培训。

垂直运输机械作业人员、安装拆卸工、爆破作业人员、起重信号工、登高架设作业人员等特种作业人员，必须按照国家有关规定经过专门的安全作业培训，并取得特种作业操作资格证书后，方可上岗作业。

（6）安全技术措施和专项施工方案。施工单位应当在施工组织设计中编制安全技术措施和施工现场临时用电方案，对下列达到一定规模的危险性较大的分部分项工程编制专项施工方案，并附具安全验算结果，经施工单位技术负责人、总监理工程师签字后实施，由专职安全生产管理人员进行现场监督：①基坑支护与降水工程；②土方开挖工程；③模板工程；④起重吊装工程；⑤脚手架工程；⑥拆除、爆破工程；⑦国务院建设行政主管部门或者其他有关部门规定的其他危险性较大的工程。

上述所列工程中涉及深基坑、地下暗挖工程、高大模板工程的专项施工方案，施工单位还应当组织专家进行论证、审查。

建设工程施工前，施工单位负责项目管理的技术人员应当对有关安全施工的技术要求向施工作业班组、作业人员做出详细说明，并由双方签字确认。

（7）施工现场安全防护。施工单位应当在施工现场入口处、施工起重机械、临时用电设施、脚手架、出入通道口、楼梯口、电梯井口、孔洞口、桥梁口、隧道口、基坑边沿、爆破物及有害危险气体和液体存放处等危险部位，设置明显的符合国家标准的安全警示标志。施工单位应当根据不同施工阶段和周围环境及季节、气候的变化，在施工现场采取相应的安全施工措施。如施工现场暂时停止施工，施工单位应当做好现场防护，所需费用由责任方承担，或者按照合同约定执行。

施工单位应当向作业人员提供安全防护用具和安全防护服装，并书面告知危险岗位的操作规程和违章操作的危害。作业人员有权对施工现场的作业条件、作业程序和作业方式中存在的安全问题提出批评、检举和控告，有权拒绝违章指挥和强令冒险作业。在施工中发生危及人身安全的紧急情况时，作业人员有权立即停止作业或者在采取必要的应急措施后撤离危险区域。作业人员应当遵守安全施工的强制性标准、规章制度和操作规程，正确使用安全防护用具、机械设备等。

（8）施工现场卫生、环境与消防安全管理。施工单位应当将施工现场的办公、生活区与作业区分开设置，并保持安全距离；办公、生活区的选址应当符合安全性要求。职工的膳食、饮水、休息场所等应当符合卫生标准。施工单位不得在尚未竣工的建筑物内设置员工集体宿舍。施工现场临时搭建的建筑物应当符合安全使用要求。

对因建设工程施工可能造成损害的毗邻建筑物、构筑物和地下管线等，施工单位应当采取专项防护措施。施工单位应当遵守有关环境保护法律、法规的规定，在施工现场采取措施，防止或者减少粉尘、废气、废水、固体废物、噪声、振动和施工照明对人和环境的危害和污染。在城市市区内的建设工程，施工单位应当对施工现场实行封闭围挡。

施工单位应当在施工现场建立消防安全责任制度，确定消防安全责任人，制定用火、用电、使用易燃易爆材料等各项消防安全管理制度和操作规程，设置消防通道、消防水源，配备消防设施和灭火器材，并在施工现场入口处设置明显标志。

（9）施工机具设备安全管理。施工单位采购、租赁的安全防护用具、机械设备、施工机具及配件，应当具有生产（制造）许可证、产品合格证，并在进入施工现场前进行查验。

施工现场的安全防护用具、机械设备、施工机具及配件必须由专人管理，定期进行检查、维修和保养，建立相应的资料档案，并按照国家有关规定及时报废。

施工单位在使用施工起重机械和整体提升脚手架、模板等自升式架设设施前，应当组织有关单位进行验收，也可以委托具有相应资质的检验检测机构进行验收；如使用承租的机械设备和施工机具及配件，应由施工总承包单位、分包单位、出租单位和安装单位共同进行验收，验收合格后方可使用。《特种设备安全监察条例》规定的施工起重机械，在验收前应当经有相应资质的检验检测机构监督检验合格。

施工单位应当自施工起重机械和整体提升脚手架、模板等自升式架设设施验收合格之日起30日内，向建设行政主管部门或者其他有关部门登记。登记标志应当置于或者附着于该设备的显著位置。

4. 监督管理

（1）安全施工措施的审查。建设行政主管部门在审核发放施工许可证时，应当对建设工程是否有安全施工措施进行审查，对没有安全施工措施的，不得颁发施工许可证。

建设行政主管部门或者其他有关部门对建设工程是否有安全施工措施进行审查时，不得收取费用。

（2）安全监督检查权力。县级以上人民政府负有建设工程安全生产监督管理职责的部门在各自的职责范围内履行安全监督检查职责时，有权采取下列措施：

1）要求被检查单位提供有关建设工程安全生产的文件和资料；

2）进入被检查单位施工现场进行检查；

3）纠正施工中违反安全生产要求的行为；

4）对检查中发现的安全事故隐患，责令立即排除；重大安全事故隐患排除前或者排除过程中无法保证安全的，责令从危险区域内撤出作业人员或者暂时停止施工。

建设行政主管部门或者其他有关部门可以将施工现场的监督检查委托给建设工程安全监督机构具体实施。

5. 生产安全事故的应急救援和调查处理

（1）生产安全事故应急救援。县级以上地方人民政府建设行政主管部门应当根据本级人民政府的要求，制定本行政区域内建设工程特大生产安全事故应急救援预案。

施工单位应当制订本单位生产安全事故应急救援预案，建立应急救援组织或者配备应急救援人员，配备必要的应急救援器材、设备，并定期组织演练。施工单位应当根据建设工程施工的特点、范围，对施工现场易发生重大事故的部位、环节进行监控，制订施工现场生产安全事故应急救援预案。实行施工总承包的，由总承包单位统一组织编制建设工程生产安全事故应急救援预案，工程总承包单位和分包单位按照应急救援预案，各自建立应急救援组织或者配备应急救援人员，配备救援器材、设备，并定期组织演练。

（2）生产安全事故调查处理。施工单位发生生产安全事故，应当按照国家有关伤亡事故报告和调查处理的规定，及时、如实地向负责安全生产监督管理的部门、建设行政主管部门或者其他有关部门报告；特种设备发生事故的，还应当同时向特种设备安全监督管理部门报告。接到报告的部门应当按照国家有关规定，如实上报。实行施工总承包的建设工程，由总承包单位负责上报事故。

发生生产安全事故后，施工单位应当采取措施防止事故扩大，保护事故现场。需要移动现场物品时，应当做出标记和书面记录，妥善保管有关证物。

三、《中华人民共和国招标投标法》及其实施条例

1999 年 8 月 30 日第九届全国人民代表大会常务委员会第十一次会议通过《中华人民共和国招标投标法》（以下简称《招标投标法》）。根据 2017 年 12 月 27 日第十二届全国人民代表大会常务委员会第三十一次会议《关于修改〈中华人民共和国招标投标法〉〈中华人民共和国计量法〉的决定》修正，自 2017 年 12 月 28 日起施行。

根据《招标投标法》，2011 年 11 月 30 日国务院第 183 次常务会议通过《中华人民共和国招标投标法实施条例》（以下简称《招标投标法实施条例》），自 2012 年 2 月 1 日起施行。根据 2017 年 3 月 1 日《国务院关于修改和废止部分行政法规的决定》第一次修订，根据 2018 年 3 月 19 日中华人民共和国国务院令第 698 号公布《国务院关于修改和废止部分行政法规的决定》第二次修订。

（一）招标

1. 招标范围

根据《招标投标法》的规定，在中华人民共和国境内进行下列工程建设项目（包括项目的勘察、设计、施工、监理以及与工程建设有关的重要设备、材料等的采购），必须进行招标：

（1）大型基础设施、公用事业等关系社会公共利益、公众安全的项目；

（2）全部或者部分使用国有资金投资或者国家融资的项目；

（3）使用国际组织或者外国政府贷款、援助资金的项目。

涉及国家安全、国家秘密、抢险救灾或者属于利用扶贫资金实行以工代赈、需要使用农民工等特殊情况，不适宜进行招标的项目，按照国家有关规定可以不进行招标。《招标投标法实施条例》规定，有下列情形之一的，可以不进行招标：

1）需要采用不可替代的专利或者专有技术；

2）采购人依法能够自行建设、生产或者提供；

3）已通过招标方式选定的特许经营项目投资人依法能够自行建设、生产或者提供；

4）需要向原中标人采购工程、货物或者服务，否则将影响施工或者功能配套要求；

5）国家规定的其他特殊情形。

以上所称工程建设项目是指工程以及与工程建设有关的货物、服务。工程是指建设工程，包括建筑物和构筑物的新建、改建、扩建及其相关的装修、拆除、修缮等；与工程建设有关的货物，是指构成工程不可分割的组成部分，且为实现工程基本功能所必需的设备、材料等；与工程建设有关的服务，是指为完成工程所需的勘察、设计、监理等服务。

2. 招标方式

（1）公开招标及邀请招标。

依据《招标投标法》的规定，招标分为公开招标和邀请招标两种方式。

公开招标是指招标人以招标公告的方式邀请不特定的法人或者其他组织投标。依法必须进行招标的项目的招标公告，应当通过国家指定的报刊、信息网络或者其他媒介发布。《招标投标法实施条例》规定，国有资金占控股或者主导地位的依法必须进行招标的项目，应当公开招标。

邀请招标是指招标人以投标邀请书的方式邀请特定的法人或者其他组织投标。《招标投标法》规定，招标人采用邀请招标方式的，应当向3个以上具备承担招标项目的能力、资信良好的特定的法人或者其他组织发出投标邀请书。国务院发展计划部门确定的国家重点项目和省、自治区、直辖市人民政府确定的地方重点项目不适宜公开招标的，经国务院发展计划部门或者省、自治区、直辖市人民政府批准，可以进行邀请招标。

按照《招标投标法实施条例》的规定，国有资金占控股或者主导地位的依法必须进行招标的项目，应当公开招标；但有下列情形之一的，可以邀请招标：

1) 技术复杂、有特殊要求或者受自然环境限制，只有少量潜在投标人可供选择；
2) 采用公开招标方式的费用占项目合同金额的比例过大。

（2）总承包招标和两阶段招标。

按照《招标投标法实施条例》的规定，招标人可以依法对工程以及与工程建设有关的货物、服务全部或者部分实行总承包招标。以暂估价形式包括在总承包范围内的工程、货物、服务属于依法必须进行招标的项目范围且达到国家规定规模标准的，应当依法进行招标。暂估价，是指总承包招标时不能确定价格而由招标人在招标文件中暂时估定的工程、货物、服务的金额。

对技术复杂或者无法精确拟定技术规格的项目，招标人可以分两阶段进行招标。第一阶段，投标人按照招标公告或者投标邀请书的要求提交不带报价的技术建议，招标人根据投标人提交的技术建议确定技术标准和要求，编制招标文件。第二阶段，招标人向在第一阶段提交技术建议的投标人提供招标文件，投标人按照招标文件的要求提交包括最终技术方案和投标报价的投标文件。

3. 招标投标交易场所

《招标投标法实施条例》规定，设区的市级以上地方人民政府可以根据实际需要，建立统一规范的招标投标交易场所，为招标投标活动提供服务。招标投标交易场所不得与行政监督部门存在隶属关系，不得以营利为目的。国家鼓励利用信息网络进行电子招标投标。

4. 招标程序

建设工程招标的基本程序主要包括履行项目审批手续、委托招标代理机构、编制招标文件、发布招标公告或投标邀请书、资格审查、开标、评标、中标和签订合同，以及终止招标等。

（1）履行项目审批手续。依据《招标投标法》的规定，招标项目按照国家有关规定需要履行项目审批手续的，应当先履行审批手续，取得批准。招标人应当有进行招标项目的相应资金或者资金来源已经落实，并应当在招标文件中如实载明。依据《招标投标法实施条例》的规定，按照国家有关规定需要履行项目审批、核准手续的依法必须进行招标的项目，其招标范围、招标方式、招标组织形式应当报项目审批、核准部门审批、核准。项目审批、核准部门应当及时将审批、核准确定的招标范围、招标方式、招标组织形式通报有关行政监督部门。

（2）自行招标或委托招标代理机构。依据《招标投标法》的规定，招标人具有编制招标文件和组织评标能力的，可以自行办理招标事宜。任何单位和个人不得强制其委托招标代理机构办理招标事宜。依法必须进行招标的项目，招标人自行办理招标事宜的，应当向有关行政监督部门备案。依据《招标投标法实施条例》的规定，招标人具有编制招标文件和组织评标能力，是指招标人具有与招标项目规模和复杂程度相适应的技术、经济等方面的专业人员。

依据《招标投标法》的规定，招标代理机构是依法设立、从事招标代理业务并提供相关服务的社会中介组织。招标代理机构应当具备的条件：有从事招标代理业务的营业场所和相应资金；有能够编制招标文件和组织评标的相应专业力量。

依据《招标投标法》的规定，招标人有权自行选择招标代理机构，委托其办理招标事宜。依据

《招标投标法实施条例》的规定，招标代理机构应当拥有一定数量的具备编制招标文件、组织评标等相应能力的专业人员。招标代理机构在招标人委托的范围内开展招标代理业务，任何单位和个人不得非法干涉。招标代理机构不得在所代理的招标项目中投标或者代理投标，也不得为所代理的招标项目的投标人提供咨询。

（3）编制招标文件。依据《招标投标法》的规定，招标人应当根据招标项目的特点和需要编制招标文件。招标文件应当包括招标项目的技术要求、对投标人资格审查的标准、投标报价要求和评标标准等所有实质性要求和条件以及拟签订合同的主要条款。国家对招标项目的技术、标准有规定的，招标人应当按照其规定在招标文件中提出相应要求。

招标文件不得要求或者标明特定的生产供应者以及含有倾向或者排斥潜在投标人的其他内容。招标人对已发出的招标文件进行必要的澄清或者修改的，应当在招标文件要求提交投标文件截止时间至少 15 日前，以书面形式通知所有招标文件收受人。该澄清或者修改的内容为招标文件的组成部分。

依法必须进行招标的项目，自招标文件开始发出之日起至投标人提交投标文件截止之日止，最短不得少于 20 日。

依据《招标投标法实施条例》的规定，招标人可以对已发出的资格预审文件或者招标文件进行必要的澄清或者修改。澄清或者修改的内容可能影响资格预审申请文件或者投标文件编制的，招标人应当在提交资格预审申请文件截止时间至少 3 日前，或者投标截止时间至少 15 日前，以书面形式通知所有获取资格预审文件或者招标文件的潜在投标人；不足 3 日或者 15 日的，招标人应当顺延提交资格预审申请文件或者投标文件的截止时间。

招标人对招标项目划分标段的，应当遵守招标投标法的有关规定，不得利用划分标段限制或者排斥潜在投标人。依法必须进行招标的项目的招标人不得利用划分标段规避招标。

招标人应当在招标文件中载明投标有效期。投标有效期从提交投标文件的截止之日起算。

潜在投标人或者其他利害关系人对招标文件有异议的，应当在投标截止时间 10 日前提出。招标人应当自收到异议之日起 3 日内做出答复；做出答复前，应当暂停招标投标活动。招标人编制招标文件的内容违反法律、行政法规的强制性规定，违反公开、公平、公正和诚实信用原则，影响潜在投标人投标的，依法必须进行招标的项目的招标人应当在修改招标文件后重新招标。

招标人可以自行决定是否编制标底。一个招标项目只能有一个标底。标底必须保密。接受委托编制标底的中介机构不得参加受托编制标底项目的投标，也不得为该项目的投标人编制投标文件或者提供咨询。招标人设有最高投标限价的，应当在招标文件中明确最高投标限价或者最高投标限价的计算方法。招标人不得规定最低投标限价。

（4）发布招标公告或投标邀请书。依据《招标投标法》的规定，招标人采用公开招标方式的，应当发布招标公告。招标公告应当载明招标人的名称和地址、招标项目的性质、数量、实施地点和时间以及获取招标文件的办法等事项。

招标人采用邀请招标方式的，应当向 3 个以上具备承担招标项目的能力、资信良好的特定的法人或者其他组织发出投标邀请书。投标邀请书也应当载明招标人的名称和地址、招标项目的性质、数量、实施地点和时间以及获取招标文件的办法等事项。

招标人可以根据招标项目本身的要求，在招标公告或者投标邀请书中，要求潜在投标人提供有关资质证明文件和业绩情况，并对潜在投标人进行资格审查。招标人不得以不合理的条件限制或者排斥潜在投标人，不得对潜在投标人实行歧视待遇。

招标人不得向他人透露已获取招标文件的潜在投标人的名称、数量以及可能影响公平竞争的有关招标投标的其他情况。招标人根据招标项目的具体情况，可以组织潜在投标人踏勘项目现场。

依据《招标投标法实施条例》的规定，招标人应当按照资格预审公告、招标公告或者投标邀请书规定的时间、地点发售资格预审文件或者招标文件。资格预审文件或者招标文件的发售期不得少于 5 日。招标人发售资格预审文件、招标文件收取的费用应当限于补偿印刷、邮寄的成本支出，不得以营利为目的。

(5) 资格审查。资格审查分为资格预审和资格后审。

依据《招标投标法实施条例》的规定，招标人采用资格预审办法对潜在投标人进行资格审查的，应当发布资格预审公告、编制资格预审文件。招标人应当合理确定提交资格预审申请文件的时间。依法必须进行招标的项目提交资格预审申请文件的时间，自资格预审文件停止发售之日起不得少于5日。

资格预审应当按照资格预审文件载明的标准和方法进行。国有资金占控股或者主导地位的依法必须进行招标的项目，招标人应当组建资格审查委员会审查资格预审申请文件。资格审查委员会及其成员应当遵守招标投标法和实施条例有关评标委员会及其成员的规定。资格预审结束后，招标人应当及时向资格预审申请人发出资格预审结果通知书。未通过资格预审的申请人不具有投标资格。通过资格预审的申请人少于3个的，应当重新招标。

潜在投标人或者其他利害关系人对资格预审文件有异议的，应当在提交资格预审申请文件截止时间2日前提出。招标人应当自收到异议之日起3日内做出答复；做出答复前，应当暂停招标投标活动。招标人编制资格预审文件的内容违反法律、行政法规的强制性规定，违反公开、公平、公正和诚实信用原则，影响资格预审结果的，依法必须进行招标的项目的招标人应当在修改资格预审文件后重新招标。

招标人采用资格后审办法对投标人进行资格审查的，应当在开标后由评标委员会按照招标文件规定的标准和方法对投标人的资格进行审查。

(6) 终止招标。依据《招标投标法实施条例》的规定，招标人终止招标的，应当及时发布公告，或者以书面形式通知被邀请的或者已经获取资格预审文件、招标文件的潜在投标人。已经发售资格预审文件、招标文件或者已经收取投标保证金的，招标人应当及时退还所收取的资格预审文件、招标文件的费用，以及所收取的投标保证金及银行同期存款利息。

5. 禁止限制、排斥投标人的规定

依据《招标投标法》的规定，依法必须进行招标的项目，其招标投标活动不受地区或者部门的限制。任何单位和个人不得违法限制或者排斥本地区、本系统以外的法人或者其他组织参加投标，不得以任何方式非法干涉招标投标活动。

依据《招标投标法实施条例》的规定，招标人不得以不合理的条件限制、排斥潜在投标人或者投标人。招标人有下列行为之一的，属于以不合理条件限制、排斥潜在投标人或者投标人：①就同一招标项目向潜在投标人或者投标人提供有差别的项目信息；②设定的资格、技术、商务条件与招标项目的具体特点和实际需要不相适应或者与合同履行无关；③依法必须进行招标的项目以特定行政区域或者特定行业的业绩、奖项作为加分条件或者中标条件；④对潜在投标人或者投标人采取不同的资格审查或者评标标准；⑤限定或者指定特定的专利、商标、品牌、原产地或者供应商；⑥依法必须进行招标的项目非法限定潜在投标人或者投标人的所有制形式或者组织形式；⑦以其他不合理条件限制、排斥潜在投标人或者投标人。

招标人不得组织单个或者部分潜在投标人踏勘项目现场。

6. 投标有效期及投标保证金

依据《招标投标法实施条例》的规定，招标人应当在招标文件中载明投标有效期。投标有效期从提交投标文件的截止之日起算。

招标人在招标文件中要求投标人提交投标保证金，投标保证金不得超过招标项目估算价的2%，且最高不超过80万元人民币。投标保证金有效期应当与投标有效期一致。依法必须进行招标的项目的境内投标单位，以现金或者支票形式提交的投标保证金应当从其基本账户转出。招标人不得挪用投标保证金。如招标人终止招标，应当及时发布公告，或者以书面形式通知被邀请的或者已经获取资格预审文件、招标文件的潜在投标人。如已经发售资格预审文件、招标文件或者已经收取投标保证金，招标人应当及时退还所收取的资格预审文件、招标文件的费用，以及所收取的投标保证金及银行同期存款利息。

（二）投标

1. 投标人及投标规定

依据《招标投标法》的规定，投标人是响应招标、参加投标竞争的法人或者其他组织。投标人应当具备承担招标项目的能力；国家有关规定对投标人资格条件或者招标文件对投标人资格条件有规定的，投标人应当具备规定的资格条件。

依据《招标投标法实施条例》的规定，投标人参加依法必须进行招标的项目的投标，不受地区或者部门的限制，任何单位和个人不得非法干涉。

与招标人存在利害关系可能影响招标公正性的法人、其他组织或者个人，不得参加投标。单位负责人为同一人或者存在控股、管理关系的不同单位，不得参加同一标段投标或者未划分标段的同一招标项目投标。违反以上规定的，相关投标均无效。

投标人发生合并、分立、破产等重大变化的，应当及时书面告知招标人。投标人不再具备资格预审文件、招标文件规定的资格条件或者其投标影响招标公正性的，其投标无效。

2. 投标文件

（1）投标文件的内容。依据《招标投标法》的规定，投标人应当按照招标文件的要求编制投标文件。投标文件应当对招标文件提出的实质性要求和条件做出响应。招标项目属于建设施工项目的，投标文件的内容应当包括拟派出的项目负责人与主要技术人员的简历、业绩和拟用于完成招标项目的机械设备等。

（2）投标文件的修改与撤回。依据《招标投标法》的规定，投标人在招标文件要求提交投标文件的截止时间前，可以补充、修改或者撤回已提交的投标文件，并书面通知招标人。补充、修改的内容为投标文件的组成部分。

依据《招标投标法实施条例》的规定，投标人撤回已提交的投标文件，应当在投标截止时间前书面通知招标人。

（3）投标文件的送达与签收。

依据《招标投标法》的规定，投标人应当在招标文件要求提交投标文件的截止时间前，将投标文件送达投标地点。招标人收到投标文件后，应当签收保存，不得开启。投标人少于3个的，招标人应当依法重新招标。在招标文件要求提交投标文件的截止时间后送达的投标文件，招标人应当拒收。

依据《招标投标法实施条例》的规定，未通过资格预审的申请人提交的投标文件，以及逾期送达或者不按照招标文件要求密封的投标文件，招标人应当拒收。招标人应当如实记载投标文件的送达时间和密封情况，并存档备查。

3. 禁止串通投标等不正当竞争行为规定

（1）禁止投标人相互串通投标。

1）有下列情形之一的，属于投标人相互串通投标：

① 投标人之间协商投标报价等投标文件的实质性内容；

② 投标人之间约定中标人；

③ 投标人之间约定部分投标人放弃投标或者中标；

④ 属于同一集团、协会、商会等组织成员的投标人按照该组织要求协同投标；

⑤ 投标人之间为谋取中标或者排斥特定投标人而采取的其他联合行动。

2）有下列情形之一的，视为投标人相互串通投标：

① 不同投标人的投标文件由同一单位或者个人编制；

② 不同投标人委托同一单位或者个人办理投标事宜；

③ 不同投标人的投标文件载明的项目管理成员为同一人；

④ 不同投标人的投标文件异常一致或者投标报价呈规律性差异；

⑤ 不同投标人的投标文件相互混装；

⑥ 不同投标人的投标保证金从同一单位或者个人的账户转出。

（2）禁止招标人与投标人串通投标。

有下列情形之一的，属于招标人与投标人串通投标：

1）招标人在开标前开启投标文件并将有关信息泄露给其他投标人；

2）招标人直接或者间接向投标人泄露标底、评标委员会成员等信息；

3）招标人明示或者暗示投标人压低或者抬高投标报价；

4）招标人授意投标人撤换、修改投标文件；

5）招标人明示或者暗示投标人为特定投标人中标提供方便；

6）招标人与投标人为谋求特定投标人中标而采取的其他串通行为。

（3）禁止弄虚作假。

投标人不得以他人名义投标，如使用通过受让或者租借等方式获取的资格、资质证书投标。投标人也不得以其他方式弄虚作假，骗取中标，包括：

1）使用伪造、变造的许可证件；

2）提供虚假的财务状况或者业绩；

3）提供虚假的项目负责人或者主要技术人员简历、劳动关系证明；

4）提供虚假的信用状况；

5）其他弄虚作假的行为。

4. 联合体投标

联合体投标是一种特殊的投标人组织形式，一般适用于大型的或结构复杂的建设项目。

依据《招标投标法》的规定，两个以上法人或者其他组织可以组成一个联合体，以一个投标人的身份共同投标。联合体各方均应当具备承担招标项目的相应能力；国家有关规定或者招标文件对投标人资格条件有规定的，联合体各方均应当具备规定的相应资格条件。由同一专业的单位组成的联合体，按照资质等级较低的单位确定资质等级。

联合体各方应当签订共同投标协议，明确约定各方拟承担的工作和责任，并将共同投标协议连同投标文件一并提交招标人。联合体中标的，联合体各方应当共同与招标人签订合同，就中标项目向招标人承担连带责任。招标人不得强制投标人组成联合体共同投标，不得限制投标人之间的竞争。

依据《招标投标法实施条例》的规定，招标人应当在资格预审公告、招标公告或者投标邀请书中载明是否接受联合体投标。招标人接受联合体投标并进行资格预审的，联合体应当在提交资格预审申请文件前组成。资格预审后联合体增减、更换成员的，其投标无效。联合体各方在同一招标项目中以自己名义单独投标或者参加其他联合体投标的，相关投标均无效。

（三）开标、评标和中标

1. 开标

依据《招标投标法》的规定，开标应当在招标文件确定的提交投标文件截止时间的同一时间公开进行；开标地点应当为招标文件中预先确定的地点。

开标由招标人主持，邀请所有投标人参加。开标时，由投标人或者其推选的代表检查投标文件的密封情况，也可以由招标人委托的公证机构检查并公证；经确认无误后，由工作人员当众拆封，宣读投标人名称、投标价格和投标文件的其他主要内容。招标人在招标文件要求提交投标文件的截止时间前收到的所有投标文件，开标时都应当当众予以拆封、宣读。开标过程应当记录，并存档备查。

依据《招标投标法实施条例》的规定，招标人应当按照招标文件规定的时间、地点开标。投标人少于3个的，不得开标；招标人应当重新招标。投标人对开标有异议的，应当在开标现场提出，招标人应当当场做出答复，并制作记录。

2. 评标

依据《招标投标法》的规定，评标由招标人依法组建的评标委员会负责。招标人应当采取必要的措施，保证评标在严格保密的情况下进行。任何单位和个人不得非法干预、影响评标的过程和结果。

依法必须进行招标的项目，其评标委员会由招标人的代表和有关技术、经济等方面的专家组成，成员人数为5人以上单数，其中技术、经济等方面的专家不得少于成员总数的2/3。与投标人有利害关系的人不得进入相关项目的评标委员会；已经进入的应当更换。评标委员会成员的名单在中标结果确定前应当保密。

评标委员会可以要求投标人对投标文件中含义不明确的内容做出必要的澄清或者说明，但是澄清或者说明不得超出投标文件的范围或者改变投标文件的实质性内容。评标委员会应当按照招标文件确定的评标标准和方法，对投标文件进行评审和比较；设有标底的，应当参考标底。评标委员会完成评标后，应当向招标人提出书面评标报告，并推荐合格的中标候选人。评标委员会经评审，认为所有投标都不符合招标文件要求的，可以否决所有投标。依法必须进行招标的项目的所有投标被否决的，招标人应当依法重新招标。

依据《招标投标法实施条例》的规定，评标委员会成员应当依照招标投标法和实施条例的规定，按照招标文件规定的评标标准和方法，客观、公正地对投标文件提出评审意见。

招标文件没有规定的评标标准和方法不得作为评标的依据。评标委员会成员不得私下接触投标人，不得收受投标人给予的财物或者其他好处，不得向招标人征询确定中标人的意向，不得接受任何单位或者个人明示或者暗示提出的倾向或者排斥特定投标人的要求，不得有其他不客观、不公正履行职务的行为。

招标项目设有标底的，招标人应当在开标时公布。标底只能作为评标的参考，不得以投标报价是否接近标底作为中标条件，也不得以投标报价超过标底上下浮动范围作为否决投标的条件。有下列情形之一的，评标委员会应当否决其投标：①投标文件未经投标单位盖章和单位负责人签字；②投标联合体没有提交共同投标协议；③投标人不符合国家或者招标文件规定的资格条件；④同一投标人提交两个以上不同的投标文件或者投标报价，但招标文件要求提交备选投标的除外；⑤投标报价低于成本或者高于招标文件设定的最高投标限价；⑥投标文件没有对招标文件的实质性要求和条件做出响应；⑦投标人有串通投标、弄虚作假、行贿等违法行为。

投标文件中有含义不明确的内容、明显文字或者计算错误，评标委员会认为需要投标人做出必要澄清、说明的，应当书面通知该投标人。投标人的澄清、说明应当采用书面形式，不得超出投标文件的范围或者改变投标文件的实质性内容。评标委员会不得暗示或者诱导投标人作出澄清、说明，不得接受投标人主动提出的澄清、说明。

评标完成后，评标委员会应当向招标人提交书面评标报告和中标候选人名单，中标候选人应当不超过3个，并标明排序。评标报告应当由评标委员会全体成员签字。对评标结果有不同意见的评标委员会成员应当以书面形式说明其不同意见和理由，评标报告应当注明该不同意见。评标委员会成员拒绝在评标报告上签字又不书面说明其不同意见和理由的，视为同意评标结果。

3. 中标

(1) 公示中标候选人。依据《招标投标法实施条例》的规定，依法必须进行招标的项目，招标人应当自收到评标报告之日起3日内公示中标候选人，公示期不得少于3日。

投标人或者其他利害关系人对依法必须进行招标的项目的评标结果有异议的，应当在中标候选人公示期间提出。招标人应当自收到异议之日起3日内做出答复；做出答复前，应当暂停招标投标活动。

(2) 确定中标人。依据《招标投标法》的规定，招标人根据评标委员会提出的书面评标报告和推荐的中标候选人确定中标人。招标人也可以授权评标委员会直接确定中标人。中标人的投标应当符合下列条件之一：①能够最大限度地满足招标文件中规定的各项综合评价标准；②能够满足招标文件的实质性要求，并且经评审的投标价格最低，但是投标价格低于成本的除外。在确定中标人前，招标人不得与投标人就投标价格、投标方案等实质性内容进行谈判。

(3) 发出中标通知书

依据《招标投标法》的规定，中标人确定后，招标人应当向中标人发出中标通知书，并同时将中标结果通知所有未中标的投标人。中标通知书对招标人和中标人具有法律效力。中标通知书发出后，招标人改变中标结果的，或者中标人放弃中标项目的，应当依法承担法律责任。

依法必须进行招标的项目，招标人应当自确定中标人之日起 15 日内，向有关行政监督部门提交招标投标情况的书面报告。

4. 签订合同

依据《招标投标法》的规定，招标人根据评标委员会提出的书面评标报告和推荐的中标候选人确定中标人。招标人也可以授权评标委员会直接确定中标人。招标人和中标人应当自中标通知书发出之日起 30 日内，按照招标文件和中标人的投标文件订立书面合同。招标人和中标人不得再行订立背离合同实质性内容的其他协议。依据《招标投标法实施条例》的规定，招标人和中标人应当依照招标投标法和本条例的规定签订书面合同，合同的标的、价款、质量、履行期限等主要条款应当与招标文件和中标人的投标文件的内容一致。

依据《招标投标法》的规定，招标文件要求中标人提交履约保证金的，中标人应当提交。依据《招标投标法实施条例》的规定，履约保证金不得超过中标合同金额的 10%。中标人应当按照合同约定履行义务，完成中标项目。

（四）招标投标投诉与处理

1. 投诉的规定

依据《招标投标法实施条例》的规定，投标人或者其他利害关系人认为招标投标活动不符合法律、行政法规规定的，可以自知道或者应当知道之日起 10 日内向有关行政监督部门投诉。投诉应当有明确的请求和必要的证明材料。

但是，对资格预审文件、招标文件、开标以及对依法必须进行招标项目的评标结果有异议的，应当依法先向招标人提出异议，其异议答复期间不计算在以上规定的期限内。

2. 投诉处理的规定

依据《招标投标法实施条例》的规定，投诉人就同一事项向两个以上有权受理的行政监督部门投诉的，由最先收到投诉的行政监督部门负责处理。行政监督部门应当自收到投诉之日起 3 个工作日内决定是否受理投诉，并自受理投诉之日起 30 个工作日内做出书面处理决定。需要检验、检测、鉴定、专家评审的，所需时间不计算在内。投诉人捏造事实、伪造材料或者以非法手段取得证明材料进行投诉的，行政监督部门应当予以驳回。

行政监督部门处理投诉，有权查阅、复制有关文件、资料，调查有关情况，相关单位和人员应当予以配合。必要时，行政监督部门可以责令暂停招标投标活动。行政监督部门的工作人员对监督检查过程中知悉的国家秘密、商业秘密，应当依法予以保密。

四、《合同法》

《合同法》（以下简称《合同法》）中的合同是指平等主体的自然人、法人、其他组织之间设立、变更、终止民事权利义务关系的协议。婚姻收养监护等有关身份关系的协议，适用其他法律的规定。《合同法》中的合同分为 15 类即：买卖合同，供用电、水、气、热力合同，赠与合同，借款合同，租赁合同，融资租赁合同，承揽合同，建设工程合同，运输合同，技术合同，保管合同，仓储合同，委托合同，行纪合同，居间合同。

（一）合同订立

当事人订立合同，应当具有相应的民事权利能力和民事行为能力。当事人依法可以委托代理人订立合同。

1. 合同订立程序

合同订立的基本程序是要约和承诺。《合同法》第 13 条规定："当事人订立合同，采取要约、承诺方式。"

(1) 要约。

1) 要约的概念和构成要件。要约是希望和他人订立合同的意思表示。发出要约的人为要约人,接受要约的人为受要约人、相对人,如受要约人做出承诺,则称其为承诺人。

要约是订立合同的必经阶段,不经过要约,合同是不可能成立的。要约作为一种订约的意思表示,它能够对要约人和受要约人产生法律上的约束力,尤其是要约人在要约的有效期限内,必须接受要约的内容约束。要约的构成要件包括:

① 必须是特定人的意思表示。
② 必须具有明确的订立合同的意图。
③ 必须向受要约人发出。
④ 要约的内容必须具体和确定。

只有具备上述四个要件,才能构成有效的要约,并使要约发出后产生应有的约束力。

有些合同在要约之前还会有要约邀请。所谓要约邀请,是希望他人向自己发出要约的意思表示。要约邀请并不是合同成立过程中的必经过程,它是当事人订立合同的预备行为,这种意思表示的内容往往不确定,不含有合同得以成立的主要内容和相对人同意后受其约束的表示,在法律上无须承担责任。寄送的价目表、拍卖公告、招标公告、招股说明书、商业广告等为要约邀请。商业广告的内容符合要约规定的,视为要约。

2) 要约生效时间。要约到达受要约人时生效。如采用数据电文形式订立合同,收件人指定特定系统接收数据电文的,该数据电文进入该特定系统的时间,视为到达时间;未指定特定系统的,该数据电文进入收件人的任何系统的首次时间,视为到达时间。

3) 要约撤回。要约撤回是指要约人在发出要约后,未到达受要约人之前,取消其要约的行为。要约可以撤回,撤回要约的通知应当在要约到达受要约人之前或者与要约同时到达受要约人。

4) 要约撤销。要约撤销是指要约人在要约生效后、受要约人承诺之前使要约归于消灭的行为。要约可以撤销,撤销要约的通知应当在受要约人发出承诺通知之前到达受要约人。但有下列情形之一的,要约不得撤销:

① 要约人确定了承诺期限或者以其他形式明示要约不可撤销;
② 受要约人有理由认为要约是不可撤销的,并已经为履行合同做了准备工作。

5) 要约失效。要约失效指要约丧失了法律约束力,不再对要约人和受要约人产生约束。有下列情形之一的,要约失效:

① 拒绝要约的通知到达要约人;
② 要约人依法撤销要约;
③ 承诺期限届满,受要约人未做出承诺;
④ 受要约人对要约的内容做出实质性变更。

(2) 承诺。承诺是受要约人同意要约的意思表示。承诺的法律效力在于,一经承诺并到达要约人,合同便告成立。除根据交易习惯或者要约表明可以通过行为做出承诺的以外,承诺应当以通知的方式做出。

1) 承诺期限。承诺应当在要约确定的期限内到达要约人。要约没有确定承诺期限的,承诺应当依照下列规定到达:

① 除非当事人另有约定,以对话方式做出的要约,应当即时做出承诺;
② 以非对话方式做出的要约,承诺应当在合理期限内到达。

以信件或者电报做出的要约,承诺期限自信件载明的日期或者电报交发之日开始计算。信件未载明日期的,自投寄该信件的邮戳日期开始计算。以电话、传真等快速通信方式做出的要约,承诺期限自要约到达受要约人时开始计算。

2）承诺生效。承诺通知到达要约人时生效。承诺不需要通知的，根据交易习惯或者要约的要求做出承诺的行为时生效。采用数据电文形式订立合同的，承诺到达的时间适用于要约到达受要约人时间的规定。

受要约人在承诺期限内发出承诺，按照通常情形能够及时到达要约人，但因其他原因承诺到达要约人时超过承诺期限的，除要约人及时通知受要约人因承诺超过期限不接受该承诺的以外，该承诺有效。

3）承诺撤回。承诺撤回是指受要约人在承诺发出之后，在承诺正式生效之前，通知要约人收回承诺。承诺可以撤回，撤回承诺的通知应当在承诺通知到达要约人之前或者与承诺通知同时到达要约人。

4）逾期承诺。受要约人超过承诺期限发出承诺的，除要约人及时通知受要约人该承诺有效的以外，为新要约。

5）要约内容的变更。承诺的内容应当与要约的内容一致。有关合同标的、数量、质量、价款或者报酬、履行期限、履行地点和方式、违约责任和解决争议方法等的变更，是对要约内容的实质性变更。受要约人对要约的内容做出实质性变更的，为新要约。

承诺对要约的内容做出非实质性变更的，除要约人及时表示反对或者要约表明承诺不得对要约的内容做出任何变更的以外，该承诺有效，合同的内容以承诺的内容为准。

2. 合同成立

承诺生效时合同成立。

(1) 合同成立的时间。当事人采用合同书形式订立合同的，自双方当事人签字或者盖章时合同成立。当事人采用信件、数据电文等形式订立合同的，可以在合同成立之前要求 签订确认书。签订确认书时合同成立。

(2) 合同成立的地点。承诺生效的地点为合同成立的地点。采用数据电文形式订立合同的，收件人的主营业地为合同成立的地点；没有主营业地的，其经常居住地为合同成立的地点。当事人另有约定的，按照其约定。当事人采用合同书形式订立合同的，双方当事人签字或者盖章的地点为合同成立的地点。

(3) 合同成立的其他情形。合同成立的情形还包括：

1）法律、行政法规规定或者当事人约定采用书面形式订立合同，当事人未采用书面形式但一方已经履行主要义务，对方接受的。

2）采用合同书形式订立合同，在签字或者盖章之前，当事人一方已经履行主要义务，对方接受的。

3. 合同内容

合同内容就是合同当事人的权利与义务，具体体现为合同的各项条款。

(1) 合同的提示性条款。提示性条款指法律规定的，对于规范合同的订立起示范作用的合同条款。合同条款可以由当事人自由约定。为了规范合同的订立，合同法对完备的合同条款做了示范性的规定，这些条款主要包括：当事人的名称或者姓名和住所；标的；数量；质量；价款或者报酬；履行期限、地点和方式；违约责任；解决争议的方法。

(2) 格式条款。格式条款是指当事人为了重复使用而预先拟定的，并在订立合同时未与对方协商的条款。其特点：由一方当事人预先拟定；重复使用；在订立合同时未与对方协商。

1）格式条款提供者的义务。采用格式条款订立合同，有利于提高当事人双方合同订立过程的效率、减少交易成本、避免合同订立过程中因当事人双方一事一议而可能造成的合同内容的不确定性。但由于格式条款的提供者往往在经济地位方面具有明显的优势，在行业中居于垄断地位，因而导致其在拟定格式条款时会更多地考虑自己的利益，而较少考虑另一方当事人的权利或者附加种种限制条件。为此，提供格式条款的一方应当遵循公平的原则确定当事人之间的权利义务关系，并采取合理的方式提请对方注意免除或限制其责任的条款，按照对方的要求，对该条款予以说明。

2) 格式条款无效。提供格式条款一方免除自己责任、加重对方责任、排除对方主要权利的，该条款无效。此外，《合同法》规定的合同无效的情形，同样适用于格式合同条款。

3) 格式条款的解释。对格式条款的理解发生争议的，应当按照通常理解予以解释。

对格式条款有两种以上解释的，应当做出不利于提供格式条款一方的解释。格式条款和非格式条款不一致的，应当采用非格式条款。

4. 合同形式

当事人订立合同，有书面形式、口头形式和其他形式。法律法规规定采用书面形式的，或当事人约定采用书面形式的，应当采用书面形式。

（1）书面形式。书面形式是指合同书、信件和数据电文（包括电报、电传、传真、电子数据交换和电子邮件）等可以有形地表现所载内容的形式。书面合同的优点在于有据可查、权利义务记载清楚、便于履行，发生纠纷时容易举证和分清责任。书面合同是实践中广泛采用的一种合同形式。建设工程合同应当采用书面形式。

（2）口头形式。口头形式是指当事人用谈话的方式订立的合同，如当面交谈、电话联系等。口头合同形式一般运用于标的数额较小和即时结清的合同。例如，到商店、集贸市场购买商品，基本上都是采用口头合同形式。以口头形式订立合同，其优点是建立合同关系简便、迅速，缔约成本低。但在发生争议时，难以取证、举证，不易分清当事人的责任。

（3）其他形式。其他形式是指采用除书面形式、口头形式以外的方式来表现合同内容的形式。其他形式主要包括默示形式和推定形式。默示形式是指当事人既不是用口头形式、书面形式，也不用实施任何行为，而是以消极的不作为的方式进行的意思表示。默示形式只有在法律有特别规定的情况下才能运用。推定形式是指当事人不是用语言、文字，而是通过某种有目的的行为表达自己意思的一种形式，从当事人的积极行为中，可以推定当事人已进行意思表示。如自动售货机、乘坐公共交通等。

5. 缔约过失责任

缔约过失责任又称先契约责任，是指在合同订立过程中，一方因违背其依诚信原则所应当负的义务，而致对方信赖利益损失，所应承担的民事责任。缔约过失责任发生于合同不成立或者合同无效的缔约过程。其构成条件：一是当事人有过错。若无过错，则不承担责任。二是有损害后果的发生。若无损失，也不承担责任。三是当事人的过错行为与造成的损失有因果关系。

当事人在订立合同过程中有下列情形之一，给对方造成损失的，应当承担损害赔偿责任：

（1）假借订立合同，恶意进行磋商；

（2）故意隐瞒与订立合同有关的重要事实或者提供虚假情况；

（3）有其他违背诚实信用原则的行为。

当事人在订立合同过程中知悉的商业秘密，无论合同是否成立，不得泄露或者不正当地使用。泄露或者不正当地使用该商业秘密给对方造成损失的，应当承担损害赔偿责任。

（二）合同效力

1. 合同生效

合同的生效是指已经成立的合同在当事人之间产生了一定的法律约束力。而合同的成立是指双方当事人依照有关法律对合同的内容进行协商并达成一致的意见。

合同生效与合同成立是两个不同的概念。合同成立的判断依据是承诺是否生效，体现的是合同自由原则；而合同能否生效则要取决于是否符合国家法律的要求，体现的是合同合法原则。在通常情况下，合同依法成立之时，就是合同生效之日，两者在时间上是同步的。但有些合同在成立后，并非立即产生法律效力，而是需要其他条件成就之后，才开始生效。

（1）合同生效的一般要件。一是当事人具有相应的订约能力。二是意思表示真实。三是不违反法律和社会公共利益。

(2) 合同生效的特殊要件。

1) 法定审批或登记的合同类型。依照法律、行政法规规定应当办理批准、登记等手续的，待手续完成时合同生效。

2) 附条件和附期限的合同。

① 附条件的合同。当事人对合同的效力可以约定附条件。附生效条件的合同，自条件成就时生效。附解除条件的合同，自条件成就时失效。当事人为自己的利益不正当地阻止条件成就的，视为条件已成就；不正当地促成条件成就的，视为条件不成就。

② 附期限的合同。当事人对合同的效力可以约定附期限。附生效期限的合同，自期限届至时生效。附终止期限的合同，自期限届满时失效。

2. 效力待定合同

效力待定合同是指合同已经成立，但合同效力能否产生尚不能确定的合同。效力待定合同主要是由于当事人缺乏缔约能力、财产处分能力或代理人的代理资格和代理权限存在缺陷所造成的。效力待定合同包括限制民事行为能力人订立的合同和无权代理人代订的合同。

(1) 限制民事行为能力人订立的合同。根据我国《中华人民共和国民法通则》规定，限制民事行为能力人是指 10 周岁以上，不满 18 周岁的未成年人，以及完全不能辨认自己行为后果的精神病患者。限制民事行为能力人订立的合同，经法定代理人追认后，该合同有效，但纯获利益的合同或者与其年龄、智力、精神健康状况相适应而订立的合同，不必经法定代理人追认。

由此可见，限制民事行为能力人订立的合同并非一律无效，在以下几种情形下订立的合同是有效的：

1) 经过其法定代理人追认的合同，即为有效合同；

2) 纯获利益的合同，即限制民事行为能力人订立的接受奖励、赠与、报酬等只需获得利益而不需其承担任何义务的合同，不必经其法定代理人追认，即为有效合同；

3) 与限制民事行为能力人的年龄、智力、精神健康状况相适应而订立的合同，不必经其法定代理人追认，即为有效合同。

与限制民事行为能力人订立合同的相对人可以催告法定代理人在 1 个月内予以追认。法定代理人未作表示的，视为拒绝追认。合同被追认之前，善意相对人有撤销的权利。撤销应当以通知的方式做出。

(2) 无权代理人代订的合同。无权代理人代订的合同主要包括行为人没有代理权、超越代理权限范围或者代理权终止后仍以被代理人的名义订立的合同。

1) 无权代理人代订的合同对被代理人不发生效力的情形。行为人没有代理权、超越代理权或者代理权终止后以被代理人名义订立的合同，未经被代理人追认，对被代理人不发生效力，由行为人承担责任。

与无权代理人签订合同的相对人可以催告被代理人在 1 个月内予以追认。被代理人未作表示的，视为拒绝追认。合同被追认之前，善意相对人有撤销的权利。撤销应当以通知的方式做出。

无权代理人代订的合同是否对被代理人发生法律效力，取决于被代理人的态度。与无权代理人签订合同的相对人催告被代理人在 1 个月内予以追认时，被代理人未作表示的或表示拒绝的，视为拒绝追认，该合同不生效。被代理人表示予以追认的，该合同对被代理人发生法律效力。在催告开始至被代理人追认之前，该合同对于被代理人的法律效力处于待定状态。

2) 无权代理人代订的合同对被代理人具有法律效力的情形。行为人没有代理权、超越代理权或者代理权终止后以被代理人名义订立合同，相对人有理由相信行为人有代理权的，该代理行为有效。这是《合同法》针对表见代理情形所做出的规定。所谓表见代理，是善意相对人通过被代理人的行为足以相信无权代理人具有代理权的情形。

在通过表见代理订立合同的过程中，如果相对人无过错，即相对人不知道或者不应当知道（无义务知道）无权代理人没有代理权时，使相对人相信无权代理人具有代理权的理由是否正当、充分，就成为是否构成表见代理的关键。如果确实存在充分、正当的理由并足以使相对人相信无权代理人具有代理权，则无权代理人的代理行为有效，即无权代理人通过其表见代理行为与相对人订立的合同具有法律效力。

3) 法人或者其他组织的法定代表人、负责人超越权限订立的合同的效力。法人或者其他组织的法定代表人、负责人超越权限订立的合同，除相对人知道或者应当知道其超越权限的以外，该代表行为有效。这是因为法人或者其他组织的法定代表人、负责人的身份应当被视为法人或者其他组织的全权代理人，他们有资格代表法人或者其他组织为民事行为而不需要获得法人或者其他组织的专门授权，其代理行为的法律后果由法人或者其他组织承担。但是，如果相对人知道或者应当知道法人或者其他组织的法定代表人、负责人在代表法人或者其他组织与自己订立合同时超越其代表（代理）权限，仍然订立合同的，该合同将不具有法律效力。

4) 无处分权的人处分他人财产合同的效力。在现实经济活动中，通过合同处分财产（如赠与、转让、抵押、留置等）是常见的财产处分方式。当事人对财产享有处分权是通过合同处分财产的必要条件。无处分权的人处分他人财产的合同一般为无效合同。但是，无处分权的人处分他人财产，经权利人追认或者无处分权的人订立合同后取得处分权的，该合同有效。

3. 无效合同

无效合同是指其内容和形式违反了法律、行政法规的强制性规定，或者损害了国家利益、集体利益、第三人利益和社会公共利益，因而不为法律所承认和保护、不具有法律效力的合同。无效合同自始没有法律约束力。在现实经济活动中，无效合同通常有两种情形，即整个合同无效（无效合同）和合同的部分条款无效。

（1）无效合同的情形。有下列情形之一的，合同无效：

1) 一方以欺诈、胁迫的手段订立合同，损害国家利益；
2) 恶意串通，损害国家、集体或第三人利益；
3) 以合法形式掩盖非法目的；
4) 损害社会公共利益；
5) 违反法律、行政法规的强制性规定。

（2）合同部分条款无效的情形。合同中的下列免责条款无效：

1) 造成对方人身伤害的；
2) 因故意或者重大过失造成对方财产损失的。

免责条款是当事人在合同中规定的某些情况下免除或者限制当事人所负未来合同责任的条款。在一般情况下，合同中的免责条款都是有效的。但是，如果免责条款所产生的后果具有社会危害性和侵权性，侵害了对方当事人的人身权利和财产权利，则该免责条款将不具有法律效力。

4. 可变更或者撤销合同

可变更、可撤销合同是指欠缺一定的合同生效条件，但当事人一方可依照自己的意思使合同的内容得以变更或者使合同的效力归于消灭的合同。可变更、可撤销合同的效力取决于当事人的意思，属于相对无效的合同。当事人根据其意思，若主张合同有效，则合同有效；若主张合同无效，则合同无效；若主张合同变更，则合同可以变更。

（1）合同可以变更或者撤销的情形。当事人一方有权请求人民法院或者仲裁机构变更或者撤销的合同如下：

1) 因重大误解订立的；
2) 在订立合同时显失公平的。

一方以欺诈、胁迫的手段或者乘人之危，使对方在违背真实意思的情况下订立的合同，受损害方有权请求人民法院或者仲裁机构变更或者撤销。

当事人请求变更的，人民法院或者仲裁机构不得撤销。

（2）撤销权消灭。撤销权是指受损害的一方当事人对可撤销的合同依法享有的、可请求人民法院或仲裁机构撤销该合同的权利。享有撤销权的一方当事人称为撤销权人。撤销权应由撤销权人行使，并应向人民法院或者仲裁机构主张该项权利。而撤销权消灭是指撤销权人依照法律享有的撤销权由于一定法律事由的出现而归于消灭的情形。

有下列情形之一的，撤销权消灭：
1）具有撤销权的当事人自知道或者应当知道撤销事由之日起1年内没有行使撤销权；
2）具有撤销权的当事人知道撤销事由后明确表示或者以自己的行为放弃撤销权。

由此可见，当具有法律规定的可以撤销合同的情形时，当事人应当在规定的期限内行使其撤销权，否则，超过法律规定的期限时，撤销权归于消灭。此外，若当事人放弃撤销权，则撤销权也归于消灭。

（3）无效合同或者被撤销合同的法律后果。无效合同或者被撤销的合同自始没有法律约束力。合同部分无效，不影响其他部分效力的，其他部分仍然有效。合同无效、被撤销或者终止的，不影响合同中独立存在的有关解决争议方法的条款的效力。

合同无效或被撤销后，履行中的合同应当终止履行；尚未履行的，不得履行。对当事人依据无效合同或者被撤销的合同而取得的财产应当依法进行如下处理：
1）返还财产或折价补偿。当事人依据无效合同或者被撤销的合同所取得的财产，应当予以返还；不能返还或者没有必要返还的，应当折价补偿。
2）赔偿损失。合同被确认无效或者被撤销后，有过错的一方应赔偿对方因此所受到的损失。双方都有过错的，应当各自承担相应的责任。
3）收归国家所有或者返还集体、第三人。当事人恶意串通，损害国家、集体或者第三人利益的，因此取得的财产收归国家所有或者返还集体、第三人。

（三）合同履行

合同履行是债务人全面地、适当地完成其合同义务，以使债权人的合同债权得到实现的行为。

1. 合同履行的原则

合同履行的原则主要包括全面、适当履行原则和诚实信用原则。

（1）全面、适当履行。全面履行是指合同订立后，当事人应当按照合同约定，全面履行自己的义务，包括履行义务的主体、标的、数量、质量、价款或者报酬以及履行的期限、地点、方式等。适当履行是指当事人应按照合同规定的标的及其质量、数量，由适当的主体、在适当的时间、适当的地点，以适当的履行方式履行合同义务，以保证当事人的合法权益。

（2）诚实信用。诚实信用是指当事人讲诚实、守信用，遵守商业道德，以善意的心理履行合同。当事人不仅要保证自己全面履行合同约定的义务，并应顾及对方的经济利益，为对方履行创造条件，发现问题及时协商解决。以较小的履约成本，取得最佳的合同效益。还应根据合同的性质、目的和交易习惯履行通知、协助、保密等义务。

2. 合同履行的一般规则

合同生效后，当事人就质量、价款或者报酬、履行地点等内容没有约定或者约定不明确的，可以协议补充；不能达成补充协议的，按照合同有关条款或者交易习惯确定。依照上述规定仍不能确定的，适用下列规定：
1）质量要求不明确的，按照国家标准、行业标准履行；没有国家标准、行业标准的，按照通常标准或者符合合同目的的特定标准履行。
2）价款或者报酬不明确的，按照订立合同时履行地的市场价格履行；依法应当执行政府定价或者政府指导价的，按照规定履行。
3）履行地点不明确，给付货币的，在接受货币一方所在地履行；交付不动产的，在不动产所在地履行；其他标的，在履行义务一方所在地履行。

4) 履行期限不明确的，债务人可以随时履行，债权人也可以随时要求履行，但应当给对方必要的准备时间。

5) 履行方式不明确的，按照有利于实现合同目的的方式履行。

6) 履行费用的负担不明确的，由履行义务一方负担。

3. 合同履行的特殊规则

(1) 价格调整。《合同法》规定，执行政府定价或政府指导价的，在合同约定的交付期限内政府价格调整时，按照交付时的价格计价。逾期交付标的物的，遇价格上涨时，按照原价格执行；价格下降时，按照新价格执行。逾期提取标的物或者逾期付款的，遇价格上涨时，按照新价格执行；价格下降时，按照原价格执行。

(2) 代为履行。代为履行是指由合同以外的第三人代替合同当事人履行合同。与合同转让不同，代为履行并未变更合同的权利义务主体，只是改变了履行主体。《合同法》规定：

1) 当事人约定由债务人向第三人履行债务的，债务人未向第三人履行债务或者履行债务不符合约定，应当向债权人承担违约责任。

2) 当事人约定由第三人向债权人履行债务，第三人不履行债务或者履行债务不符合约定，债务人应当向债权人承担违约责任。

(3) 提前履行。合同通常应按照约定的期限履行，提前或迟延履行属违约行为，因此，债权人可以拒绝债务人提前履行债务，但提前履行不损害债权人利益的除外，此时，因债务人提前履行债务给债权人增加的费用，由债务人负担。

(4) 部分履行。合同通常应全部履行，债权人可以拒绝债务人部分履行债务，但部分履行不损害债权人利益的除外，此时，因债务人部分履行债务给债权人增加的费用，由债务人负担。

(四) 合同变更、转让

1. 合同变更

合同变更是指对已经依法成立的合同，在承认其法律效力的前提下，对其进行修改或补充。当事人协商一致，可以变更合同。当事人对合同变更的内容约定不明确，令人难以判断约定的新内容与原合同内容的本质区别，则推定为未变更。

2. 合同转让

合同转让是当事人一方取得另一方同意后将合同的权利义务转让给第三方的法律行为。合同转让是合同变更的一种特殊形式，它不是变更合同中规定的权利义务内容，而是变更合同主体。

(1) 债权转让。债权人可以将合同的权利全部或者部分转让给第三人。但下列三种债权不得转让：

1) 根据合同性质不得转让；

2) 按照当事人约定不得转让；

3) 依照法律规定不得转让。

若债权人转让权利，债权人应当通知债务人。未经通知，该转让对债务人不发生效力。除非经受让人同意，债权人转让权利的通知不得撤销。

债权让与后，该债权由原债权人转移给受让人，受让人取代让与人（原债权人）成为新债权人，依附于主债权的从债权也一并转移给受让人，如抵押权、留置权等。为保护债务人利益，不致其因债权转让而蒙受损失，凡债务人对让与人的抗辩权（如同时履行的抗辩权等），可以向受让人主张。

(2) 债务转让。应当经债权人同意，债务人才能将合同的义务全部或者部分转移给第三人。

债务人转移义务后，原债务人可享有的对债权人的抗辩权也随债务转移而由新债务人享有，新债务人可以主张原债务人对债权人的抗辩权。与主债务有关的从债务，如附随于主债务的利息债务，也随债务转移而由新债务人承担。

(3) 债权债务一并转让。当事人一方经对方同意，可以将自己在合同中的权利和义务一并转让给第三人。权利和义务一并转让的处理，适用上述有关债权人和债务人转让的有关规定。

当事人订立合同后合并的，由合并后的法人或其他组织行使合同权利，履行合同义务。当事人订立合同后分立的，除另有约定外，由分立的法人或其他组织对合同的权利和义务享有连带债权，承担连带债务。

（五）合同终止

1. 合同终止的条件

合同终止是指合同当事人双方依法使相互间的权利义务关系终止，即合同关系消灭；合同终止的情形包括：

(1) 债务已经按照约定履行；

(2) 合同解除；

(3) 债务相互抵销；

(4) 债务人依法将标的物提存；

(5) 债权人免除债务；

(6) 债权债务同归于一人；

(7) 法律规定或者当事人约定终止的其他情形。

债权人免除债务人部分或者全部债务的，合同的权利义务部分或者全部终止；债权和债务同归于一人的，合同的权利义务终止，但涉及第三人利益的除外。

合同权利义务的终止，不影响合同中结算和清理条款的效力以及通知、协助、保密等义务的履行。

2. 合同解除

合同解除是指当事人一方在合同规定的期限内未履行、未完全履行或者不能履行合同时，另一方当事人或者发生不能履行情况的当事人可以根据法律规定的或者合同约定的条件，通知对方解除双方合同关系的法律行为。

(1) 合同解除的条件。合同解除的条件可分为约定解除条件和法定解除条件。

1) 约定解除条件。其包括：

① 当事人协商一致，可以解除合同；

② 当事人可以约定一方解除合同的条件。解除合同的条件成就时，解除权人可以解除合同。

2) 法定解除条件。其包括：

① 因不可抗力致使不能实现合同目的；

② 在履行期限届满之前，当事人一方明确表示或者以自己的行为表明不履行主要债务；

③ 当事人一方迟延履行主要债务，经催告后在合理期限内仍未履行；

④ 当事人一方迟延履行债务或者有其他违约行为致使不能实现合同目的；

⑤ 法律规定的其他情形。

(2) 合同解除权的行使。合同解除权应在法律规定或者当事人约定的解除权期限内行使，期限届满当事人不行使的，该权利消灭。如法律没有规定或者当事人没有约定期限，应当在合理期限内行使，经对方催告后在合理期限内不行使的，该权利消灭。

当事人解除合同时，应当通知对方，并且自通知到达对方时合同解除。若对方对解除合同持有异议，可以请求人民法院或者仲裁机构确认解除合同的效力。法律、行政法规规定解除合同应当办理批准、登记等手续的，在解除时应依照其规定办理手续。

3. 合同债务抵销

抵销是当事人互有债权债务，在到期后，各以其债权抵偿所付债务的民事法律行为，是合同权利义务终止的方法之一。

除依照法律规定或者按照合同性质不得抵销的外，当事人应互负到期债务，该债务的标的物种类、品质相同的，任何一方可以将自己的债务与对方的债务抵销。当事人主张抵销的，应当通知对方。通知自到达对方时生效。当事人互负债务，标的物种类、品质不相同的，经双方协商一致，也可以抵销。

4. 标的物提存

提存是指由于债权人的原因致使债务人难以履行债务时,债务人可以将标的物交给有关机关保存,以此消灭合同的制度。

债务履行往往要有债权人的协助,如果由于债权人的原因致使债务人无法向其交付标的物,不能履行债务,使债务人总是处于随时准备履行债务的局面,这对债务人来讲是不公平的。因此,法律规定了提存制度,并作为合同权利义务关系终止的情况之一。

有下列情形之一,难以履行债务的,债务人可以将标的物提存:

(1) 债权人无正当理由拒绝受领;

(2) 债权人下落不明;

(3) 债权人死亡未确定继承人或者丧失民事行为能力未确定监护人;

(4) 法律规定的其他情形。如果标的物不适于提存或者提存费用过高的,债务人可以依法拍卖或者变卖标的物,提存所得的价款。

标的物提存后,除债权人下落不明的外,债务人应当及时通知债权人或债权人的继承人、监护人。标的物提存后、毁损、灭失的风险和提存费用由债权人负担。提存期间,标的物的孳息归债权人所有。

债权人可以随时领取提存物,但债权人对债务人负有到期债务的,在债权人未履行债务或提供担保之前,提存部门根据债务人的要求应当拒绝其领取提存物。

债权人领取提存物的权利期限为5年,超过该期限,提存物扣除提存费用后归国家所有。

(六) 违约责任

1. 违约责任及其特点

违约责任是指合同当事人不履行或不适当履行合同,应依法承担的责任。与其他责任制度相比,违约责任有以下主要特点:

(1) 违约责任以有效合同为前提。与侵权责任和缔约过失责任不同,违约责任必须以当事人双方事先存在的有效合同关系为前提。如果双方不存在合同关系,或者虽订立过合同,但合同无效或已被撤销,那么,当事人不可能承担违约责任。

(2) 违约责任以违反合同义务为要件。违约责任是当事人违反合同义务的法律后果。因此,只有当事人违反合同义务,不履行或者不适当履行合同时,才应承担违约责任。

(3) 违约责任可由当事人在法定范围内约定。违约责任主要是一种赔偿责任,因此,可由当事人在法律规定的范围内自行约定。只要约定不违反法律,就具有法律约束力。

(4) 违约责任是一种民事赔偿责任。首先,它是由违约方向守约方承担的民事责任,无论是违约金还是赔偿金,都是平等主体之间的支付关系;其次,违约责任的确定,通常应以补偿守约方的损失为标准,贯彻损益相当的原则。

2. 违约责任的承担

(1) 违约责任的承担方式。当事人一方不履行合同义务或者履行合同义务不符合约定的,应当承担继续履行、采取补救措施或者赔偿损失等违约责任。

1) 继续履行。继续履行是指在合同当事人一方不履行合同义务或者履行合同义务不符合合同约定时,另一方合同当事人有权要求其在合同履行期限届满后继续按照原合同约定的主要条件履行合同义务的行为。继续履行是合同当事人一方违约时,其承担违约责任的首选方式。

① 违反金钱债务时的继续履行。当事人一方未支付价款或者报酬的,对方可以要求其支付价款或者报酬。

② 违反非金钱债务时的继续履行。当事人一方不履行非金钱债务或者履行非金钱债务不符合约定的,对方可以要求履行,但有下列情形之一的除外:

a. 法律上或者事实上不能履行;

b. 债务的标的不适于强制履行或者履行费用过高;

c. 债权人在合理期限内未要求履行。

2) 采取补救措施。如果合同标的物质量不符合约定，应当按照当事人的约定承担违约责任。对违约责任没有约定或者约定不明确的，可以协议补充；不能达成补充协议的，按照合同有关条款或者交易习惯确定。依照上述办法仍不能确定的，受损害方根据标的物性质以及损失的大小，可以合理选择要求对方承担修理、更换、重做、退货及减少价款或者增加报酬等违约责任。

3) 赔偿损失。当事人一方不履行合同义务或者履行合同义务不符合约定的，在履行义务或者采取补救措施后，对方还有其他损失的，应当赔偿损失。损失赔偿额应当相当于因违约所造成的损失，包括合同履行后可以获得的利益，但不得超过违反合同一方订立合同时预见到或者应当预见到的因违反合同可能造成的损失。

当事人一方违约后，对方应当采取适当措施防止损失的扩大；没有采取适当措施致使损失扩大的，不得就扩大的损失要求赔偿。当事人因防止损失扩大而支出的合理费用，由违约方承担。

经营者对消费者提供商品或者服务有欺诈行为的，依照《中华人民共和国消费者权益保护法》的规定承担损害赔偿责任。

4) 违约金。当事人可以约定一方违约时应当根据违约情况向对方支付一定数额的违约金，也可以约定因违约产生的损失赔偿额的计算方法。约定的违约金低于造成的损失的，当事人可以请求人民法院或者仲裁机构予以增加；约定的违约金过分高于造成的损失的，当事人可以请求人民法院或者仲裁机构予以适当减少。

当事人就迟延履行约定违约金的，违约方支付违约金后，还应当履行债务。

5) 定金。当事人可以依照《中华人民共和国担保法》约定一方向对方给付定金作为债权的担保。债务人履行债务后，定金应当抵作价款或者收回。给付定金的一方不履行约定的债务的，无权要求返还定金；收受定金的一方不履行约定的债务的，应当双倍返还定金。

当事人既约定违约金，又约定定金的，一方违约时，对方可以选择适用违约金或者定金条款。

（2）违约责任的承担主体。

1) 合同当事人双方违约时违约责任的承担。当事人双方都违反合同的，应当各自承担相应的责任。

2) 因第三人原因造成违约时违约责任的承担。当事人一方因第三人的原因造成违约的，应当向对方承担违约责任。当事人一方和第三人之间的纠纷，依照法律规定或者依照约定解决。

（七）合同争议解决

合同争议是指合同当事人之间对合同履行状况和合同违约责任承担等问题所产生的意见分歧。合同争议的解决方式有和解、调解、仲裁或者诉讼。

1. 和解与调解

和解与调解是解决合同争议的常用和有效方式。当事人可以通过和解或者调解解决合同争议。

（1）和解。和解是合同当事人之间发生争议后，在没有第三人介入的情况下，合同当事人双方在自愿、互谅的基础上，就已经发生的争议进行商谈并达成协议，自行解决争议的一种方式。和解方式简便易行，有利于加强合同当事人之间的协作，使合同能更好地得到履行。

（2）调解。调解是指合同当事人于争议发生后，在第三者的主持下，根据事实、法律和合同，经过第三者的说服与劝解，使发生争议的合同当事人双方互谅、互让，自愿达成协议，从而公平、合理地解决争议的一种方式。

与和解相同，调解也具有方法灵活、程序简便、节省时间和费用、不伤害发生争议的合同当事人双方的感情等特征，而且由于有第三者的介入，可以缓解发生争议的合同双方当事人之间的对立情绪，便于双方较冷静、理智地考虑问题。同时，由于第三者常常能够站在较公正的立场上，较客观、全面地看待、分析争议的有关问题并提出解决方案，从而有利于争议的公正解决。

参与调解的第三者不同，调解的性质也就不同。调解有民间调解、仲裁机构调解和法庭调解三种。

2. 仲裁

仲裁是指发生争议的合同当事人双方根据合同中约定的仲裁条款或者争议发生后由其达成的书面仲裁协议，将合同争议提交给仲裁机构并由仲裁机构按照仲裁法律规范的规定居中裁决，从而解决合同争议的法律制度。当事人不愿协商、调解或协商、调解不成的，可以根据合同中的仲裁条款或事后达成的书面仲裁协议，提交仲裁机构仲裁。涉外合同的当事人可以根据仲裁协议向中国仲裁机构或者其他仲裁机构申请仲裁。

根据《中华人民共和国仲裁法》规定，对于合同争议的解决，实行"或裁或审制"。即发生争议的合同当事人双方只能在"仲裁"或者"诉讼"两种方式中选择一种方式解决其合同争议。

仲裁裁决具有法律约束力。合同当事人应当自觉执行裁决。不执行的，另一方当事人可以申请有管辖权的人民法院强制执行。裁决做出后，当事人就同一争议再申请仲裁或者向人民法院起诉的，仲裁机构或者人民法院不予受理。但当事人对仲裁协议的效力有异议的，可以请求仲裁机构做出决定或者请求人民法院做出裁定。

3. 诉讼

诉讼是指合同当事人依法将合同争议提交人民法院受理，由人民法院依司法程序通过调查、做出判决、采取强制措施等来处理争议的法律制度。有下列情形之一的，合同当事人可以选择诉讼方式解决合同争议：

（1）合同争议的当事人不愿和解、调解的；
（2）经过和解、调解未能解决合同争议的；
（3）当事人没有订立仲裁协议或者仲裁协议无效的；
（4）仲裁裁决被人民法院依法裁定撤销或者不予执行的。

合同当事人双方可以在签订合同时约定选择诉讼方式解决合同争议，并依法选择有管辖权的人民法院，但不得违反《中华人民共和国民事诉讼法》关于级别管辖和专属管辖的规定。对于一般的合同争议，由被告住所地或者合同履行地人民法院管辖。建设工程施工合同以施工行为地为合同履行地。

五、税收相关法律法规

税收是政府为了满足社会公共需要，凭借其政治权力，按照法律规定，强制、无偿地取得财政收入的一种形式。在工程计价活动中，应当熟悉和执行有关税收法律制度。

（一）企业所得税法

《中华人民共和国企业所得税法》是为了使中国境内企业和其他取得收入的组织缴纳企业所得税制定的法律。企业所得税是对我国境内的企业和其他取得收入的组织的生产经营所得和其他所得征收的所得税。

1. 纳税人

在中华人民共和国境内，企业和其他取得收入的组织（以下统称企业）为企业所得税的纳税人，依照本法的规定缴纳企业所得税。个人独资企业、合伙企业不适用本法。

企业分为居民企业和非居民企业。居民企业，是指依法在中国境内成立，或者依照外国（地区）法律成立但实际管理机构在中国境内的企业。非居民企业，是指依照外国（地区）法律成立且实际管理机构不在中国境内，但在中国境内设立机构、场所的，或者在中国境内未设立机构、场所，但有来源于中国境内所得的企业。

2. 征税对象

居民企业应当就其来源于中国境内、境外的所得缴纳企业所得税。

非居民企业在中国境内设立机构、场所的，应当就其所设机构、场所取得的来源于中国境内的所得，以及发生在中国境外但与其所设机构、场所有实际联系的所得，缴纳企业所得税。非居民企业在中国境内未设立机构、场所的，或者虽设立机构、场所但取得的所得与其所设机构、场所没有实际联系的,应当就其来源于中国境内的所得缴纳企业所得税。

3. 应纳税所得额

企业每一纳税年度的收入总额,减除不征税收入、免税收入、各项扣除以及允许弥补的以前年度亏损后的余额,为应纳税所得额。

企业以货币形式和非货币形式从各种来源取得的收入,为收入总额。其包括:①销售货物收入;②提供劳务收入;③转让财产收入;④股息、红利等权益性投资收益;④利息收入;⑥租金收入;⑦特许权使用费收入;⑧接受捐赠收入;⑨其他收入。

收入总额中的下列收入为不征税收入:①财政拨款;②依法收取并纳入财政管理的行政事业性收费、政府性基金;③国务院规定的其他不征税收入。

企业实际发生的与取得收入有关的、合理的支出,包括成本、费用、税金、损失和其他支出,准予在计算应纳税所得额时扣除。

企业发生的公益性捐赠支出,在年度利润总额 12% 以内的部分,准予在计算应纳税所得额时扣除。

4. 税率

企业所得税的税率为 25%。非居民企业在中国境内未设立机构、场所的,或者虽设立机构、场所但取得的所得与其所设机构、场所没有实际联系的,应当就其来源于中国境内的所得缴纳企业所得税,适用税率为 20%。符合条件的小型微利企业,减按 20% 的税率征收企业所得税。国家需要重点扶持的高新技术企业,减按 15% 的税率征收企业所得税。

(二)增值税暂行条例

增值税是以商品和劳务在流转过程中产生的增值额作为征税对象而征收的一种流转税。

1. 纳税人

《中华人民共和国增值税暂行条例》(以下简称《增值税暂行条例》)规定,在中华人民共和国境内销售货物或者加工、修理修配劳务(以下简称劳务),销售服务、无形资产、不动产以及进口货物的单位和个人,为增值税的纳税人。

纳税人分为一般纳税人和小规模纳税人。小规模纳税人以外的纳税人应当向主管税务机关办理登记。小规模纳税人会计核算健全,能够提供准确税务资料的,可以向主管税务机关办理登记,不作为小规模纳税人计算应纳税额。

2. 应纳税额的计算

纳税人兼营不同税率的项目,应当分别核算不同税率项目的销售额;未分别核算销售额的,从高适用税率。纳税人销售货物、劳务、服务、无形资产、不动产(以下统称应税销售行为),应纳税额为当期销项税额抵扣当期进项税额后的余额。当期销项税额小于当期进项税额不足抵扣时,其不足部分可以结转下期继续抵扣。小规模纳税人发生应税销售行为,实行按照销售额和征收率计算应纳税额的简易办法,并不得抵扣进项税额。纳税人进口货物,按照组成计税价格和《增值税暂行条例》规定的税率计算应纳税额。

纳税人发生应税销售行为,按照销售额和《增值税暂行条例》规定的税率计算收取的增值税额,为销项税额。纳税人发生应税销售行为的价格明显偏低并无正当理由的,由主管税务机关核定其销售额。纳税人购进货物、劳务、服务、无形资产、不动产支付或者负担的增值税额,为进项税额。

纳税人发生应税销售行为,应当向索取增值税专用发票的购买方开其增值税专用发票,并在增值税专用发票上分别注明销售额和销项税额。属于下列情形之一的,不得开具增值税专用发票:①应税销售行为的购买方为消费者个人的;②发生应税销售行为适用免税规定的。

3. 销项税额的抵扣

依据《增值税暂行条例》的规定,下列进项税额准予从销项税额中抵扣:①从销售方取得的增值税专用发票上注明的增值税额。②从海关取得的海关进口增值税专用缴款书上注明的增值税额。③购进农产品，除取得增值税专用发票或者海关进口增值税专用缴款书外，按照农产品收购发票或者销售发票上注明的农产品买价和11%的扣除率计算的进项税额，国务院另有规定的除外（自2019年4月1日起，扣除率调整为9%）。④自境外单位或者个人购进劳务、服务、无形资产或者境内的不动产，从税务机关或者扣缴义务人取得的代扣代缴税款的完税凭证上注明的增值税额。

纳税人购进货物、劳务、服务、无形资产、不动产，取得的增值税扣税凭证不符合法律、行政法规或者国务院税务主管部门有关规定的，其进项税额不得从销项税额中抵扣。

下列项目的进项税额不得从销项税额中抵扣：①用于简易计税方法计税项目、免征增值税项目、集体福利或者个人消费的购进货物、劳务、服务、无形资产和不动产；②非正常损失的购进货物，以及相关的劳务和交通运输服务；③非正常损失的在产品、产成品所耗用的购进货物（不包括固定资产）、劳务和交通运输服务；④国务院规定的其他项目。

4. 税率（增值税税率）

根据《财政部 税务总局 海关总署关于深化增值税改革有关问题的公告》（2019年第39号）规定，自2019年4月1日起，增值税税率调整如下：

（1）纳税人销售货物、劳务、有形动产租赁服务或者进口货物，除下述第（2）项、第（4）项、第（5）项另有规定外，税率为13%。

（2）纳税人销售交通运输、邮政、基础电信、建筑、不动产租赁服务，销售不动产，转让土地使用权，销售或者进口下列货物，税率为9%：

① 粮食等农产品、食用植物油、食用盐；

② 自来水、暖气、冷气、热水、煤气、石油液化气、天然气、二甲醚、沼气、居民用煤炭制品；

③ 图书、报纸、杂志、音像制品、电子出版物；

④ 饲料、化肥、农药、农机、农膜。

（3）纳税人销售服务、无形资产，除第（1）项、第（2）项、第（5）项另有规定外，税率为6%。

（4）纳税人出口货物，税率为零，国务院另有规定的除外。

（5）境内单位和个人跨境销售国务院规定范围内的服务、无形资产，税率为零。

（三）附加税

1. 城市维护建设税

依据《中华人民共和国城市维护建设税暂行条例》的规定，凡缴纳消费税、增值税的单位和个人，都是城市维护建设税的纳税义务人。

城市维护建设税，以纳税人实际缴纳的消费税、增值税税额为计税依据，分别与消费税、增值税同时缴纳。城市维护建设税税率如下：纳税人所在地在市区的，税率为7%；纳税人所在地在县城、镇的，税率为5%；纳税人所在地不在市区、县城或镇的，税率为1%。

开征城市维护建设税后，任何地区和部门，都不得再向纳税人摊派资金或物资。遇到摊派情况，纳税人有权拒绝执行。

2. 教育费附加

《征收教育费附加的暂行规定》（2011年修订）中规定，凡缴纳消费税、增值税的单位和个人，除按照《国务院关于筹措农村学校办学经费的通知》（国发〔1984〕174号文）的规定，缴纳农村教育事业费附加的单位外，都应当依照本规定缴纳教育费附加。

教育费附加，以各单位和个人实际缴纳的增值税、消费税的税额为计征依据，教育费附加率为3%，分别与增值税、消费税同时缴纳。

3. 地方教育附加

2010年11月7日，财政部发布《关于统一地方教育附加政策有关问题的通知》（财综〔2010〕98号），为贯彻落实《国家中长期教育改革和发展规划纲要（2010—2020年）》，进一步规范和拓宽财政性教育经费筹资渠道，支持地方教育事业发展，根据国务院有关工作部署和具体要求，统一开征地方教育附加。

尚未开征地方教育附加的省份，省级财政部门应按照《中华人民共和国教育法》的规定，根据本地区实际情况尽快研究制定开征地方教育附加的方案，报省级人民政府同意后，由省级人民政府于2010年12月31日前报财政部审批。

统一地方教育附加征收标准。地方教育附加征收标准统一为单位和个人（包括外商投资企业、外国企业及外籍个人）实际缴纳的增值税和消费税税额的2%。已经财政部审批且征收标准低于2%的省份，应将地方教育附加的征收标准调整为2%，调整征收标准的方案由省级人民政府于2010年12月31日前报财政部审批。

陕西省从2011年2月1日起征收地方教育附加，税率为2%。建设工程按不含税工程造价计取，费率约为0.07%。

提示：城市维护建设税、教育费附加、地方教育附加营改增后，三税合并为附加税并入企业管理费的"税金"中。

(四) 其他税

1. 房产税暂行条例

《中华人民共和国房产税暂行条例》规定，房产税在城市、县城、建制镇和工矿区征收。房产税由产权所有人缴纳。产权属于全民所有的，由经营管理的单位缴纳。产权出典的，由承典人缴纳。产权所有人、承典人不在房产所在地的，或者产权未确定及租典纠纷未解决的，由房产代管人或者使用人缴纳。前述列举的产权所有人、经营管理单位、承典人、房产代管人或者使用人，统称为纳税义务人。

下列房产免纳房产税：①国家机关、人民团体、军队自用的房产；②由国家财政部门拨付事业经费的单位自用的房产；③宗教寺庙、公园、名胜古迹自用的房产；④个人所有非营业用的房产；⑤经财政部批准免税的其他房产。

房产税依照房产原值一次减除10%～30%后的余值计算缴纳。具体减除幅度，由省、自治区、直辖市人民政府规定。没有房产原值作为依据的，由房产所在地税务机关参考同类房产核定。房产出租的，以房产租金收入为房产税的计税依据。

房产税的税率，依照房产余值计算缴纳的，税率为1.2%；依照房产租金收入计算缴纳的，税率为12%。

2. 车船税法

《中华人民共和国车船税法》规定，在中华人民共和国境内属于本法所附《车船税税目税额表》规定的车辆、船舶（以下简称车船）的所有人或者管理人，为车船税的纳税人，应当依照本法缴纳车船税。

下列车船免征车船税：①捕捞、养殖渔船；②军队、武装警察部队专用的车船；③警用车船；④悬挂应急救援专用号牌的国家综合性消防救援车辆和国家综合性消防救援专用船舶。

对节约能源、使用新能源的车船可以减征或者免征车船税；对受严重自然灾害影响纳税困难以及有其他特殊原因确需减税、免税的，可以减征或者免征车船税。

从事机动车第三者责任强制保险业务的保险机构为机动车车船税的扣缴义务人，应当在收取保险费时依法代收车船税，并出具代收税款凭证。

3. 土地使用税

《中华人民共和国城镇土地使用税暂行条例》（2013年修订）规定，在城市、县城、建制镇、工矿区范围内使用土地的单位和个人，为城镇土地使用税的纳税人。

土地使用税以纳税人实际占用的土地面积为计税依据，依照规定税额计算征收。土地使用税每平方米年税额如下：①大城市1.5～30元；②中等城市1.2～24元；③小城市0.9～18元；④县城、建制镇、工矿区0.6～12元。

经省、自治区、直辖市人民政府批准，经济落后地区土地使用税的适用税额标准可以适当降低，但降低额不得超过《中华人民共和国城镇土地使用税暂行条例》规定最低税额的30%。经济发达地区土地使用税的适用税额标准可以适当提高，但须报经财政部批准。

下列土地免缴土地使用税：①国家机关、人民团体、军队自用的土地；②由国家财政部门拨付事业经费的单位自用的土地；③宗教寺庙、公园、名胜古迹自用的土地；④市政街道、广场、绿化地带等公共用地；⑤直接用于农、林、牧、渔业的生产用地；⑥经批准开山填海整治的土地和改造的废弃土地，从使用的月份起免缴土地使用税5～10年；⑦由财政部另行规定免税的能源、交通、水利设施用地和其他用地。

土地使用税按年计算、分期缴纳。缴纳期限由省、自治区、直辖市人民政府确定。

4. 印花税暂行条例

印花税是行为税的一种，是对合同、凭证、票据、账簿及权利许可证等文件征收的税种，印花税是对经济活动和经济交往中书立、领受法律效力的凭证的行为所征收的一种税。

《中华人民共和国印花税暂行条例》规定，在中华人民共和国境内书立、领受本条例所列举凭证的单位和个人，都属于印花税的纳税义务人。

下列凭证为应纳税凭证：

（1）购销、加工承揽、建设工程承包、财产租赁、货物运输、仓储保管、借款、财产保险、技术合同或具有合同性质的凭证；

（2）产权转移书据；

（3）营业账簿；

（4）权利、许可证照；

（5）经财政部确定征税的其他凭证。

下列凭证免纳印花税：

（1）已缴纳印花税的凭证的副本或者抄本；

（2）财产所有人将财产赠给政府、社会福利单位、学校所立的书据。

纳税人根据应纳税凭证的性质，分部按比例税率或者按定额计算应纳税额。具体税率、税额的确定，依照印花税条例所附《印花税目税率表》执行。应纳税额不足一角的，免纳印花税。应纳税额在一角以上的，其税额尾数不满五分的不计，满五分的按一角计算缴纳。

提示：房产税、车船税中的非生产性车船使用税、土地使用税、印花税计入企业管理费的"税金"中，生产性车船使用税计入"机械费"中。

六、陕西省建设工程造价管理办法

为了加强陕西省建设工程造价管理，规范建设工程造价计价行为，合理确定工程造价，维护工程建设各方的合法权益，根据《中华人民共和国建筑法》和《陕西省建筑市场管理条例》等有关法律法规，结合本省实际制定了《陕西省建设工程造价管理办法》（陕西省人民政府令第133号）（以下简称《办法》），已经省人民政府2008年第3次常务会议审议通过，并于2008年4月1日起在全省正式施行。

该《办法》是陕西省建设工程造价管理领域中的第一部政府令，它的颁布实施对于规范建设市场秩序和工程造价的计价行为，合理确定和有效控制工程造价，提高建设工程项目投资效益，维护工程建设各方的合法权益，具有十分重要的意义。

该《办法》共六章三十四条，其中：

第一章　总　则（共5条）

第二章　建设工程造价计价依据的制定（共4条）

第三章　建设工程造价的确定（共9条）

第四章 建设工程造价机构及人员管理（共 9 条）
第五章 法律责任（共 6 条）
第六章 附　则（共 1 条）

《办法》第六条明确规定了五个方面的计价依据，包括："①投资估算指标；②概算定额、预算定额、消耗量定额、费用定额、工期定额；③工程量清单计价规则；④人工、材料和施工机械台班预算价格、指导价格以及市场价格；⑤国家以及本省规定的其他有关计价依据。"这将使计价依据有法可依。工程建设参与各方在工程造价计价活动中，必须采用国家和陕西省发布的现行的计价依据，不得使用已明确规定停止使用的计价依据或者擅自提高或降低定额标准进行计价。

《办法》明确规定了建设工程计价方式，其中第十四条规定："依法招标的建设项目应当采用工程量清单计价模式"，根据有关法律、法规规定应在招标文件中明确。依法可以不招标的项目不采用工程量清单计价模式时，应按照陕建价发〔2007〕22 号文的计价程序和方式进行计价，两种计价方式不能在同一工程项目中混合使用。根据国家《建设工程工程量清单计价规范》强制性条款的规定，全部使用国有资金（含国家融资资金）投资或国有资金投资为主的工程建设项目须采用工程量清单计价方式，而其他工程项目可采用定额计价方式，在招标文件中必须明确工程项目所采用的计价方式，并且同一工程项目不得混合使用两种计价方式。

《办法》明确规定了对工程造价监督管理实行分级管理的原则，即省、市、县三级建设行政主管部门都有监督管理职能。同时规定"发展改革、财政、审计等行政主管部门，按照各自职责，做好相关的建设工程造价监督管理工作。"

工程造价管理贯穿工程建设的整个过程，工程造价的合理确定和有效控制是工程建设管理的重要组成部分，是建设各方追求的目标，更是管理部门的职责所在。《办法》第十一条到第十五条对建设工程造价各阶段的控制内容、编制原则、依据和计价行为作了明确规定：一是建设工程项目全过程中编制投资估算、设计概算和施工图预算提出了审核和编制的要求；二是建设工程造价各阶段编制的原则依据；三是建设单位、设计单位、施工单位和工程造价咨询机构在三算（投资估算、设计概算和施工图预算）编制中应遵守的行为准则；四是对三算的相互关系做出了具体的规定，明确规定投资估算控制设计概算，设计概算控制施工图预算，经批准的设计概算作为投资和造价控制的主要依据，不得随意突破。

第二节　工程造价管理制度

一、建设工程造价咨询企业管理

工程造价咨询企业是指接受委托，对建设项目投资、工程造价的确定与控制提供专业咨询服务的企业。工程造价咨询企业可以为政府部门、建设单位、施工单位、设计单位提供相关专业技术服务，这种以造价咨询业务为核心的服务有时是单项或分阶段的，有时覆盖工程建设全过程。

工程造价咨询企业从事工程造价咨询活动，应当遵循独立、客观、公正、诚实信用的原则，不得损害社会公共利益和他人的合法权益。同时，任何单位和个人不得非法干预依法进行的工程造价咨询活动。

（一）工程造价咨询企业资质等级标准

工程造价咨询企业资质等级分为甲级、乙级两类。

1. 甲级工程造价咨询企业资质标准

（1）已取得乙级工程造价咨询企业资质证书满 3 年；

（2）企业出资人中注册造价工程师人数不低于出资人总人数的 60%，且其认缴出资额不低于企业注册资本总额的 60%；

(3) 技术负责人是注册造价工程师，并具有工程或工程经济类高级专业技术职称，且从事工程造价专业工作 15 年以上；

(4) 专职从事工程造价专业工作的人员（以下简称专职专业人员）不少于 20 人。其中，具有工程或者工程经济类中级以上专业技术职称的人员不少于 16 人，注册造价工程师不少于 10 人，其他人员均需要具有从事工程造价专业工作的经历；

(5) 企业与专职专业人员签订劳动合同，且专职专业人员符合国家规定的职业年龄（出资人除外）；

(6) 专职专业人员人事档案关系由国家认可的人事代理机构代为管理；

(7) 企业注册资本不少于人民币 100 万元；

(8) 企业近 3 年工程造价咨询营业收入累计不低于人民币 500 万元；

(9) 具有固定的办公场所，人均办公建筑面积不少于 $10m^2$；

(10) 技术档案管理制度、质量控制制度、财务管理制度齐全；

(11) 企业为本单位专职专业人员办理的社会基本养老保险手续齐全；

(12) 在申请核定资质等级之日前 3 年内无违规行为。

2. 乙级工程造价咨询企业资质标准

(1) 企业出资人中注册造价工程师人数不低于出资人总人数的 60%，且其认缴出资额不低于注册资本总额的 60%；

(2) 技术负责人是注册造价工程师，并具有工程或工程经济类高级专业技术职称，且从事工程造价专业工作 10 年以上；

(3) 专职专业人员不少于 12 人，其中，具有工程或者工程经济类中级以上专业技术职称的人员不少于 8 人，注册造价工程师不少于 6 人，其他人员均需要具有从事工程造价专业工作的经历；

(4) 企业与专职专业人员签订劳动合同，且专职专业人员符合国家规定的职业年龄（出资人除外）；

(5) 专职专业人员人事档案关系由国家认可的人事代理机构代为管理；

(6) 企业注册资本不少于人民币 50 万元；

(7) 具有固定的办公场所，人均办公建筑面积不少于 $10m^2$；

(8) 技术档案管理制度、质量控制制度、财务管理制度齐全；

(9) 企业为本单位专职专业人员办理的社会基本养老保险手续齐全；

(10) 暂定期内工程造价咨询营业收入累计不低于人民币 50 万元；

(11) 在申请核定资质等级之日前无违规行为。

（二）工程造价咨询企业业务承接

工程造价咨询企业应当依法取得工程造价咨询企业资质，并在其资质等级许可的范围内从事工程造价咨询活动。工程造价咨询企业依法从事工程造价咨询活动，不受行政区域限制。其中，甲级工程造价咨询企业可以从事各类建设项目的工程造价咨询业务；乙级工程造价咨询企业可以从事工程造价 5000 万元人民币以下的各类建设项目的工程造价咨询业务。

1. 业务范围

工程造价咨询业务范围包括：

(1) 建设项目建议书及可行性研究投资估算、项目经济评价报告的编制和审核；

(2) 建设项目概预算的编制与审核，并配合设计方案比选、优化设计、限额设计等工作进行工程造价分析与控制；

(3) 建设项目合同价款的确定（包括招标工程工程量清单和标底、投标报价的编制和审核）；合同价款的签订与调整（包括工程变更、工程洽商和索赔费用的计算）与工程款支付，工程结算、竣工结算和决算报告的编制与审核等；

(4) 工程造价经济纠纷的鉴定和仲裁的咨询；

(5) 提供工程造价信息服务等。

同时，工程造价咨询企业可以对建设项目的组织实施进行全过程或者若干阶段的管理和服务。

2. 执业

(1) 咨询合同及其履行。工程造价咨询企业在承接各类建设项目的工程造价咨询业务时，可参照《建设工程造价咨询合同》（示范文本）与委托人签订工程造价咨询合同。

工程造价咨询企业从事工程造价咨询业务，应按照相关规定要求或合同约定出具工程造价成果文件。工程造价成果文件应当由工程造价咨询企业加盖有企业名称、资质等级及证书编号的执业印章，并由执行咨询业务的注册造价工程师签字、加盖个人执业印章。

(2) 执业行为准则。

1) 要执行国家的宏观经济政策和产业政策，遵守国家和地方法律、法规及有关规定，维护国家和人民的利益；

2) 接受工程造价咨询企业行业自律组织业务指导，自觉遵守本行业的规定和各项制度，积极参加本行业组织的业务活动；

3) 按照工程造价咨询单位资质证书规定的资质等级和服务范围开展业务，只承担能够胜任的工作；

4) 要具有独立执业的能力和工作条件，竭诚为客户服务，以高质量的咨询成果和优质服务，获得客户的信任和好评；

5) 要按照公平、公正和诚信的原则开展业务，认真履行合同，依法独立自主开展经营活动，努力提高经济效益；

6) 靠质量、靠信誉参见市场竞争，杜绝无序和恶性竞争，不得利用与行政机关、社会团体以及其他经济组织的特殊关系搞业务垄断；

7) 要"以人为本"，激励员工更新知识，掌握先进的技术手段和业务知识，采取有效措施组织、督促员工接受继续教育；

8) 不得在解决经济纠纷的鉴证咨询业务中分别接受双方当事人的委托；

9) 不得阻挠委托人委托其他工程造价咨询单位参与咨询服务；共同提供服务的工程造价咨询单位之间应分工明确，密切协作，不得损害其他单位的利益和名誉；

10) 有义务保守客户的技术和商业秘密，客户事先允许和国家另有规定的除外。

3. 企业分支机构

工程造价咨询企业设立分支机构的，应当自领取分支机构营业执照之日起 30 日内，到分支机构工商注册所在地省、自治区、直辖市建设主管部门备案，备案需准备以下材料：

(1) 分支机构营业执照复印件；

(2) 工程造价咨询企业资质证书复印件；

(3) 拟在分支机构执业的不少于 3 名注册造价工程师的注册证书复印件；

(4) 分支机构固定办公场所的租赁合同或产权证明。

分支机构从事工程造价咨询业务，应当由设立该分支机构的工程造价咨询企业负责承接工程造价咨询业务、订立工程造价咨询合同、出具工程造价成果文件。分支机构不得以自己名义承接工程造价咨询业务、订立工程造价咨询合同、出具工程造价成果文件。

4. 跨省区承接业务

工程造价咨询企业跨省、区承接工程造价咨询业务的，应当自承接业务之日起 30 日内，到建设工程所在地省、自治区、直辖市建设主管部门备案。

(三) 工程造价咨询企业的法律责任

1. 资质申请或取得的违规责任

申请人隐瞒有关情况或者提供虚假材料申请工程造价咨询企业资质的，不予受理或者不予资质许可，并给予警告，申请人在1年内不得再次申请工程造价咨询企业资质。

以欺骗、贿赂等不正当手段取得工程造价咨询企业资质的，由县级以上地方人民政府建设主管部门或者有关专业部门给予警告，并处1万元以上3万元以下的罚款，申请人3年内不得再次申请工程造价咨询企业资质。

2. 经营违规的责任

未取得工程造价咨询企业资质从事工程造价咨询活动或者超越资质等级承接工程造价咨询业务的，出具的工程造价成果文件无效，由县级以上地方人民政府建设主管部门或者有关专业部门给予警告，责令限期改正，并处以1万元以上3万元以下的罚款。

工程造价咨询企业不及时办理资质证书变更手续的，由资质许可机关责令限期办理；逾期不办理的，可处以1万元以下的罚款。

有下列行为之一的，由县级以上地方人民政府建设主管部门或者有关专业部门给予警告，责令限期改正；逾期未改正的，可处以5000元以上2万元以下的罚款：

（1）新设立的分支机构不备案的；

（2）跨省、自治区、直辖市承接业务不备案的。

3. 其他违规责任

工程造价咨询企业有下列行为之一的，由县级以上地方人民政府住房城乡建设主管部门或者有关专业部门给予警告，责令限期改正，并处以1万元以上3万元以下的罚款：

（1）涂改、倒卖、出租、出借资质证书，或者以其他形式非法转让资质证书；

（2）超越资质等级业务范围承接工程造价咨询业务；

（3）同时接受招标人和投标人或两个以上投标人对同一工程项目的工程造价咨询业务；

（4）以给予回扣、恶意压低收费等方式进行不正当竞争；

（5）转包承接的工程造价咨询业务；

（6）法律、法规禁止的其他行为。

4. 对资质许可机关及其工作人员违规的处罚

资质许可机关有下列情形之一的，由其上级行政主管部门或者监察机关责令改正，对直接负责的主管人员和其他直接责任人员依法给予处分；构成犯罪的，依法追究刑事责任：

（1）对不符合法定条件的申请人做出准予工程造价咨询企业资质许可，或者超越职权做出准予工程造价咨询企业资质许可决定的；

（2）对符合法定条件的申请人做出不予工程造价咨询企业资质许可，或者不在法定期限内做出准予工程造价咨询企业资质许可决定的；

（3）利用职务上的便利，收受他人财物或者其他利益的；

（4）不履行监督管理职责，或者发现违规行为不予查处的。

二、造价工程师职业资格制度规定

根据住房城乡建设部、交通运输部、水利部、人力资源社会保障部发布的《造价工程师职业资格制度规定》，国家设置造价工程师准入类职业资格，纳入国家职业资格目录。造价工程师，是指通过职业资格考试取得中华人民共和国造价工程师职业资格证书，并经注册后从事建设工程造价工作的专业技术人员。造价工程师分为一级造价工程师和二级造价工程师。

工程造价咨询企业应配备造价工程师；工程建设活动中有关工程造价管理岗位按需要配备造价工程师。

（一）职业资格考试

一级造价工程师职业资格考试全国统一大纲、统一命题、统一组织。二级造价工程师职业资格考试全国统一大纲，各省、自治区、直辖市自主命题并组织实施。

1. 报考条件

(1) 一级造价工程师报考条件。凡遵守中华人民共和国宪法、法律、法规，具有良好的业务素质和道德品行，具备下列条件之一的，可以申请参加一级造价工程师职业资格考试：

1) 具有工程造价专业大学专科（或高等职业教育）学历，从事工程造价业务工作满5年；

具有土木建筑、水利、装备制造、交通运输、电子信息、财经商贸大类大学专科（或高等职业教育）学历，从事工程造价业务工作满6年。

2) 具有通过工程教育专业评估（认证）的工程管理、工程造价专业大学本科学历或学位，从事工程造价业务工作满4年；

具有工学、管理学、经济学门类大学本科学历或学位，从事工程造价业务工作满5年。

3) 具有工学、管理学、经济学门类硕士学位或者第二学士学位，从事工程造价业务工作满3年。

4) 具有工学、管理学、经济学门类博士学位，从事工程造价业务工作满1年。

5) 具有其他专业相应学历或者学位的人员，从事工程造价业务工作年限相应增加1年。

已取得造价工程师一种专业职业资格证书的人员，报名参加其他专业科目考试的，可免考基础科目。

(2) 二级造价工程师报考条件。凡遵守中华人民共和国宪法、法律、法规，具有良好的业务素质和道德品行，具备下列条件之一的，可以申请参加二级造价工程师职业资格考试：

1) 具有工程造价专业大学专科（或高等职业教育）学历，从事工程造价业务工作满2年；

具有土木建筑、水利、装备制造、交通运输、电子信息、财经商贸大类大学专科（或高等职业教育）学历，从事工程造价业务工作满3年。

2) 具有工程管理、工程造价专业大学本科及以上学历或学位，从事工程造价业务工作满1年；

具有工学、管理学、经济学门类大学本科及以上学历或学位，从事工程造价业务工作满2年。

3) 具有其他专业相应学历或学位的人员，从事工程造价业务工作年限相应增加1年。

已取得全国建设工程造价员资格证书、公路工程造价人员资格证书（乙级）以及具有经专业教育评估（认证）的工程管理、工程造价专业学士学位的大学本科毕业生，参加二级造价工程师考试可免考基础科目。

2. 考试科目

一级和二级造价工程师职业资格考试均设置基础科目和专业科目。

一级造价工程师职业资格考试设《建设工程造价管理》《建设工程计价》《建设工程技术与计量》《建设工程造价案例分析》4个科目。其中，《建设工程造价管理》和《建设工程计价》为基础科目，《建设工程技术与计量》和《建设工程造价案例分析》为专业科目。

二级造价工程师职业资格考试设《建设工程造价管理基础知识》《建设工程计量与计价实务》两个科目。其中，《建设工程造价管理基础知识》为基础科目，《建设工程计量与计价实务》为专业科目。

造价工程师职业资格考试专业科目分为土木建筑工程、交通运输工程、水利工程和安装工程4个专业类别，考生在报名时可根据实际工作需要选择其一。

3. 执业资格证书

一级造价工程师职业资格考试合格者，由各省、自治区、直辖市人力资源社会保障行政主管部门颁发中华人民共和国一级造价工程师职业资格证书。该证书由人力资源社会保障部统一印制，住房城乡建设部、交通运输部、水利部按专业类别分别与人力资源社会保障部用印，在全国范围内有效。

二级造价工程师职业资格考试合格者，由各省、自治区、直辖市人力资源社会保障行政主管部门颁发中华人民共和国二级造价工程师职业资格证书。该证书由各省、自治区、直辖市住房城乡建设、交通运输、水利行政主管部门按专业类别分别与人力资源社会保障行政主管部门用印，原则上在所在行政区域内有效。各地可根据实际情况制定跨区域认可办法。

（二）注册

（1）国家对造价工程师职业资格实行执业注册管理制度。取得造价工程师职业资格证书且从事工程造价相关工作的人员，经注册方可以造价工程师名义执业。

（2）住房城乡建设部、交通运输部、水利部按照职责分工，制定相应注册造价工程师管理办法并监督执行。

（3）住房城乡建设部、交通运输部、水利部分别负责一级造价工程师注册及相关工作。各省、自治区、直辖市住房城乡建设、交通运输、水利行政主管部门按专业类别分别负责二级造价工程师注册及相关工作。

（4）经批准注册的申请人，由住房城乡建设部、交通运输部、水利部核发《中华人民共和国一级造价工程师注册证》（或电子证书）；或由各省、自治区、直辖市住房城乡建设、交通运输、水利行政主管部门核发《中华人民共和国二级造价工程师注册证》（或电子证书）。

（5）造价工程师执业时应持注册证书和执业印章。注册证书、执业印章样式以及注册证书编号规则由住房城乡建设部会同交通运输部、水利部统一制定。执业印章由注册造价工程师按照统一规定自行制作。

（6）住房城乡建设部、交通运输部、水利部负责建立完善造价工程师的注册和退出机制，对以不正当手段取得注册证书等违法违规行为，依照注册管理的有关规定撤销其注册证书。

（三）执业

造价工程师在工作中，必须遵纪守法，恪守职业道德和从业规范，诚信执业，主动接受有关主管部门的监督检查，加强行业自律。造价工程师不得同时受聘于两个或两个以上单位执业，不得允许他人以本人名义执业，严禁"证书挂靠"。出租出借注册证书的，依据相关法律法规进行处罚；构成犯罪的，依法追究刑事责任。

1. 一级造价工程师的执业范围

一级造价工程师的执业范围包括建设项目全过程的工程造价管理与咨询等，具体工作内容如下：

（1）项目建议书、可行性研究投资估算与审核，项目评价造价分析；

（2）建设工程设计概算、施工预算编制和审核；

（3）建设工程招标投标文件工程量和造价的编制与审核；

（4）建设工程合同价款、结算价款、竣工决算价款的编制与管理；

（5）建设工程审计、仲裁、诉讼、保险中的造价鉴定，工程造价纠纷调解；

（6）建设工程计价依据、造价指标的编制与管理；

（7）与工程造价管理有关的其他事项。

2. 二级造价工程师的执业范围

二级造价工程师主要协助一级造价工程师开展相关工作，可独立开展以下具体工作：

（1）建设工程工料分析、计划、组织与成本管理，施工图预算、设计概算编制；

（2）建设工程量清单、最高投标限价、投标报价编制；

（3）建设工程合同价款、结算价款和竣工决算价款的编制。

3. 造价工程师的权利、义务

造价工程师应在本人工程造价咨询成果文件上签章，并承担相应责任。工程造价咨询成果文件应由一级造价工程师审核并加盖执业印章。

对出具虚假工程造价咨询成果文件或者有重大工作过失的造价工程师，不再予以注册，造成损失的依法追究其责任。

第二章 工程项目管理

第一节 建设工程项目管理概述

一、建设工程项目组成与分类

根据《建设工程项目管理规范》(GB/T 50326—2017)的规定，建设工程项目是指为完成依法立项的新建、扩建、改建工程而进行的、有起止日期的、达到规定要求的一组相互关联的受控活动，包括策划、勘察、设计、采购、施工、试运行、竣工验收和考核评价等阶段，简称为项目。

（一）建设工程项目组成

建设工程项目可分为单项工程、单位（子单位）工程、分部（子分部）工程和分项工程。

1. 单项工程

单项工程是指在一个建设工程项目中，具有独立的设计文件，竣工后可以独立发挥生产能力或效益的一组配套齐全的工程项目。一个建设工程项目有时可以只有一个单项工程，也可以包括多个单项工程。单项工程其实质就是一个独立的工程项目（如某栋楼）。

2. 单位（子单位）工程

单位工程是指具备独立施工条件并能形成独立使用功能的建筑物及构筑物。对于建筑规模较大的单位工程，可将其能形成独立使用功能的部分作为一个子单位工程。具有独立施工条件和能形成独立使用功能是单位（子单位）工程划分的基本要求。

单位工程是单项工程的组成部分，单位工程的实质是按设计、施工专业划分的，其目的是为了能够区分出不同设计专业、施工专业的工程造价。常见的单位工程包括建筑工程和设备安装工程，如工业厂房工程中的建筑装饰工程、设备安装工程、工业管道工程等。

3. 分部（子分部）工程

分部工程是指将单位工程按专业性质、建筑部位划分的工程。建筑工程的分部工程包括地基与基础、主体结构、建筑装饰装修、屋面、建筑给排水及采暖、建筑电气、智能建筑、通风与空调、电梯、建筑节能等。

当分部工程较大或较复杂时，可按材料种类、工艺特点、施工程序、专业系统及类别等将分部工程划分为若干个子分部工程。例如：

（1）地基与基础分部工程又可细分为土方、基坑、地基、桩基础、地下防水等子分部工程；

（2）主体结构分部工程又可细分为混凝土及钢筋混凝土结构、型钢（钢管）混凝土结构、砌体结构、钢结构、轻钢结构、索膜结构等子分部工程；

（3）建筑装饰装修分部工程又可细分为地面、抹灰、门窗、吊顶、轻质隔墙、饰面板（砖）、幕墙、涂饰、裱糊与软包、外墙防水、细部等子分部工程；

（4）智能建筑分部工程又可细分为通信网络系统、计算机网络系统、建筑设备监控系统、火灾报警及消防联动系统、会议系统与信息导航系统、专业应用系统、安全防范系统、综合布线系统、智能化集成系统、电源与接地、计算机机房工程、住宅（小区）智能化系统等子分部工程。

4. 分项工程

分项工程是分部工程的组成部分，一般是按主要工种、材料、施工工艺、设备类别等进行划分。

例如，土方开挖工程、土方回填工程、钢筋工程、模板工程、混凝土工程、砖砌体工程、木门窗制作与安装工程、玻璃幕墙工程等。

分项工程是工程项目施工生产活动的基础，也是计算工程用工、用料和机械台班消耗的基本单元；同时，又是工程质量形成的直接过程。分项工程既有其作业活动的独立性，又有相互联系、相互制约的整体性。

（二）建设工程项目的分类

为适应科学管理的需要，可从不同的角度对建设工程项目进行分类。

1. 按建设性质划分

按建设性质建设可分为新建项目、扩建项目、改建项目、迁建项目和恢复项目。

（1）新建项目：是指根据规划，按照规定的程序立项，从无到有、"平地起楼"建设的工程项目。

（2）扩建项目：是指企事业单位在原有场地内或其他地点，为扩大产品的生产能力或增加经济效益而增建的生产车间、独立的生产线或分厂的项目；事业和行政单位在原有业务系统的基础上扩充规模而进行的新增固定资产投资项目。

（3）改建项目：包括挖潜、节能、安全、环境保护等工程项目。

（4）迁建项目：是指原有企事业单位根据自身生产经营和事业发展的要求，按照国家调整生产力布局的经济发展战略的需要或出于环境保护等其他特殊要求，搬迁到异地而建设的项目。

（5）恢复项目：因在自然灾害或战争中使原有固定资产遭受全部或部分报废，需要进行投资重建来恢复生产能力和业务工作条件、生活福利设施等的工程项目。这类项目，无论是按原有规模恢复建设，还是在恢复过程中同时进行扩建，都属于恢复项目。但对尚未建成投产或交付使用的项目，受到破坏后，若仍按原设计重建的，原建设性质不变；如果按新设计重建，则根据新设计内容来确定其性质。

建设工程项目按其性质分为上述五类，一个工程项目只能有一种性质，在项目按总体设计全部建成以前，其建设性质是始终不变的。

2. 按投资效益和市场需求划分

建设工程项目按投资效益和市场需求可划分为竞争性项目、基础性项目和公益性项目三种。

（1）竞争性项目：主要是指投资效益比较高、竞争性比较强的工程项目。其投资主体一般为企业，由企业自主决策、自担投资风险。

（2）基础性项目：主要是指具有自然垄断性、建设周期长、投资额大而收益低的基础设施和需要政府重点扶持的一部分基础工业项目，以及直接增强国力的符合经济规模的支柱产业项目。政府应集中必要的财力、物力通过经济实体进行投资，同时，还应广泛吸收企业参与投资，有时还可吸收外商直接投资。

（3）公益性项目：主要包括科技、文教、卫生、体育和环保等设施，公、检、法等政权机关以及政府机关、社会团体办公设施，国防建设等。公益性项目的投资主要由政府用财政资金安排。

3. 按投资来源划分

建设工程项目按投资来源可划分为政府投资项目和非政府投资项目。

（1）政府投资项目：按照其盈利性不同，政府投资项目又可分为经营性政府投资项目和非经营性政府投资项目。

经营性政府投资项目是指具有盈利性质的政府投资项目，政府投资的水利、电力、铁路等项目基本都属于经营性项目。经营性政府投资项目应实行项目法人负责制。

非经营性政府投资项目一般是指非盈利性的、主要追求社会效益最大化的公益性项目。学校、医院以及各行政、司法机关的办公楼等项目都属于非经营性政府投资项目。非经营性政府投资项目应推行"代建制"。

（2）非政府投资项目：非政府投资项目是指企业、集体单位、外商和私人投资兴建的工程项目。

非政府投资项目应实行项目法人负责制。

4. 按投资作用划分

建设工程项目按投资作用可分为生产性建设项目和非生产性建设项目。

（1）生产性建设项目：是指直接用于物质资料生产或直接为物质资料生产提供服务的工程项目。主要包括：

1）工业建设项目：包括工业、国防和能源建设项目；

2）农业建设项目：包括农、林、牧、渔、水利建设项目；

3）基础设施建设项目：包括交通、邮电、通信建设项目；地质普查、勘探建设项目等；

4）商业建设项目：包括商业、饮食、仓储、综合技术服务事业的建设项目。

（2）非生产性建设项目：是指用于满足人民物质和文化、福利需要的建设项目和非物质资料生产部门的建设项目。主要包括：

1）办公用房：如国家各级党政机关、社会团体、企业管理机关的办公用房；

2）居住建筑：如住宅、公寓、别墅等；

3）公共建筑：如科学、教育、文化艺术、广播电视、卫生、博览、体育、社会福利事业、公共事业、咨询服务、宗教、金融、保险等建设项目；

4）其他工程项目：不属于上述各类的其他非生产性建设项目。

5. 按项目规模划分

为适应分级管理的需要，基本建设项目分为大型、中型、小型三类；更新改造项目分为限额以上和限额以下两类。不同等级标准的工程项目，报建和审批机构及程序不尽相同。划分工程项目等级的原则如下：

（1）按批准的可行性研究报告（初步设计）所确定的总设计能力或投资总额的大小，依据国家颁布的《基本建设项目大中小型划分标准》进行划分。

（2）凡生产单一产品的项目，一般以产品的设计生产能力划分；生产多种产品的项目，一般按其主要产品的设计生产能力划分；产品分类较多，不易分清主次、难以按产品的设计能力划分时，可按投资总额划分。

（3）对国民经济和社会发展具有特殊意义的某些项目，虽然设计能力或全部投资不够大、中型项目标准，经国家批准已列入大、中型计划或国家重点建设工程的项目，也按大、中型项目进行管理。

（4）更新改造项目一般只按投资额分为限额以上和限额以下项目，不再按生产能力或其他标准划分。

（5）基本建设项目的大、中、小型和更新改造项目限额的具体划分标准，根据各个时期经济发展和实际工作中的需要而有所变化。

二、工程项目建设程序

工程项目建设程序是指工程项目从策划、评估、决策、设计、施工到竣工验收、投入生产或交付使用的整个建设过程中，各项工作必须遵循的先后工作顺序。建设工程项目的全寿命周期包括项目的投资决策阶段、实施阶段和交付使用阶段（或称运营阶段，或称运行阶段）。以世界银行贷款项目为例，其建设周期包括项目选定、项目准备、项目评估、项目谈判、项目实施和项目总结评价六个阶段。每一阶段的工作深度，决定着项目在下一阶段的发展，彼此相互联系、相互制约。

按照我国现行规定，政府投资项目的建设程序可以分为以下阶段：

（1）根据国民经济和社会发展长远规划，结合行业和地区发展规划的要求，提出项目建议书，通过项目建议书的形式向国家推荐项目。

（2）在勘察、试验、调查研究及详细技术经济论证的基础上编制可行性研究报告。

（3）根据咨询评估情况，对工程项目进行决策。

(4) 根据可行性研究报告，编制设计文件。
(5) 初步设计经批准后，进行施工图设计，并做好施工前各项准备工作。
(6) 组织施工，并根据施工进度做好生产、经营前的准备工作。
(7) 按批准的设计内容完成施工安装，经验收合格后正式投产或交付使用。
(8) 生产运营一定时间（一般为一年）后，可根据需要进行项目后评价。

根据以上建设程序的主要工作内容，一般划分成以下阶段：

（一）投资决策阶段工作内容

从项目建设意图的酝酿开始，调查研究、编写和报批项目建议书、编制和报批项目的可行性研究等项目前期的组织、管理、经济和技术方面的论证都属于项目决策阶段的工作。一般可包括如下内容：

1. 编报项目建议书

项目建议书是拟建项目主体向国家提出的要求建设某一项目的建议文件，是对工程项目建设的轮廓设想。项目建议书的主要作用是推荐一个拟建项目，论述其建设的重要性、必要性、建设条件的可行性和获利的可能性，供国家选择并确定是否进行下一步工作。

项目建议书的内容视项目不同而有繁有简，但一般应包括以下几方面内容：

(1) 项目提出的必要性和依据；
(2) 产品方案、拟建规模和建设地点的初步设想；
(3) 资源情况、建设条件、协作关系和设备技术引进国别、厂商的初步分析；
(4) 投资估算、资金筹措及还贷方案设想；
(5) 项目进度安排；
(6) 经济效益和社会效益的初步估计；
(7) 环境影响的初步评价。

对于政府投资项目，项目建议书按要求编制完成后，应根据建设规模和限额划分报送有关部门审批。项目建议书经批准后，可进行可行性研究工作，批准的项目建议书不是项目的最终决策。

2. 编制可行性研究报告

建设项目可行性研究是在投资决策前，对项目有关的社会、经济和技术等方面情况进行深入细致的调查研究，对各种可能拟定的建设方案和技术方案进行认真的技术经济分析与比较论证，对项目建成后的经济效益进行科学的预测和评价，并在此基础上综合研究、论证建设项目的技术先进性、适用性、可靠性、经济合理性和盈利性，以及建设可能性和可实现性。

可行性研究的根本目的是为投资决策提供科学的依据，避免投资决策失误，同时也为后续的资金筹措、合作者签约、工程设计等工作提供可靠的依据。可行性研究的内容和报告因项目的不同而有所差异，具体在第五章中叙述。

提示：凡经可行性研究未通过的项目，不得进行下一步工作。

3. 项目投资决策管理制度

根据《国务院关于投资体制改革的决定》（国发〔2004〕20号），政府投资项目实行审批制；非政府投资项目区分不同情况实行核准制或登记备案制。

(1) 政府投资项目。对于采用直接投资和资本金注入方式的政府投资项目，政府需要从投资决策的角度审批项目建议书和可行性研究报告，除特殊情况外，不再审批开工报告；同时还要严格审批其初步设计和概算；对于采用投资补助、转贷和贷款贴息方式的政府投资项目，则只审批资金申请报告。

政府投资项目一般都要经过符合资质要求的咨询中介机构的评估论证，特别重大的项目应实行专家评议制度。国家将逐步实行政府投资项目公示制度，以广泛听取各方面的意见和建议。

(2) 非政府投资项目。对于企业不使用政府资金投资建设的项目，政府不再进行投资决策性质的审批。

1) 核准制：企业投资建设《政府核准的投资项目目录》中的项目时，仅需向政府提交项目申请报告，不再经过批准项目建议书、可行性研究报告和开工报告的程序。

2）备案制：对于《政府核准的投资项目目录》以外的企业投资项目，实行备案制。除国家另有规定外，由企业按照属地原则向地方政府投资主管部门备案。

对于实施核准制或登记备案制的项目，虽然政府不再审批项目建议书和可行性研究报告，但是为了保证企业投资决策的质量，投资企业也应编制可行性研究报告。

为扩大大型企业集团的投资决策权，对于基本建立现代企业制度的特大型企业集团，建设《政府核准的投资项目目录》中的项目时，可以按项目单独申报核准，也可编制中长期发展建设规划，规划经国务院或国务院投资主管部门批准后，规划中属于《政府核准的投资项目目录》中的项目不再另行申报核准，只需办理备案手续。企业集团要及时向国务院有关部门报告规划执行和项目建设情况。

（二）实施阶段工作内容

1. 工程设计

（1）工程设计阶段的工作内容。工程项目的设计工作一般划分为两个阶段，即初步设计和施工图设计。重大项目和技术复杂项目，可根据需要增加技术设计阶段。

1）初步设计。初步设计是根据可行性研究报告的要求所做的具体实施方案，目的是为了阐明在指定的地点、时间和投资控制数额内，拟建项目在技术上的可行性和经济上的合理性，通过对工程项目所做出的基本技术经济规定，编制项目总概算。初步设计不得随意改变被批准的可行性研究报告所确定的建设规模、产品方案、工程标准、建设地址和总投资等控制目标。如果初步设计提出的总概算超过可行性研究报告总投资的10%以上或其他主要指标需要变更时，应说明原因和计算依据，并重新向原审批单位报批可行性研究报告。

2）技术设计。应根据初步设计和更详细的调查研究资料编制，以进一步解决初步设计的重大技术问题，如工艺流程、建筑结构、设备选型及数量确定等，使工程项目的设计更具体、更完善，技术指标更好。

3）施工图设计。根据初步设计或技术设计的要求，结合现场实际情况，完整地表现建筑物外形、内部空间分割、结构体系、构造状况以及建筑群的组成和周围环境的配合，还包括各种运输、通信、管道系统、建筑设备的设计。在工艺方面，应具体确定各种设备的型号、规格及各种非标准设备的制造加工图。

（2）施工图设计文件的审查。根据《房屋建筑和市政基础设施工程施工图设计文件审查管理办法》的规定，施工图审查机构按照有关法律、法规，对施工图涉及公共利益、公众安全和工程建设强制性标准的内容进行审查。审查的主要内容如下：

1）是否符合工程建设强制性标准；

2）地基基础和主体结构的安全性；

3）消防安全性；

4）人防工程（不含人防指挥工程）防护安全性；

5）是否符合民用建筑节能强制性标准，对执行绿色建筑标准的项目，还应当审查是否符合绿色建筑标准；

6）勘察设计企业和注册执业人员以及相关人员是否按规定在施工图上加盖相应的图章和签字；

7）法律、法规、规章规定必须审查的内容。

任何单位或者个人不得擅自修改审查合格的施工图；确需修改的，建设单位应当将修改后的施工图送原审查机构审查。

2. 建设准备

（1）建设准备工作内容。项目在开工建设之前要切实做好各项准备工作，其主要内容如下：

1）征地、拆迁和场地平整；

2）完成施工用水、电、通信、道路等接通工作；

3）组织招标选择工程监理单位、承包单位及设备、材料供应商；
4）准备必要的施工图纸；
5）办理工程质量监督和施工许可手续。

① 工程质量监督手续的办理。建设单位在办理施工许可证之前应当到规定的工程质量监督机构办理工程质量监督注册手续。办理质量监督注册手续时需提供施工图设计文件审查报告和批准书，中标通知书和施工、监理合同，建设单位、施工单位和监理单位工程项目的负责人和机构组成，施工组织设计和监理规划（监理实施细则），其他需要的文件资料。

② 施工许可证的办理。建设单位在开工前应向工程所在地的县级以上人民政府建设行政主管部门申请领取施工许可证。必须申请领取施工许可证的建筑工程未取得施工许可证的，一律不得开工。

3. 施工安装

工程项目经批准新开工建设，项目即进入施工安装阶段。项目新开工时间，是指工程项目设计文件中规定的任何一项永久性工程第一次正式破土开槽开始施工的日期。不需开槽的工程，正式开始打桩的日期就是开工日期。铁路、公路、水库等需要进行大量土方、石方工程的，以开始进行土方、石方工程的日期作为正式开工日期。工程地质勘察、平整场地、旧建筑物的拆除、临时建筑、施工用临时道路和水、电等工程开始施工的日期不能算正式开工日期。分期建设的项目分别按各期工程开工的日期计算，如二期工程应根据工程设计文件规定的永久性工程开工的日期计算。

施工安装活动应按照工程设计要求、施工合同及施工组织设计，在保证工程质量、工期、成本及安全、环保等目标的前提下进行，达到竣工验收标准后，由施工单位移交给建设单位。

4. 生产准备

对于生产性建设项目而言，生产准备是项目投产前由建设单位进行的一项重要工作。它是衔接建设和生产的桥梁，是项目建设转入生产经营的必要条件。建设单位应组成专门机构做好生产准备工作，确保项目能够顺利投产。生产准备主要内容包括：

（1）招收和培训生产人员。招收项目运营过程中所需要的人员，并采用多种方式进行培训。特别要组织生产人员参加设备的安装、调试和工程验收工作，使其能尽快掌握生产技术和工艺流程。

（2）组织准备。组织准备主要包括生产管理机构设置、管理制度和有关规定的制订、生产人员配备等。

（3）技术准备。技术准备主要包括国内装置设计资料的汇总，有关国外技术资料的翻译、编辑，各种生产方案、岗位操作法的编制以及新技术的准备等。

（4）物资准备。物资准备主要包括落实原材料、协作产品、燃料、水、电、气等的来源和其他需协作配合的条件，并组织工装、器具、备品、备件等的制造或订货。

5. 竣工验收

当工程项目按设计文件的规定内容和施工图纸的要求全部建完后，便可组织验收。竣工验收是投资成果转入生产或使用的标志，也是全面考核工程建设成果、检验设计和工程质量的重要步骤。

（1）竣工验收的范围和标准。按照国家规定，工程项目按批准的设计文件所规定的内容建成，符合验收标准，即工业项目经过投料试车（带负荷运转）合格，形成生产能力的；非工业项目符合设计要求，能够正常使用的，都应及时组织验收，办理固定资产移交手续。工程项目竣工验收、交付使用，应达到下列标准：

1）生产性项目和辅助公用设施已按设计要求建完，能满足生产要求；
2）主要工艺设备已安装配套，经联动负荷试车合格，形成生产能力，能够生产出设计文件规定的产品；
3）职工宿舍和其他必要的生产福利设施，能适应投产初期的需要；
4）生产准备工作能适应投产初期的需要；
5）环境保护设施、劳动安全卫生设施、消防设施已按设计要求与主体工程同时建成使用。

以上是国家对工程项目竣工应达到标准的基本规定，各类工程项目除应遵循这些共同标准外，还要结合专业特点确定其竣工应达到的具体条件。对某些特殊情况，工程施工虽未全部按设计要求完成，也应进行验收，这些特殊情况主要是指：

1) 因少数非主要设备或某些特殊材料短期内不能解决，虽然工程内容尚未全部完成，但是已可以投产或使用；

2) 按规定的内容已建完，但因外部条件的制约，如流动资金不足、生产所需原材料不能满足等，而使已建成工程不能投入使用；

3) 有些工程项目或单位工程，已形成部分生产能力，但近期内不能按原设计规模续建，应从实际情况出发经主管部门批准后，可缩小规模对已完成的工程和设备组织竣工验收，移交固定资产。

(2) 竣工验收的准备工作。建设单位应认真做好工程竣工验收的准备工作，主要包括以下内容：

1) 整理技术资料。技术资料主要包括土建施工、设备安装方面及各种有关的文件、合同和试生产情况报告等。

2) 绘制竣工图。工程项目竣工图是真实记录各种地下、地上建筑物等详细情况的技术文件，是对工程进行交工验收、维护、扩建、改建的依据，同时也是使用单位长期保存的技术资料。关于绘制竣工图的规定如下：

① 凡按图施工没有变动的，由施工承包单位（包括总包单位和分包单位）在原施工图加盖"竣工图"标志后即作为竣工图；

② 凡在施工中，虽有一般性设计变更，但能将原施工图加以修改补充作为竣工图的，不重新绘制，由施工承包单位负责在原施工图（必须是新蓝图）上注明修改的部分，并附以设计变更通知单和施工说明，加盖"竣工图"标志后，即作为竣工图；

③ 凡结构形式改变、工艺改变、平面布置改变、项目改变以及有其他重大改变，不宜在原施工图上修改补充的，应重新绘制改变后的竣工图。由于设计原因造成的，由设计单位负责重新绘图；由于施工原因造成的，由施工承包单位负责重新绘图；由于其他原因造成的，由建设单位自行绘图或委托设计单位绘图，施工单位负责在新图上加盖"竣工标志"，并附以有关记录和说明，作为竣工图。

竣工图必须准确、完整，符合归档要求，方能交工验收。

3) 编制竣工决算。建设单位必须及时清理所有财产、物资和未用完或应收回的资金，编制工程竣工决算，分析概（预）算执行情况，考核投资效益，报请主管部门审查。

(3) 竣工验收的程序和组织。根据国家规定，规模较大、较复杂的工程建设项目应先进行初验，然后进行正式验收。规模较小、较简单的工程项目，可以一次进行全部项目的竣工验收。

工程项目全部建完，经过各单位工程的验收，符合设计要求，并具备竣工图、竣工决算、工程总结等必要文件资料，由项目主管部门或建设单位向负责验收的单位提出竣工验收申请报告。

竣工验收要根据投资主体、工程规模及复杂程度由国家有关部门或建设单位组成验收委员会或验收组。验收委员会或验收组负责审查工程建设的各个环节，听取各有关单位的工作汇报。审阅工程档案、实地查验建筑安装工程实体，对工程设计、施工和设备质量等做出全面评价。不合格的工程不予验收。对遗留问题要提出具体解决意见，限期落实完成。

(三) 交付使用阶段工作内容

1. 项目保修

工程保修期从工程竣工验收合格之日起算，具体分部分项工程的保修期由合同当事人在专用合同条款中约定，但不得低于法定最低保修年限。在工程保修期内，承包人应当根据有关法律规定以及合同约定承担保修责任。发包人未经竣工验收擅自使用工程的，保修期自转移占有之日起算。

在工程移交发包人后，因承包人原因产生的质量缺陷，承包人应承担质量缺陷责任和保修义务。缺陷责任期届满，承包人仍应按合同约定的工程各部位保修年限承担保修义务。

2. 项目后评价

项目后评价是工程项目实施阶段管理的延伸。工程项目竣工验收或通过销售交付使用，只是工程建设完成的标志，而不是工程项目管理的终结。工程项目建设和运营是否达到投资决策时所确定的目标，只有经过生产经营或销售取得实际投资效果后，才能进行正确的判断。项目后评价的基本方法是对比法。在实际工作中，往往从以下两个方面对工程项目进行后评价。

（1）项目效益后评价。项目效益后评价是项目后评价的重要组成部分。其具体包括经济效益后评价、环境效益和社会效益后评价、项目可持续性后评价及项目综合效益后评价。

（2）过程后评价。过程后评价是指对工程项目的立项决策、设计施工、竣工投产、生产运营等全过程进行系统分析，找出项目后评价与原预期效益之间的差异及其产生的原因，使后评价结论有根有据，同时针对问题提出解决办法。

三、建设工程项目管理目标和内容

（一）建设工程项目管理的概念和目标

1. 建设工程项目管理的概念

建设工程项目管理是指在一定约束条件下，为达到项目目标而对工程项目周期内的所有工作（包括项目建议书、可行性研究、评估论证与设计、采购、施工、验收等）进行计划、组织、指挥、协调和控制的过程。

2. 建设工程项目管理的目标

建设工程项目管理的核心任务是控制项目基本目标，工程项目管理的基本目标是质量、造价和进度，同时兼顾安全、环保、节能等社会目标和历史责任，最终实现项目功能，以满足项目使用者及利益相关者的需求。

工程项目的造价、质量、进度、安全、环保、节能等目标是一个相互关联的整体，进行工程项目管理，必须充分考虑工程项目目标之间的相互关系，注意统筹兼顾，合理确定目标，防止发生盲目追求单一目标而冲击或干扰其他目标的现象。

3. 建设工程项目管理的相关制度

工程建设领域实行项目法人负责制、工程监理制、工程招标投标制和合同管理制，这些相关规定和制度是我国工程建设管理体制深化改革的重大举措，也是促进建设工程安全、可靠建设的有力保障。

（1）项目法人负责制。项目法人负责制是指经营性建设项目由项目法人对项目的策划、资金筹措、建设实施、生产经营、偿还债务和资产的保值增值实行全过程负责的一种项目管理制度。国有单位大中型建设工程必须在建设阶段组建项目法人。项目法人承担投资风险是项目法人负责制的核心内容。

1）项目法人的设立。新建项目在项目建议书被批准后，应由项目的投资方派代表组成项目法人筹备组，具体负责项目法人的筹建工作。有关单位在申报项目可行性研究报告时，须同时提出项目法人的组建方案，否则，其可行性研究报告将不予审批。在项目可行性研究报告被批准后，应正式成立项目法人。按有关规定确保资本金按时到位，并及时办理公司设立登记。项目公司可以是有限责任公司（包括国有独资公司），也可以是股份有限公司。

由原有企业负责建设的大中型基建项目，需新设立子公司的，要重新设立项目法人；只设分公司或分厂的，原企业法人即是项目法人，原企业法人应向分公司或分厂派遣专职管理人员，并实行专项考核。

2）项目董事会的职权。建设项目董事会的职权有：负责筹措建设资金；审核、上报项目初步设计和概算文件；审核、上报年度投资计划并落实年度资金；提出项目开工报告；研究解决建设过程中出现的重大问题；负责提出项目竣工验收申请报告；审定偿还债务计划和生产经营方针，并负责按时偿还债务；聘任或解聘项目总经理，并根据总经理的提名，聘任或解聘其他高级管理人员。

3）项目总经理的职权。项目总经理的职权有：组织编制项目初步设计文件，对项目工艺流程、设备选型、建设标准、总图布置提出意见，提交董事会审查；组织工程设计、施工监理、施工队伍和设备材料采购的招标工作，编制和确定招标方案、标底和评标标准，评选和确定投、中标单位，实行国际招标的项目，按现行规定办理。编制并组织实施项目年度投资计划、用款计划、建设进度计划；编制项目财务预、决算；编制并组织实施归还贷款和其他债务计划；组织工程建设实施，负责控制工程投资、工期和质量；在项目建设过程中，在批准的概算范围内对单项工程的设计进行局部调整（凡引起生产性质、能力、产品品种和标准变化的设计调整以及概算调整，需经董事会决定并报原审批单位批准）；根据董事会授权处理项目实施中的重大紧急事件，并及时向董事会报告；负责生产准备工作和培训有关人员；负责组织项目试生产和单项工程预验收；拟订生产经营计划、企业内部机构设置、劳动定员定额方案及工资福利方案；组织项目后评价，提出项目后评价报告；按时向有关部门报送项目建设、生产信息和统计资料；提请董事会聘任或解聘项目高级管理人员。

（2）工程监理制。工程监理是指具有相应资质的工程监理单位，受项目法人的委托，依据法律、行政法规及有关的技术标准、设计文件和建筑工程承包合同，对承包单位在施工质量、建设工期和建设资金使用等方面，代表建设单位实施监督。

1）工程监理的范围。根据《建设工程质量管理条例》，下列建设工程必须实行监理：

① 国家重点建设工程；

② 大中型公用事业工程；

③ 成片开发建设的住宅小区工程；

④ 利用外国政府或者国际组织贷款、援助资金的工程；

⑤ 国家规定必须实行监理的其他工程。

2）工程监理中造价控制的工作内容。造价控制是工程监理的主要任务之一。工程监理中造价控制的主要工作内容如下：

① 根据工程特点、施工合同、工程设计文件及经过批准的施工组织设计对工程进行风险分析，制定工程造价目标控制方案，提出防范性对策。

② 编制施工阶段资金使用计划，并按规定的程序和方法进行工程计量、签发工程款支付证书。

③ 审查施工单位提交的工程变更申请，力求减少变更费用。

④ 及时掌握国家调价动态，合理调整合同价款。

⑤ 及时收集、整理工程施工和监理有关资料，协调处理费用索赔事件。

⑥ 及时统计实际完成工程量，进行实际投资与计划投资的动态比较，并定期向建设单位报告工程投资动态情况。

⑦ 审核施工单位提交的竣工结算书，签发竣工结算款支付证书。

此外，工程监理单位还可受建设单位委托，在工程勘察、设计、发承包、保修等阶段为建设单位提供工程造价控制的相关服务。

（3）工程招标投标制。招标投标制是在商品生产条件下，依据价值规律和竞争规律来管理社会化生产的一种经济管理制度，是一种市场化的竞争方式。通常由建设单位对拟采购的工程、货物或服务，通过发布招标公告或者发出投标邀请实行公开招标，潜在投标单位自愿参加投标，并根据建设单位提出建设规模、面积、质量、工期等要求，结合自己的技术力量、管理水平、施工经验及当地的地质、气候、道路、交通等条件，通过书面报价及其他响应性招标要求的条件参与竞争。最终由建设单位择优选择能保证工程质量、工期及标价最佳的投标单位来承担该采购任务。投标单位中标后，根据建设单位提出的合同内容或条件，按照承包方式与建设单位正式签订承包合同。

（4）合同管理制。工程建设是一个多方参与的复杂活动，各参与单位之间通过合同建立合作关系，在保证自身利益的同时，兼顾各方不同利益，达到项目的多赢。自1999年10月1日起施行的《合同法》为合同管理制的实施提供了重要法律依据。

在众多的工程项目参与方中，建设单位和施工单位最重要，其涉及的合同关系极其复杂。

1）建设单位的主要合同关系。为实现工程项目总目标，建设单位可通过签订合同将工程项目有关活动委托给相应的专业承包单位或专业服务机构，相应的合同有工程承包（总承包、施工承包）合同、工程勘察合同、工程设计合同、设备和材料采购合同、工程咨询（可行性研究、技术咨询、造价咨询）合同、工程监理合同、工程项目管理服务合同、工程保险合同、贷款合同等。

2）施工单位的主要合同关系。施工单位作为工程承包合同的履行者，也可通过签订合同将工程承包合同中所确定的工程设计、施工、设备材料采购等部分任务委托给其他相关单位来完成，相应的合同有工程分包合同、设备和材料采购合同、运输合同、加工合同、租赁合同、劳务分包合同、保险合同等。

（二）建设工程项目管理的类型和内容

1. 建设工程项目管理的类型

在工程项目的策划决策和建设实施过程中，由于各阶段的任务和实施主体不同，从而构成了不同类型的项目管理，项目管理的类型包括建设单位的项目管理、工程总承包单位的项目管理、设计单位的项目管理、施工单位的项目管理、供货单位的项目管理等。每一类型的项目管理，都是在特定条件下为实现整个工程项目总目标的一个管理分系统。

建设单位不仅是建设工程项目生产过程中人力资源、物质资源和知识的总集成者，也是建设工程项目生产过程的总组织者，因此，在不同类型的建设工程项目管理类型中，建设单位的项目管理是核心。建设单位自身的项目管理、社会化的项目管理公司为建设单位提供的项目管理服务以及工程监理单位为建设单位提供的监理服务都属于建设单位的项目管理。设计、施工任务的综合承包以及设计、采购和施工任务的综合承包都属于工程总承包单位的项目管理，施工总承包单位和分包单位的项目管理都属于施工单位的项目管理。材料和设备供应方的项目管理都属于供货单位的项目管理。

2. 建设工程项目管理的内容

建设工程项目管理就是要通过工程项目管理人员的一系列活动，包括采用规划、组织、协调等手段，采取组织、技术、经济、合同等措施，以确保工程项目目标在不断动态变化的环境中仍旧能够按计划实现。建设工程项目管理任务贯穿项目前期策划与决策、勘察设计、施工、竣工验收及交付使用等各个阶段。

建设工程项目管理的内容有很多，主要包括目标控制、合同管理、组织协调、风险管理、信息管理、环保节能等，对于施工单位和监理单位来说，施工现场安全生产管理也是工程项目管理的重要内容。

（1）成本管理。工程项目成本管理是指在整个项目的实施阶段开展管理活动，力求使项目在满足质量和进度要求的前提下，实现项目实际投资不超过计划投资。工程项目成本管理不是单一目标的控制，而是应当与工程项目质量管理和进度管理同时进行。项目管理人员在对工程成本目标进行确定或论证时，应当综合考虑整个目标系统的协调和统一，不仅要使成本目标满足建设单位的需求，还要使质量目标和进度目标也能满足建设单位的要求。这就需要在确定项目目标系统时，认真分析建设单位对项目的整体需求，反复协调工程进度、质量和成本三大目标之间的关系，力求实现三大目标的最佳匹配。

（2）进度管理。工程项目进度管理是指在实现工程项目总目标的过程中，为使工程建设的实际进度符合项目进度计划的要求，使项目按计划要求的时间动用而开展的有关监督管理活动。工程项目进度管理的总目标就是项目最终动用的计划时间，也就是工业项目负荷联动试车成功、民用项目交付使用的计划时间。工程项目进度管理是对工程项目从策划与决策开始，经设计与施工，直至竣工验收交付使用为止全过程的管理。

影响工程项目进度目标的因素有很多，包括管理人员、劳务人员素质和能力低下，数量不足；材料和设备不能按时、按质、按量供应；建设资金缺乏，不能按时到位；施工技术水平低，不能熟练掌握和运用新技术、新材料、新工艺；组织协调困难，各承包人不能协作同步工作；未能提供合格的施工现场；异常的工程地质、水文、气候、社会、政治环境等。要实现有效的进度控制管理，必须对上述影响进度的因素实施控制，采取措施减少或避免其对工程进度的影响。

（3）质量管理。工程项目质量管理是指在力求实现工程项目总目标的过程中，为满足项目总体质量要求所开展的有关监督管理活动。工程项目的质量目标是指对工程项目实体、功能和使用价值，以及参与工程建设的有关各方工作质量的要求或需求的标准和水平，也就是对项目符合有关法律、法规、规范、标准程度和满足建设单位要求程度做出的明确规定。

影响工程项目质量的因素有很多，通常可以概括为人、机械、材料、方法和环境五个方面。工程项目的质量管理，应当是一个全面、全过程的管理过程，项目管理人员应当采取有效措施对人、机械、材料、方法和环境等因素进行控制，以保障工程质量。

（4）合同管理。在建设工程项目实施过程中，往往会涉及许多合同。如工程总承包合同、勘察设计合同、施工合同、材料设备采购合同、项目管理合同、监理合同等均是建设单位与参与项目实施各主体之间明确权利义务关系的具有法律效力的协议文件。从某种意义上讲，工程项目的实施过程就是合同订立和履行的过程。合同管理主要是指对各类合同的订立过程和履行过程的管理，包括合同文本的选择，合同条件的协商、谈判，合同书的签署；合同履行的检查，变更和违约、纠纷的处理；总结评价等。

（5）安全生产管理。随着人类社会进步和科技发展，安全问题越来越受关注。为了保证劳动者在劳动生产过程中的安全，必须加强安全管理。通过安全生产的管理活动，对影响生产的具体因素进行状态控制，使生产因素中的不安全行为和状态尽可能减少或消除，且不引发事故，以保证生产活动中人员的安全。对于建设工程项目，安全管理的目的是防止和尽可能减少生产安全事故、保护产品生产者的安全、保障人民群众的生命和财产免受损失；控制影响或可能影响工作场所内的员工或其他工作人员（包括临时工和承包方员工）、访问者或任何其他人员的安全的条件和因素；避免因管理不当对在组织控制下工作的人员健康和安全造成危害。

（6）信息与知识管理。信息与知识管理是项目目标管理的基础。组织应建立项目信息与知识管理制度，及时、准确、全面地收集信息与知识，安全、可靠、方便、快捷地存储、传输信息和知识，有效、适宜地使用信息和知识。以便在工程项目进展的全过程中，动态地进行项目规划，迅速正确地进行各种决策，并及时检查决策执行结果。

（7）沟通管理。组织应建立项目相关方沟通管理机制，健全项目协调制度，确保组织内部与外部各个层面的交流与合作。项目管理机构应将沟通管理纳入日常管理计划，沟通信息，协调工作，避免和消除在项目运行过程中的障碍、冲突和不一致。项目各相关方应通过制度建设、完善程序，实现相互之间沟通的零距离和运行的有效性。

第二节　建设工程项目实施模式

一、建设工程项目承发包模式

建设单位是建设工程项目管理的核心，在项目管理中占主导地位，如果建设单位有完整的组织机构、专业水平和管理能力，可自行实施项目发包，否则，需要委托专业化、社会化咨询机构或项目管理公司实施项目承发包或工程代建。

在工程项目实施过程中，往往不止一家承包单位。根据建设单位和承包单位之间以及承包单位之间不同的关系，就形成了不同的工程项目承发包模式。

（一）项目总承包模式

1. 项目总承包概述

工程总承包和工程项目管理是国际通行的工程建设项目组织实施方式，积极推行工程总承包和工程项目管理，是深化我国工程建设项目组织实施方式改革，提高工程建设管理水平，保证工程质量和投资效益，规范建筑市场秩序的重要措施；是勘察、设计、施工、监理企业调整经营结构，增强综合实力，加快与国际工程承包和管理方式接轨，适应社会主义市场经济发展和加入世界贸易组织后新形势的必然要求；是积极开拓国际承包市场，带动我国技术、机电设备及工程材料的出口，促进劳务输出，提高我国企业国际竞争力的有效途径。

《建筑法》第24条规定：建筑工程的发包单位可以将建筑工程的勘察、设计、施工、设备采购一并发包给一个工程总承包单位，也可以将建筑工程勘察、设计、施工、设备采购的一项或者多项发包给一个工程总承包单位；但是，不得将应当由一个承包单位完成的建筑工程肢解成若干部分发包给几个承包单位。

根据《建设项目工程总承包管理规范》（GB/T 50358—2017）规定：工程总承包企业按照合同约定对建设项目的设计、采购、施工、试运行等实行全过程或若干阶段的承包。

2. 项目总承包模式

建设单位将工程项目全过程或其中某个阶段（如设计或施工或采购）的全部工作发包给一家符合要求的总承包单位，由该总承包单位再将若干专业性较强的部分任务发包给不同的专业分包单位去完成，并统一协调和监督各专业分包单位的工作。根据总承包范围的不同，建设项目总承包又分为以下方式：

（1）设计—施工总承包（Design-Build，DB）：设计—施工总承包是指工程总承包企业按照合同约定，承担工程项目设计和施工，并对承包工程的质量、安全、工期、造价全面负责。

（2）设计采购施工总承包（Engineering-Procurement-Construction，EPC）：设计采购施工总承包是指工程总承包企业按照合同约定，承担工程项目的设计、采购、施工、试运行服务等工作，并对承包工程的质量、安全、工期、造价全面负责。

项目总承包模式下，建设单位仅与总承包单位签订合同，与各专业分包单位不存在合同关系。

3. 项目总承包模式的特点

采用项目总承包模式具有以下特点：

（1）有利于工程项目的组织管理。由于建设单位只与总承包单位签订合同，合同结构简单。同时，由于合同数量少，使得建设单位的组织管理和协调工作量小，可发挥总承包单位多层次协调的积极性。

（2）有利于控制工程造价。由于总包合同价格可以较早确定，建设单位可承担较少风险。

（3）有利于控制工程质量。由于总承包单位与分包单位之间通过分包合同建立了责、权、利关系，在承包单位内部，工程质量既有分包单位的自控，又有总承包单位的监督管理，从而增加了工程质量监控环节。

（4）有利于缩短建设工期。总承包单位具有控制的积极性，分包单位之间也有相互制约作用。此外，在工程设计与施工总承包的情况下，由于工程设计与施工由一个单位统筹安排，使两个阶段能够有机地融合，一般均能做到工程设计阶段与施工阶段的相互搭接。

（5）对建设单位而言，选择总承包单位的范围小，一般合同金额较高。

（6）对总承包单位而言，责任重、风险大，需要具有较高的管理水平和丰富的实践经验。当然，获得高额利润的潜力也比较大。

总之，建设项目总承包的基本出发点是借鉴工业生产组织的经验，实现建设生产过程的组织集成化，从而避免设计、施工阶段相分离导致的一系列问题，如由于设计不合理而造成的施工阶段投资增加，由于设计、施工不协调而造成的施工进度延误等。建设项目总承包的主要意义并不在于总价包干和"交钥匙"，其核心是通过设计与施工过程的组织集成，促进设计与施工的紧密结合，以达到为项目建设增值的目的。应该指出，即使采用总价包干的方式，稍大一些的项目也难以用固定总价包干，而多数采用变动总价合同。

（二）施工总承包模式

施工总承包是指建设单位就建设过程中的施工任务进行发包，建设单位施工任务的委托可以采取不同的模式。第一种是由建设单位委托一个施工单位或由多个施工单位组成的施工联合体或施工合作体作为施工总承包单位，施工总承包单位视需要再委托其他施工单位作为分包单位配合施工。第二种是由建设单位委托一个施工单位或由多个施工单位组成的施工联合体或施工合作体作为施工总承包管理单位，建设单位另行委托其他施工单位作为分包单位进行施工。第三种是由建设单位平行委托多个施工单位进行施工。

1. 施工总承包

建设单位委托一个施工单位或由多个施工单位组成的施工联合体或施工合作体作为施工总承包单位，经建设单位同意，施工总承包单位可以根据需要将施工任务的一部分分包给其他符合资质的分包人。

采用施工总承包模式具有以下特点：

(1) 有利于控制工程造价。在开工前就有较明确的合同价，有利于建设单位的总投资控制。但若在施工过程中发生设计变更，可能会引发索赔。

(2) 不利于缩短建设工期。由于一般要等施工图设计全部结束后，建设单位才进行施工总承包的招标，因此开工日期不可能太早，建设周期会较长。这是施工总承包模式的最大缺点，限制了其在建设周期紧迫的建设工程项目上的应用。

(3) 有利于控制工程质量。建设工程项目质量的好坏在很大程度上取决于施工总承包单位的管理水平和技术水平。

(4) 有利于工程组织管理。建设单位只需要进行一次招标，与施工总承包方签约，因此招标及合同管理工作量将会减小。由于建设单位只负责对施工总承包单位的管理及组织协调，其组织与协调的工作量大大减少。

2. 施工总承包管理

建设单位委托一个施工单位或由多个施工单位组成的施工联合体或施工合作体作为施工总承包管理单位，另委托其他施工单位作为分包单位进行施工。一般情况下，施工总承包管理单位不参与具体工程的施工，但如果施工总承包管理单位也想承担部分工程的施工，它也可以参加该部分工程的投标，通过竞争取得施工任务。施工总承包管理模式的合同关系有两种可能，即建设单位与分包单位直接签订合同或者由施工总承包管理单位与分包单位签订合同。

采用施工总承包管理模式具有以下特点：

(1) 不利于控制工程造价。一部分施工图完成后，建设单位就可单独或与施工总承包管理单位共同进行该部分工程的招标，分包合同的投标报价和合同价以施工图为依据；在进行对施工总承包管理单位的招标时，只确定施工总承包管理费，而不确定工程总造价，这可能成为建设单位控制总投资的风险；在多数情况下，由建设单位与分包单位直接签约，这样有可能增加建设单位的风险。

(2) 有利于缩短建设工期。不需要等待施工图设计完成后再进行施工总承包管理的招标，分包合同的招标也可以提前，这样就有利于提前开工，有利于缩短建设周期。

(3) 有利于控制工程质量。对分包单位的质量控制由施工总承包管理单位进行，分包工程任务符合质量控制的"他人控制"原则，对质量控制有利。建设工程项目质量的好坏在很大程度上取决于施工总承包单位的管理水平和技术水平。

(4) 有利于工程组织管理。由施工总承包管理单位负责对所有分包单位的管理及组织协调，这样就大大减轻建设单位的工作。这是采用施工总承包管理模式的基本出发点。

(三) CM 模式

CM (Construction Management) 承包模式是指由建设单位委托一家 CM 单位承担项目管理工作，该 CM 单位以承包单位的身份进行施工管理，并在一定程度上影响工程设计活动，组织快速路径的生产方式，使工程项目实现设计和施工的衔接。

1. CM 承包模式的特点

(1) 采用快速路径法施工。即在工程设计尚未结束之前，当工程某些部分的施工图设计已经完成时，就开始进行该部分工程的施工招标，从而使这部分工程的施工提前到工程项目的设计阶段。

(2) CM单位有代理型（Agency）和非代理型（Non-Agency）两种。代理型的CM单位不负责工程分包的发包，与分包单位的合同由建设单位直接签订。而非代理型的CM单位直接与分包单位签订分包合同。

(3) CM合同采用成本加酬金的方式。代理型和非代理型的CM合同是有区别的。由于代理型合同是建设单位与分包单位直接签订，因此，采用简单的成本加酬金的合同形式。而非代理型合同则采用保证最大工程费用（GMP）加酬金的合同形式。这是因为CM合同总价是在CM合同签订之后，随着CM单位与各分包单位签约而逐步形成的。只有采用保证最大工程费用，建设单位才能控制工程总费用。

2. CM承包模式在工程造价控制方面的价值

CM承包模式特别适用于那些实施周期长、工期要求紧迫的大型复杂工程。在工程造价控制方面的价值体现在以下几个方面：

(1) 与施工总承包模式相比，采用CM承包模式时的合同价更具合理性。采用CM承包模式时，施工任务要进行多次分包，施工合同总价不是一次确定，而是有一部分完整施工图纸，就分包一部分，将施工合同总价划整为零。而且每次分包都通过招标展开竞争，每个分包合同价格都通过谈判进行详细讨论，从而使各个分包合同价格汇总后形成的合同总价更具合理性。

(2) CM单位不赚取总包与分包之间的差价。与总分包模式相比，CM单位与分包单位或供货单位之间的合同价是公开的，建设单位可以参与所有分包工程或设备材料采购招标及分包合同或供货合同的谈判。CM单位不赚取总包与分包之间的差价，它在进行分包谈判时，会努力降低分包合同价。经谈判而降低合同价的节约部分全部归建设单位所有，CM单位可获得部分奖励，这样，有利于降低工程费用。

(3) 应用价值工程方法挖掘节约投资的潜力。CM承包模式不同于普通承包模式的"按图施工"，CM单位早在工程设计阶段就可凭借其在施工成本控制方面的实践经验，应用价值工程方法对工程设计提出合理化建议，以进一步挖掘节省工程投资的可能性。此外，由于工程设计与施工的早期结合，使得设计变更在很大程度上得到减少，从而减少了分包单位因设计变更而提出的索赔。

(4) GMP可大大减少建设单位在工程造价控制方面的风险。当采用非代理型CM承包模式时，CM单位将对工程费用的控制承担更直接的经济责任，它必须承担GMP的风险。如果实际工程费用超过GMP，超出部分将由CM单位承担。由此可见，建设单位在工程造价控制方面的风险将大大减少。

（四）项目管理承包（PMC）

项目管理承包（Project Management Contract，PMC）是指项目建设单位聘请专业的工程公司或咨询公司，代表建设单位在项目实施全过程或其中若干阶段进行项目管理。被聘请的工程公司或咨询公司被称为项目管理承包单位（PMC）。采用PMC管理模式时，项目建设单位仅需保留很少部分项目管理力量对一些关键问题进行决策，绝大部分项目管理工作均由项目管理承包单位承担。项目管理承包单位派出的项目管理人员与建设单位代表组成一个完整的管理组织进行项目管理，该项目管理组织有时也被称为一体化项目管理团队。

1. 项目管理承包类型

按照工作范围不同，项目管理承包（PMC）可分为以下三种类型：

(1) 项目管理承包单位代表建设单位进行项目管理，同时还承担部分工程的设计、采购、施工（EPC）工作。这对项目管理承包单位而言，风险高，相应的利润、回报也较高。

(2) 项目管理承包单位作为建设单位项目管理的延伸，只是管理EPC承包单位而不承担任何EPC工作。这对项目管理承包单位而言，风险和回报均较低。

(3) 项目管理承包单位作为建设单位顾问，对项目进行监督和检查，并及时向建设单位报告工程进展情况。这对项目管理承包单位而言，风险最低，接近于零，但回报也低。

2. 项目管理承包工作内容

项目管理承包单位在项目前期和项目实施阶段承担不同的工作：

（1）项目前期阶段工作内容。在此阶段，项目管理承包单位的主要任务是代表建设单位进行项目管理。其具体包括：项目建设方案优化；组织项目风险识别和分析，并制订项目风险应对策略；提供融资方案并协助建设单位进行融资；提出项目应统一遵循的标准及规范；组织或完成基础设计、初步设计和总体设计；协助建设单位完成政府相关审批工作；提出项目实施方案，完成项目投资估算；提出材料、设备清单及供货厂家名单；编制 EPC 招标文件，进行 EPC 投标人资格预审，并完成 EPC 评标工作。

（2）项目实施阶段工作内容。在此阶段，由中标的项目总承包单位进行项目的详细设计，并进行采购和施工工作。项目管理承包单位的主要任务是代表建设单位进行协调和监督工作。其具体包括：进行设计管理，协调有关技术条件；完成项目总体中某些部分的详细设计；实施采购管理，并为建设单位负责的采购提供服务；配合建设单位进行生产准备、组织试运行和验收；向建设单位移交项目文件资料。

3. 项目管理承包的特点

（1）通过优化设计方案，可实现建设工程全寿命期成本最低。项目管理承包单位会运用自身技术优势，根据项目实际条件对项目进行技术经济分析，从全寿命期成本最低角度对整个设计方案进行优化。

（2）通过选择合适的合同方式，可从整体上为建设单位节省建设投资。项目管理承包单位在完成基础设计之后，会根据工程设计深度、技术复杂程度、工期紧迫程度及工程量大小等因素，通过周密的招标策划，确定每一个合同承包范围及计价方式，以化解项目总承包带来的风险，为建设单位节省投资。

（3）通过多项目采购协议及统一的项目采购协议，可降低建设投资。项目管理承包单位协助建设单位就某种设备或材料与制造商签订多项目采购协议，使其成为该项目中这种设备或材料的唯一供货商。建设单位可通过此协议获得价格、日常运行维护等方面的优惠。各个项目总承包单位必须按建设单位所提供的协议去采购相应设备或材料，以降低工程投资。

（4）通过现金管理及现金流量优化，可降低建设投资。项目管理承包单位与建设单位之间通常采用成本加奖励的合同计价方式，如果在工程实施过程中通过有效管理使建设投资节约，项目管理承包单位将会得到节约部分一定比例的奖励。这样，会促使项目管理承包单位利用其丰富的项目融资及财务管理经验，结合工程实际情况，对整个项目的现金流进行优化，从而节约工程建设投资。

（五）工程代建制

根据《国务院关于加快投资体制改革的决定》（国发〔2004〕20号），对政府投资的非经营性项目应加快推行"代建制"，即通过招标方式，选择专业化的项目管理单位负责建设实施，严格控制项目投资、质量和工期，竣工验收后移交给事业单位。由此可见，代建制是一种针对非经营性政府投资项目的建设实施组织方式。专业化的工程项目管理单位作为代建单位，在工程项目建设过程中按照委托合同的约定代行建设单位职责。

1. 工程代建的性质

工程代建的性质是工程建设的管理和咨询，与工程承包不同，在项目建设期间，工程代建单位不存在经营性亏损或盈利，通过与政府投资管理机构代建协议，只收取代理费、咨询费。如果在项目建设期间节约了资金，可按合同约定从节约的投资中提取一部分作为奖金。

工程代建单位不参与工程项目前期的决策和建成后的经营管理，也不对投资收益负责。但是，为了代建单位能履行合同义务，代建单位须提交工程概算投资10%左右的履约保函。如果代建单位未能完全履行代建合同义务，擅自变更建设内容、扩大建设规模、提高建设标准，致使工期延长、投资增加或工程质量不合格，应承担所造成的损失或投资增加额。由此可见，代建单位要承担相应的管理、咨询风险。

2. 工程代建制与项目法人责任制的区别

(1) 项目管理责任范围不同。对于实施项目法人责任制的项目，项目法人的责任范围覆盖工程项目策划决策和建设实施全过程，而对于代建制的项目，代建单位的责任范围只是在项目建设实施阶段。

(2) 项目建设资金责任不同。对于实施项目法人责任制的项目，项目法人需要在项目建设实施阶段负责筹集建设资金，还要在运营期间负责偿还贷款等事宜，而对于代建制的项目代建单位不负责建设资金筹措，也不负责偿还贷款。

(3) 项目保值增值责任不同。对于实施项目法人责任制的项目，项目法人要在项目全寿命周期内负责资产保值增值，而工程代建制的项目，代建单位仅负责项目建设期间资金的使用，在投资范围内保证建设项目实现预期功能，使政府投资收益最大化。

(4) 使用的工程对象不同。项目法人责任制适用于政府投资的经营性项目，而工程代建制适用于政府投资的非经营性项目。

二、建设工程项目融资模式

项目融资有广义和狭义之分。广义的项目融资就是指为项目进行的融资。狭义的项目融资就是以项目的资产、预期收益、预期现金流量等作为偿还贷款资金来源的一种融资活动，是区别于传统贷款方式的、有限追索的融资活动。目前常用的项目融资方式除了传统的直接融资、项目公司融资、杠杆租赁融资和实施使用协议融资等外，还包括了 BOT、TOT、PFI、PPP 和 ABS 等新型模式。

(一) BOT 模式

BOT (Build-Operate-Transfer，建设—运营—移交) 模式是 20 世纪 80 年代中后期发展起来的一种项目融资方式。BOT 模式下，由项目所在国政府或其所属机构为项目的建设和经营提供一种特许权协议 (Concession Agreement) 作为项目融资的基础，由本国公司或者外国公司作为项目的投资者和经营者安排融资，承担风险，开发建设项目并在特许权协议期间经营项目获取商业利润。特许期满后，根据协议将该项目转让给相应的政府机构。BOT 模式下，项目公司没有项目的所有权，只有项目的建设和经营权。BOT 模式适用于竞争性不强的行业或有稳定收入的项目，如包括公路、桥梁、自来水厂、发电厂等在内的公共基础设施、市政设施等。

为了适应市场需要，BOT 模式在应用过程中还演变出了数十种形式。如 BOOT、BOO、BT 等模式。

BOOT (Build—Own—Operate—Transfer，建设—拥有—运营—移交) 模式与 BOT 模式的主要不同之处是，项目公司既有经营权又有所有权，政府允许项目公司在一定范围和一定时期内，将项目资产以融资目的抵押给银行，以获得更优惠的贷款条件，从而使项目的产品/服务价格降低，但特许期一般比典型 BOT 模式稍长。

BOO (Build—Own—Operate，建设—拥有—运营) 模式与 BOT 模式的主要不同之处在于，项目公司不必将项目移交给政府 (即为永久私有化)，目的主要是鼓励项目公司从项目全寿命期的角度合理建设和经营设施，提高项目产品/服务的质量，追求全寿命期的总成本降低和效率的提高，使项目的产品/服务价格更低。

BT (Build-Transfer，建设—移交) 模式下，政府在项目建成后从民营机构 (或任何国营/民营/外商法人机构) 中购回项目 (可一次支付、也可分期支付)；与政府投资建造项目不同的是，政府用于购回项目的资金往往是事后支付 (可通过财政拨款，但更多的是通过运营项目来支付)；民营机构是投资者或项目法人，必须出一定的资本金，用于建设项目的其他资金可以由民营机构自己出，但更多的是以期望的政府支付款 (如可兑信用证) 来获取银行的有限追索权贷款。BT 项目中，投资者仅获得项目的建设权，而项目的经营权则属于政府，BT 融资形式适用于各类基础设施项目，特别是出于安全考虑的必须由政府直接运营的项目。对银行和承包单位而言，BT 项目的风险可能比基本的 BOT 项目大。

(二) TOT 模式

TOT（Transfer—Operate—Transfer，移交—运营—移交），是从 BOT 模式演变而来的一种新型模式，是指用民营资金购买某个项目资产（一般是公益性资产）的经营权，购买者在约定的时间内通过经营该资产收回全部投资和得到合理的回报后，再将项目无偿移交给原产权所有人（一般为政府或国有企业）。该模式不仅解决了政府建设大型项目时的资金短缺问题，也为各类资本投资于基础设施建设提供了可能和机会，因此在发展中国家得到越来越多的应用。

1. TOT 的运作程序

TOT 的运作程序相对比较简单，一般包括以下步骤：

（1）制定 TOT 方案并报批。转让方需要先根据国家有关规定编制 TOT 项目建议书，征求行业主管部门同意后，按现行规定报有关部门批准。国有企业或国有基础设施管理人只有获得国有资产管理部门批准或授权才能实施 TOT 模式。

（2）项目发起人（同时又是投产项目的所有者）设立 SPC 或 SPV（Special Purpose Corporation 或 Special Purpose Vehicle，即特殊目的公司或特殊目的机构），发起人把完工项目的所有权和新建项目的所有权均转让给 SPC 或 SPV，以确保有专门机构对两个项目的管理、转让、建造负有全权，并对出现的问题加以协调。SPC 或 SPV 通常是政府设立或政府参与设立的具有特许权的机构。

（3）TOT 项目招标。按照国家规定，需要进行招标的项目，要采用招标方式选择 TOT 项目的受让方，其程序与 BOT 模式大体相同，包括招标准备、资格预审、准备招标文件、评标等步骤。

（4）SPV 与投资者洽谈以达成转让投产运行项目在未来一定期限内全部或部分经营权的协议，并取得资金。

（5）转让方利用获得的资金建设新项目。

（6）新项目投入使用。

（7）转让项目经营期满后，收回转让的项目。转让期满，资产应在无债务、未设定担保、设施状况完好的情况下移交给原转让方。

2. TOT 模式的特点

（1）从项目融资的角度看，TOT 是通过转让已建成项目的产权和经营权来融资的，而 BOT 是政府给予投资者特许经营权的许诺后，由投资者融资新建项目，即 TOT 是通过已建成项目为其他新项目进行融资，而 BOT 则是为筹建中的项目进行融资。

（2）从具体运作过程看，TOT 由于避开了建造过程中所包含的大量风险和矛盾（如建设成本超支、延期、停建、无法正常运营等），并且只涉及转让经营权，不存在产权、股权等问题，在项目融资谈判过程中比较容易使双方意愿达成一致，并且不会威胁国内基础设施的控制权与国家安全。

（3）从东道国政府的角度看，通过 TOT 吸引国外或民间投资者购买现有的资产，将从两个方面进一步缓解中央和地方政府财政支出的压力：通过经营权的转让，得到一部分外资或民营资本，可用于偿还因为基础设施建设而承担的债务，也可作为当前迫切需要建设而又难以吸引外资或民营资本的项目；转让经营权后，可大量减少基础设施运营的财政补贴支出。

（4）从投资者的角度看，TOT 模式既可回避建设中的超支、停建或者建成后不能正常运营、现金流量不足以偿还债务等风险，又能尽快取得收益。采用 BOT 模式，投资者先要投入资金建设，并要设计合理的信用保证结构，花费时间很长，承担风险大；采用 TOT 模式，投资者购买的是正在运营的资产和对资产的经营权，资产收益具有确定性，也不需要太复杂的信用保证结构。

(三) PFI 模式

1. PFI 模式概述

PFI（Private Finance Initiative，私人主动融资）是指由私营企业进行项目的建设与运营，从政府方或接受服务方收取费用以回收成本，在运营期结束时，私营企业应将所运营的项目完好地、无债务地归还政府。PFI融资模式具有使用领域广泛、缓解政府资金压力、提高建设效率等特点。利用这种融资模式，可以弥补财政预算的不足、有效转移政府财政风险、提高公共项目的投资效率、增加私营部门的投资机会。

PFI是一种强调私营企业在融资中主动性与主导性的融资模式，在这种模式下，政府以不同于传统的由其自身负责提供公共项目产出的方式，而是采取促进私营企业有机会参与基础设施和公共物品的生产和提供公共服务的一种全新的公共项目产出方式。通过PFI模式，政府与私营企业进行合作，由私营企业承担部分政府公共物品的生产或提供公共服务，政府购买私营企业提供的产品或服务，或给予私营企业以收费特许权，或政府与私营企业以合伙方式共同营运等方式，来实现政府公共物品产出中的资源配置最优化、效率和产出的最大化。

2. PFI模式适用的项目类型

（1）在经济上自立的项目。以这种方式实施的PFI项目，私营企业提供服务时，政府不向其提供财政的支持，但是在政府的政策支持下，私营企业通过项目的服务向最终使用者收费，来回收成本和实现利润。其中，公共部门不承担项目建设和运营的费用，但是私营企业可以在政府的特许下，通过适当调整对使用者的收费来补偿成本的增加。在这种模式下，公共部门对项目的作用是有限的，也许仅仅是承担项目最初的计划或按照法定程序帮助项目公司开展前期工作和按照法律进行管理。

（2）向公共部门出售服务的项目。以这种方式实施的PFI项目，私营企业提供项目服务所产生的成本，完全或主要通过私营企业服务提供者向公共部门收费来补偿，这样的项目主要包括私人融资兴建的监狱、医院和交通线路等。

（3）合资经营项目。以这种方式实施的PFI项目，公共部门与私营企业共同出资、分担成本和共享收益。但是，为了使项目成为一个真正的PFI项目，项目的控制权必须由私营企业来掌握，公共部门只是一个合伙人的角色。

3. PFI模式的优点

PFI在本质上是一个设计、建设、融资和运营模式，政府与私营企业是一种合作关系，对PFI项目服务的购买是由有采购特权的政府与私营企业签订的。PFI项目中，公共部门要么作为服务的主要购买者，要么充当实施的基本的法定授权控制者，这是政府部门必须坚持的基本原则。同时，与买断经营也有所不同，买断经营方式中的私营企业受政府的制约较小，是比较完全的市场行为，私营企业既是资本财产的所有者又是服务的提供者。PFI模式的核心旨在增加包括私营企业参与的公共服务或者是公共服务的产出大众化。

PFI模式的主要优点如下：

（1）PFI模式有非常广泛的适用范围，不仅包括基础设施项目，在学校、医院、监狱等公共项目上也有广泛的应用。

（2）推行PFI模式，能够广泛吸引经济领域的私营企业或非官方投资者，参与公共物品的产出，这不仅大大地缓解了政府公共项目建设的资金压力，同时也提高了政府公共物品的产出水平。

（3）吸引私营企业的知识、技术和管理方法，提高公共项目的效率和降低产出成本，使社会资源配置更加合理化，同时也使政府摆脱了长期困扰的政府项目低效率的压力，使政府有更多的精力和财力用于社会发展更加急需的项目建设。

（4）PFI模式是政府公共项目投融资和建设管理方式的重要的制度创新，这也是PFI模式的最大的优势。在英国的实践中，被认为是政府获得高质量、高效率的公共设施的重要工具，已经有很多成功的案例。

4. PFI模式的特点

PFI与BOT模式在本质上没有太大区别，但在适用领域、合同类型、承担风险、合同期满处理方式等方面仍有一些细微的差别。

（1）适用领域。BOT模式主要用于基础设施或市政设施，如机场、港口、电厂、公路、自来水厂等，以及自然资源开发项目。PFI 模式的应用面更广，除上述项目之外，一些非营利性的、公共服务设施项目（如学校、医院、监狱等）同样可以采用 PFI 融资模式。

（2）合同类型。两种融资模式中，政府与私营部门签署的合同类型不尽相同，BOT 项目的合同类型是特许经营合同，而 PFI 项目中签署的是服务合同，PFI 项目的合同中一般会对设施的管理、维护提出特殊要求。

（3）承担风险。BOT 项目中，私营企业不参与项目设计，因此设计风险由政府承担，而 PFI 项目由于私营企业参与项目设计，需要承担设计风险。

（4）合同期满处理方式。BOT 项目在合同中一般会规定特许经营期满后，项目必须无偿交给政府管理及运营，而 PFI 项目的服务合同中往往规定，如果私营企业通过正常经营未达到合同规定的收益，可以继续保持运营权。

（四）PPP 模式

1. PPP 模式概述

PPP（Public—Private—Partnership，公私合作或公私合伙）作为 2014 年开始在我国推广应用的一种融资模式，最早出现于 20 世纪 90 年代。该模式是政府与民营机构（或任何国营/民营/外商法人机构）签订长期合作协议，授权民营机构代替政府建设、运营或管理基础设施（如道路、桥梁、电厂、水厂等）或其他公共服务设施（如医院、学校、监狱、警岗等），并向公众提供公共服务。

发改委（基础设施和公用事业特许经营法内部征求意见稿 2014）提出：PPP 是指各级人民政府依法选择中华人民共和国境内外的企业法人或者其他组织，并签订协议，授权企业法人或者其他组织在一定期限和范围内建设经营或者经营特定基础设施和公用事业，提供公共产品或者公共服务的活动。

财政部《关于推广运用政府和社会资本合作模式有关问题的通知》（财金〔2014〕76 号）指出：PPP 是在基础设施及公共服务领域建立的一种长期合作关系。通常是由社会资本承担设计、建设、运营、维护基础设施的大部分工作的，并通过"使用者付费"及必要的"政府付费"获得合理投资回报；政府部门负责基础设施及公共服务价格和质量监管，以保证公共利益最大化。

财政部《PPP 操作指南》指出：Public-Private Partnerships，"政府和社会资本合作模式"，即政府和社会资本以长期契约方式提供公共产品和服务的一种合作模式，旨在利用市场机制合理分配风险，提高公共产品和服务的供给数量、质量和效率。"Public"指的是政府、政府职能部门或政府授权的其他合格机构；而"Private"主要是指依法设立并有效存续的自主经营、自负盈亏、独立核算的具有法人资格的企业，包括民营企业、国有企业、外国企业和外资企业。但不包括本级政府所属融资平台公司及其他控股国有企业。

尽管 PPP 定义各有不同，但其本质都是社会资本负责融资，政府负责监督和设计，双方在公共服务和基础设施领域形成的一种友好合作关系。

2. PPP 项目实施方案的内容

（1）项目概况。项目概况主要包括基本情况、经济技术指标和项目公司股权情况等。基本情况主要明确项目提供的公共产品和服务内容、项目采用政府和社会资本合作模式运作的必要性和可行性，以及项目运作的目标和意义。经济技术指标主要明确项目区位、占地面积、建设内容或资产范围、投资规模或资产价值、主要产出说明和资金来源等。项目公司股权情况主要明确是否要设立项目公司以及公司股权结构。

（2）风险分配基本框架。按照风险分配优化、风险收益对等和风险可控等原则，综合考虑政府风险管理能力、项目回报机制和市场风险管理能力等要素，在政府和社会资本间合理分配项目风险。原则上，项目设计、建造、财务和运营维护等商业风险由社会资本承担，法律、政策和最低需求等风险由政府承担，不可抗力等风险由政府和社会资本合理共担。

（3）项目运作方式。项目运作方式主要包括委托运营、管理合同、建设—运营—移交、建设—拥有—运营、转让—运营—移交和改建—运营—移交等。具体运作方式的选择主要由收费定价机制、项目投资收益水平、风险分配基本框架、融资需求、改扩建需求和期满处置等因素决定。

（4）交易结构。交易结构主要包括项目投融资结构、回报机制和相关配套安排。项目投融资结构主要说明项目资本性支出的资金来源、性质和用途，项目资产的形成和转移等。项目回报机制主要说明社会资本取得投资回报的资金来源，包括使用者付费、可行性缺口补助和政府付费等支付方式。相关配套安排主要说明由项目以外相关机构提供的土地、水、电、气和道路等配套设施和项目所需的上下游服务。

（5）合同体系。合同体系主要包括项目合同、股东合同、融资合同、工程承包合同、运营服务合同、原料供应合同、产品采购合同和保险合同等。项目合同是其中最核心的法律文件。项目边界条件是项目合同的核心内容，主要包括权利义务、交易条件、履约保障和调整衔接等边界。权利义务边界主要明确项目资产权属、社会资本承担的公共责任、政府支付方式和风险分配结果等。交易条件边界主要明确项目合同期限、项目回报机制、收费定价调整机制和产出说明等。履约保障边界主要明确强制保险方案以及由投资竞争保函、建设履约保函、运营维护保函和移交维修保函组成的履约保函体系。调整衔接边界主要明确应急处置、临时接管和提前终止、合同变更、合同展期、项目新增改扩建需求等应对措施。

（6）监管架构。监管架构主要包括授权关系和监管方式。授权关系主要是政府对项目实施机构的授权，以及政府直接或通过项目实施机构对社会资本的授权；监管方式主要包括履约管理、行政监管和公众监督等。

（7）采购方式选择。项目采购应根据《政府采购法》及相关规章制度执行，采购方式包括公开招标、竞争性谈判、邀请招标、竞争性磋商和单一来源采购。项目实施机构应根据项目采购需求特点，依法选择适当采购方式。公开招标主要适用于核心边界条件和技术经济参数明确、完整、符合国家法律法规和政府采购政策，且采购中不作更改的项目。

财政部门（或政府和社会资本合作中心）应对项目实施方案进行物有所值和财政承受能力验证，通过验证的，由项目实施机构报政府审核；未通过验证的，可在实施方案调整后重新验证；经重新验证仍不能通过的，不再采用政府和社会资本合作模式。

3. 物有所值（VFM）评价

物有所值（Value for Money，VFM）评价是判断是否采用PPP模式代替政府传统投资运营方式提供公共服务项目的一种评价方法。在中国境内拟采用PPP模式实施的项目，应在项目识别或准备阶段开展物有所值评价。物有所值评价包括定性评价和定量评价。现阶段以定性评价为主，鼓励开展定量评价。定量评价可作为项目全寿命期内风险分配、成本测算和数据收集的重要手段，以及项目决策和绩效评价的参考依据。应统筹定性评价和定量评价结论，做出物有所值评价结论。物有所值评价结论分为"通过"和"未通过"。"通过"的项目，可进行财政承受能力论证；"未通过"的项目，可在调整实施方案后重新评价，仍未通过的不宜采用PPP模式。财政部门（或政府和社会资本合作中心）应会同行业主管部门共同做好物有所值评价工作，并积极利用第三方专业机构和专家力量。《PPP物有所值评价指引（试行）》（财金〔2015〕167号）是开展物有所值评价重要的指导性文件。

开展物有所值评价所需资料主要包括（初步）实施方案、项目产出说明、风险识别和分配情况、存量公共资产的历史资料、新建或改扩建项目的（预）可行性研究报告、设计文件等。开展物有所值评价时，项目本级财政部门（或政府和社会资本合作中心）应会同行业主管部门，明确是否开展定量评价，并明确定性评价程序、指标及其权重、评分标准等基本要求。项目本级财政部门（或政府和社会资本合作中心）应会同行业主管部门，明确定量评价内容、测算指标和方法，以及定量评价结论是否作为采用PPP模式的决策依据。

（1）物有所值定性评价。定性评价指标包括全寿命期整合程度、风险识别与分配、绩效导向与鼓励创新、潜在竞争程度、政府机构能力、可融资性六项基本评价指标，以及根据具体情况设置的补充评价指标。补充评价指标包括项目规模大小、预期使用寿命长短、主要固定资产种类、全寿命期成本测算准确性、运营收入增长潜力、行业示范性等。物有所值定性评价一般采用专家打分法。在各项评价指标中，六项基本评价指标权重为80％，其中任一指标权重一般不超过20％；补充评价指标权重为20％，其中任一指标权重一般不超过10％。每项指标评分分为五个等级，即有利、较有利、一般、较不利、不利，对应分值分别为100～81分、80～61分、60～41分、40～21分、20～0分。原则上，评分结果在60分及以上的，可以认为通过定性评价；否则，认为未通过定性评价。

(2) 物有所值定量评价。定量评价是在假定采用PPP模式与政府传统投资方式产出绩效相同的前提下，通过对PPP项目全寿命期内政府方净成本的现值（PPP值）与公共部门比较值（PSC值）进行比较，判断PPP模式能否降低项目全寿命期成本。PPP值可等同于PPP项目全寿命周期内股权投资、运营补贴、风险承担和配套投入等各项财政支出责任的现值。PSC值是以下三项成本的全寿命现值之和：

1) 参照项目的建设和运营维护净成本；
2) 竞争性中立调整值；
3) 项目全部风险成本。

PPP值小于或等于PSC值的，认为通过定量评价，PPP值大于PSC值的，认为未通过定量评价。

(3) 物有所值评价报告。在物有所值评价结论形成后，完成物有所值评价报告编制工作。物有所值评价报告内容包括：

1) 项目基础信息。其主要包括项目概况、项目产出说明和绩效标准、PPP运作方式、风险分配框架和付费机制等。
2) 评价方法。其主要包括定性评价程序、指标及权重、评分标准、评分结果、专家组意见以及定量评价的PSC值、PPP值的测算依据、测算过程和结果等。
3) 评价结论，分为"通过"和"未通过"。
4) 附件。通常包括（初步）实施方案、项目产出说明、可行性研究报告、设计文件、存量公共资产的历史资料、PPP项目合同、绩效监测报告和中期评估报告等。

4. PPP项目财政承受能力论证

财政承受能力论证是指识别、测算PPP项目的各项财政支出责任，科学评估项目实施对当前及今后年度财政支出的影响，为PPP项目财政管理提供依据。财政承受能力论证的结论分为"通过论证"和"未通过论证"。"通过论证"的项目，各级财政部门应当在编制年度预算和中期财政规划时，将项目财政支出责任纳入预算统筹安排。"未通过论证"的项目，则不宜采用PPP模式。

(1) 责任识别。PPP项目全寿命周期过程的财政支出责任，主要包括股权投资、运营补贴、风险承担、配套投入等。股权投资支出责任是指在政府与社会资本共同组建项目公司的情况下，政府承担的股权投资支出责任。如果社会资本单独组建项目公司，政府不承担股权投资支出责任。运营补贴支出责任是指在项目运营期间，政府承担的直接付费责任。不同付费模式下，政府承担的运营补贴支出责任不同。政府付费模式下，政府承担全部运营补贴支出责任；可行性缺口补助模式下，政府承担部分运营补贴支出责任；使用者付费模式下，政府不承担运营补贴支出责任。风险承担支出责任是指项目实施方案中政府承担风险带来的财政或有支出责任。通常由政府承担的法律风险、政策风险、最低需求风险以及因政府方原因导致项目合同终止等突发情况，会产生财政或有支出责任。配套投入支出责任是指政府提供的项目配套工程等其他投入责任，通常包括土地征收和整理、建设部分项目配套措施、完成项目与现有相关基础设施和公用事业的对接、投资补助、贷款贴息等。配套投入支出应依据项目实施方案合理确定。

(2) 支出测算。财政部门（或政府和社会资本合作中心）应当综合考虑各类支出责任的特点、情景和发生概率等因素，对项目全生命周期内财政支出责任分别进行测算。股权投资支出应当依据项目资本金要求以及项目公司股权结构合理确定。股权投资支出责任中的土地等实物投入或无形资产投入，应依法进行评估，合理确定价值。其计算公式如下：

$$股权投资支出 = 项目资本金 \times 政府占项目公司股权比例$$

运营补贴支出应当根据项目建设成本、运营成本及利润水平合理确定,并按照不同付费模式分别测算。对政府付费模式的项目,在项目运营补贴期间,政府承担全部直接付费责任。政府每年直接付费数额包括社会资本方承担的年均建设成本(折算成各年度现值)、年度运营成本和合理利润,再减去每年使用者付费的数额。计算公式如下:

$$当年运营补贴支出数额 = \frac{项目全部建设成本 \times (1+合理利润率) \times (1+年度折现率)^n}{财政运营补贴周期(年)} +$$

$$年度运营成本 \times (1+合理利润率) - 当年使用者付款数额$$

式中 n——折现年数。

对可行性缺口补助模式的项目,在项目运营补贴期间,政府承担部分直接付费责任。政府每年直接付费数额包括社会资本方承担的年均建设成本(折算成各年度现值)、年度运营成本和合理利润,再减去每年使用者付费的数额。计算公式为:

$$当年运营补贴支出数额 = \frac{项目全部建设成本 \times (1+合理利润率) \times (1+年度折现率)^n}{财政运营补贴周期(年)} +$$

$$年度运营成本 \times (1+合理利润率) - 当年使用者付费数额$$

式中 n——折现年数。

财政运营补贴周期指财政提供运营补贴的年数。年度折现率应考虑财政补贴支出发生年份,并参照同期地方政府债券收益率合理确定。合理利润率应以商业银行中长期贷款利率水平为基准,充分考虑可用性付费、使用量付费、绩效付费的不同情景,结合风险等因素确定。在计算运营补贴支出时,应当充分考虑合理利润率变化对运营补贴支出的影响。在计算运营补贴支出数额时,应当充分考虑定价和调价机制的影响。风险承担支出应充分考虑各类风险出现的概率和带来的支出责任,可采用比例法、情景分析法及概率法进行测算。

1)比例法。在各类风险支出数额和概率难以进行准确测算的情况下,可以按照项目的全部建设成本和一定时期内的运营成本的一定比例确定风险承担支出。

2)情景分析法。在各类风险支出数额可以进行测算,但出现概率难以确定的情况下,可针对影响风险的各类事件和变量进行"基本""不利"及"最坏"等情景假设,测算各类风险发生带来的风险承担支出。计算公式如下:

$$风险承担支出数额 = 基本情景下财政支出数额 \times 基本情景出现的概率 +$$
$$不利情景下财政支出数额 \times 不利情景出现的概率 +$$
$$最坏情景下财政支出数额 \times 最坏情景出现的概率$$

3)概率法。在各类风险支出数额和发生概率均可进行测算的情况下,可将所有可变风险参数作为变量,根据概率分布函数,计算各种风险发生带来的风险承担支出。配套投入支出责任应综合考虑政府将提供的其他配套投入总成本和社会资本方为此支付的费用。配套投入支出责任中的土地等实物投入或无形资产投入,应依法进行评估,合理确定价值。计算公式如下:

$$配套投入支出数额 = 政府拟提供的其他投入总成本 - 社会资本方支付的费用$$

(3)能力评估。财政部门(或政府和社会资本合作中心)识别和测算单个项目的财政支出责任后,汇总年度全部已实施和拟实施的PPP项目,进行财政承受能力评估。财政承受能力评估包括财政支出能力评估以及行业和领域平衡性评估。财政支出能力评估,是根据PPP项目预算支出责任,评估PPP项目实施对当前及今后年度财政支出的影响;行业和领域均衡性评估,是根据PPP模式使用的行业和领域范围,以及经济社会发展需要和公众对公共服务的需求,平衡不同行业和领域PPP项目,防止某一行业和领域PPP项目过于集中。每一年度全部PPP项目需要从预算中安排的支出责任,占一般公共预算支出比例应当不超过10%。省级财政部门可根据本地实际情况,因地制宜地确定具体比例,并报财政部备案,同时对外公布。在进行财政支出能力评估时,未来年度一般公共预算支出数额可参照前

5年相关数额的平均值及平均增长率计算,并根据实际情况进行适当调整。

"通过论证"且经同级人民政府审核同意实施的PPP项目,各级财政部门应当将其列入PPP项目目录,并在编制中期财政规划时,将项目财政支出责任纳入预算统筹安排。

(五) ABS模式

ABS(Asset-Backed Securitization,资产证券化)是20世纪80年代首先在美国兴起的一种新型的资产变现模式,它将缺乏流动性但能产生可预见的、稳定的现金流量的资产归集起来,通过一定的安排,对资产中的风险与收益要素进行分离与重组,进而转换为在金融市场上可以出售和流通的证券过程。

1. ABS融资方式的运作过程

(1)组建特殊目的机构SPV。该机构可以是一个信托机构,如信托投资公司、信用担保公司、投资保险公司或其他独立法人,该机构应能够获得国际权威资信评估机构较高级别的信用等级(AAA级或AA级),由于SPV是进行ABS融资的载体,成功组建SPV是ABS能够成功运作的基本条件和关键因素。

(2)SPV与项目结合。即SPV寻找可以进行资产证券化融资的对象。一般来说,投资项目所依附的资产只要在未来一定时期内能带来现金收入,就可以进行ABS融资。拥有这种未来现金流量所有权的企业(项目公司)成为原始权益人。这些未来现金流量所代表的资产,是ABS融资方式的物质基础。在进行ABS融资时,一般应选择未来现金流量稳定、可靠,风险较小的项目资产。而SPV与这些项目的结合,就是以合同、协议等方式将原始权益人所拥有的项目资产的未来现金收入的权利转让给SPV,转让的目的在于将原始权益人本身的风险割断。这样SPV进行ABS模式融资时,其融资风险仅与项目资产未来现金收入有关,而与建设项目的原始权益人本身的风险无关。

(3)进行信用增级。利用信用增级手段使该组资产获得预期的信用等级。为此,就要调整项目资产现有的财务结构,使项目融资债券达到投资级水平,达到SPV关于承包ABS债券的条件要求。SPV通过提供专业化的信用担保进行信用升级,之后委托资信评估机构进行信用评级,确定ABS债券的资信等级。

(4)SPV发行债券。SPV直接在资本市场上发行债券募集资金,或者经过SPV通过信用担保,由其他机构组织债券发行,并将通过发行债券筹集的资金用于项目建设。

(5)SPV偿债。由于项目原始收益人已将项目资产的未来现金收入权利让渡给SPV,因此SPV就能利用项目资产的现金流入量,清偿其在国际高等级投资证券市场上所发行债券的本息。

2. ABS模式的特点

与BOT模式相比,ABS模式主要有下列特点:

(1)项目所有权、运营权归属。在BOT融资方式中,项目的所有权与经营权在特许经营期内是属于项目公司的,在特许期经营结束之后,所有权及与经营权将会移交给政府;在ABS融资方式中,根据合同规定,项目的所有权在债券存续期内由原始权益人转至SPV,而经营权与决策权仍属于原始权益人,债券到期后,利用项目所产生的收益还本付息并支付各类费用之后,项目的所有权重新回到原始权益人手中。

(2)适用范围。对于关系国家经济命脉或包括国防项目在内的敏感项目,采用BOT融资方式是不可行的,容易引起政治、社会、经济等各方面的问题;在ABS融资方式中,虽然在债券存续期内资产的所有权归SPV所有,但是资产的运营与决策权仍然归属原始权益人,SPV不参与运营,不必担心外商或私营机构控制,因此应用更加广泛。

(3)资金来源。BOT与ABS融资方式的资金来源主要都是民间资本,可以是国内资金,也可以是外资,如项目发起人自有资金、银行贷款等;但ABS模式强调通过证券市场发行债券这一方式筹集资金,这是ABS模式与其他项目融资模式一个较大的区别。

(4)对项目所在国的影响。BOT会给东道国带来一定负面效应,如掠夺性经营、国家税收流失及国家承担价格、外汇等多种风险，ABS 则较少出现上述问题。

（5）风险分散度。BOT 风险主要由政府、投资者/经营者、贷款机构承担；ABS 则由众多的投资者承担，而且债券可以在二级市场上转让，变现能力强。

（6）融资成本。BOT 过程复杂、牵涉面广、融资成本因中间环节多而增加；ABS 则只涉及原始权益人、SPV、证券承销商和投资者，无须政府的许可、授权、担保等，采用民间的非政府途径，过程简单，降低了融资成本。

第三章 工程造价构成

第一节 工程造价构成概述

一、建设工程造价的含义

1. 建设项目总投资与固定资产投资

建设项目总投资是指为完成工程项目建设并达到使用要求或生产条件,在建设期内预计或实际投入的全部费用总和。建设项目按投资领域可分为生产性建设项目和非生产性建设项目。生产性建设项目总投资包括固定资产投资和流动资产投资两部分;非生产性建设项目总投资只包括固定资产投资,不含流动资产投资。其中,固定资产投资包括建设投资和建设期利息。

固定资产投资是指投资主体为了特定的目的,用于建设和形成固定资产的投资。

固定资产是指在社会生产过程中可供长时间反复使用,单位价值在规定限额以上,或者使用年限在一定期限以上,并在其使用过程中不改变其实物形态的物质资料,如建筑物、机械设备等。在我国会计实务中,固定资产的具体划分标准为:企业使用年限超过一年的建筑物、构筑物、机械设备、运输工具和其他与生产经营有关的工具、器具等资产均应视作固定资产;凡是不符合上述条件的劳动资料一般称为低值易耗品,属于流动资产。

2. 工程造价的含义

工程造价的直意就是工程项目的建造价格,是工程项目在建设期预计或实际支出的建设费用,是指工程项目从投资决策开始到竣工投产所需的建设费用。工程项目泛指一切建设工程(工程项目、单项工程、单位工程甚至是分部工程),工程造价是一个泛称概念,站在不同的角度,工程造价的含义不同,一般有广义和狭义两种含义:

第一种含义:从投资者(业主)角度定义,工程造价是指工程的建设成本,即为建成一项工程预期支付或实际支付的全部固定资产投资费用。投资者为了获取所投资项目的预期效益,就需要进行立项、勘察、设计、施工、竣工验收等一系列投资活动,在这些活动中所支出的全部费用即构成工程造价。从这个含义上看,建设项目的工程造价就是建设项目的固定资产投资。

第二种含义:从市场交易角度定义,工程造价是指工程价格,即为建成一项工程,预计或实际在土地、设备、技术劳务以及承包等市场上,通过招投标等交易方式所形成的建筑安装工程的价格或建设工程总价格。这里的工程既可以是一个建设工程项目,也可以是其中一个或几个单项工程或单位工程,还可以是建设过程中的某个阶段,如建设项目的可行性研究、建设项目的设计,以及建设项目的施工阶段等。随着经济发展、社会进步、分工细化和市场的不断完善,工程建设中的中间产品也会越来越多,商品交换会更加频繁,工程价格的种类和形式也会更加丰富。

工程造价的第二种含义通常以工程发包与承包价格(即建筑安装工程造价)为基础。发包与承包价格是工程造价中的一种重要的、也是典型的价格形式。它是建筑市场通过招投标或发包与承包交易,由需求主体(投资者)和供给主体(建筑商)共同认可的价格。鉴于建筑安装工程价格在项目固定资产中所占份额较大,是工程建设中最活跃的部分,建筑企业又是工程项目的实施者和建筑市场重要的市场主体之一,工程承发包价格被界定为工程价格的第二种含义,很有现实意义。

工程造价的两种含义是从不同角度对同一事物本质的把握。对投资者来说,面对市场经济条件下的工程造价就是项目投资,是"购买"工程项目要付出的价格,同时也是投资者作为市场供给主体时"出售"工程项目时定价的基础。对工程承包单位、材料供应单位、设计单位等机构来说，工程造价是他们作为市场供给主体出售商品和劳务的价格的总和，或是指特定范围的工程造价（如建筑安装工程造价）。

3. 工程造价的管理

工程造价按照工程项目所指范围的不同，可以是一个建设项目的工程造价，即建设项目所有建设费用的总和，如建设投资和建设期利息之和，也可以是指建设费用中的某个组成部分，即一个或多个单项工程或单位工程的造价，以及一个或多个分部工程的造价，如建筑安装工程造价、装饰装修工程造价、幕墙工程造价。

工程造价在工程建设的不同阶段有具体的称谓，如投资决策阶段为投资估算，设计阶段为设计概算、施工图预算，招投标阶段为最高投标限价（陕西省称为招标最高限价）、投标报价、合同价，施工阶段为竣工结算等。

工程造价管理就是工程造价的合理确定和有效控制。

工程造价的两种含义既共生于一个统一体，又相互区别。最主要的区别在于需求主体和供给主体在市场追求的经济利益不同，因而管理的性质和管理的目标不同。

从管理性质上来看，前者属于投资管理范畴，后者属于价格管理范畴，但两者又相互交叉。

从管理目标上来看，作为工程项目投资（费用），投资者在项目决策和实施中，首先追求的是决策的正确性，其次是降低工程造价是投资者始终如一的追求。作为工程价格，承包商所关注的是利润，为此，追求的是较高的工程造价。因此，不同的管理目标，反映了他们不同的经济利益。

二、建设工程造价的构成

（一）建设项目总投资构成

现行建设项目总投资由固定资产投资和流动资产投资两部分组成。固定资产投资即工程造价，包括建设投资与建设期利息。

工程造价中的主要构成部分是建设投资，建设投资是指为完成工程项目建设，在建设期内投入且形成现金流出的全部费用。建设投资包括工程费用、工程建设其他费用和预备费三部分。工程费用是指建设期内直接用于工程建造、设备购置及其安装的建设投资，可以分为建筑工程费用、安装工程费用和设备及工器具购置费；其中建筑工程费用、安装工程费用又称为建筑安装工程费。工程建设其他费用是指在建设项目从立项到交付使用为止的整个建设期间，除建筑设备及工器具购置费和安装工程费用以外，为保证项目建设顺利完成和交付使用后能够正常发挥效用而发生的各项费用的总和，包括建设用地费、与项目建设有关以及与未来生产经营有关的其他费用。预备费是在建设期内因各种不可预见因素的变化而预留的可能增加的费用，包括基本预备费和价差预备费。我国现行建设项目总投资的具体构成内容如图3-1所示。

建设期利息是指建设期贷款利息简称建设期利息，是项目所使用的外部资金在建设期内发生并计入固定资产的利息。

流动资金是指生产性建设项目为进行正常生产运营，用于购买原材料、燃料、支付工资及其他经营费用等所需的周转资金。

（二）陕西省建设工程总投资构成

陕西省现行建设工程总投资构成基本同上述建设项目总投资构成，具体划分为（该划分标准来源于《陕西省建设工程其他费用定额》）：

1. 工程费用

工程费用包括建筑安装工程费和设备及工器具购置费。

2. 其他费用

（1）项目前期费：编制项目建议书；编制可行性研究报告；评估项目建议书；评估可行性研究报告。

（2）建设用地费：土地征用及迁移补偿费；征用耕地按规定一次性缴纳的耕地占用税；建设单位

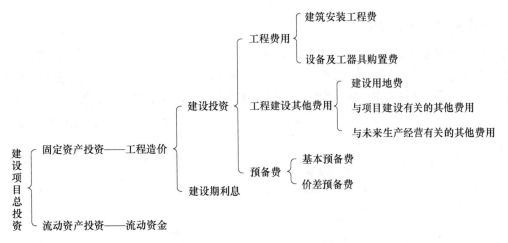

图 3-1　建设项目总投资的具体构成

租用建设项目土地使用权而支付的租地费用；管线搬迁及补偿费。

（3）建设单位管理费：包括不在原单位发工资的工作人员工资及各种社会保险费：办公费、差旅交通费、劳动保护费、工具用具使用费、固定资产使用费、零星购置费、招募生产工人费、技术图书资料费、印花税、业务招待费、施工现场津贴、竣工验收费和其他管理性开支。

（4）研究试验费：自行或委托其他部门研究实验所需人工费、材料费、试验设备及仪器使用费，支付科技成果、先进技术的一次性技术转让费。

（5）工程勘察费。

（6）工程设计费。

（7）环境影响评价费。

（8）工程监理费。

（9）劳动安全卫生评价费。

（10）节能评估费。

（11）办公和生活家居购置费。

（12）生产职工培训费。

（13）联合试运转费。

（14）引进技术和引进设备其他费。

（15）城市基础设施配套费。

（16）招标代理服务费。

（17）技术经济评估审查费。

3．预备费

预备费包括基本预备费和价差预备费。

4．建设期贷款利息

5．铺底流动资金

第二节　建筑安装工程费用

为了加强工程建设的管理，有利于合理确定工程造价，国家于 2013 年统一了建筑安装工程费用项目组成的口径，有利于建设各方编制工程概预算、工程结算、工程招投标、计划统计、工程成本核算。

建筑安装工程费用是指为完成工程项目建造、生产性设备及配套工程安装等所需的费用。按照住房与城乡建设部、财政部《关于印发〈建筑安装工程费用项目组成〉的通知》（建标〔2013〕44 号）的规定，我国现行建筑安装工程费用项目按两种不同的方式划分，即按费用构成要素划分和按造价形成划分。

一、按费用构成要素划分

建筑安装工程费用项目组成按费用构成要素划分为人工费、材料费、施工机具使用费、企业管理费、利润、规费和增值税。其中人工费、材料费、施工机具使用费、企业管理费和利润包含在分部分项工程费、措施项目费、其他项目费中。建筑安装工程费用项目组成（按费用构成要素划分）如图3-2所示。

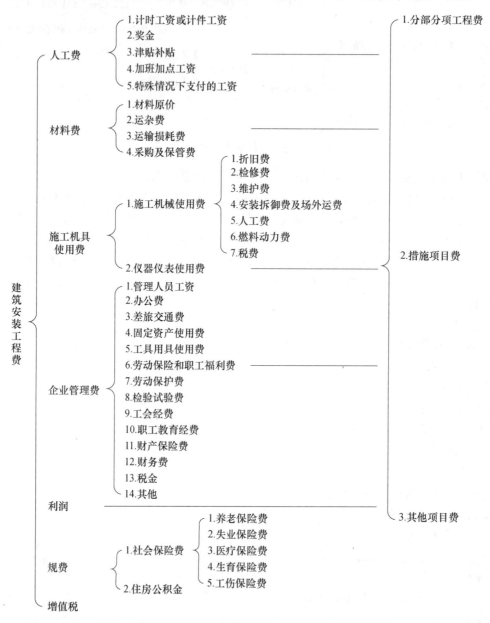

图3-2 建筑安装工程费用项目组成（按费用构成要素划分）

1. 人工费

人工费是指直接从事建筑安装工程施工的生产工人开支的各项费用，内容包括：

（1）计时工资或计件工资：是指按计时工资标准和工作时间或对已做工作按计时单价支付给个人的劳动报酬；

（2）奖金：是指对超额劳动和增收节支支付给个人的劳动报酬。如节约奖、劳动竞赛奖等；

（3）津贴补贴：是指为了补偿职工特殊或额外的劳动消耗和因其他特殊原因支付给个人的津贴，以及为了保证职工工资水平不受物价影响支付给个人的物价补贴。如流动施工津贴、特殊地区施工津贴，高温（寒）作业临时津贴、高空津贴等；

(4) 加班加点工资：是指按规定支付的在法定节假日工作的加班工资和在法定日工作时间外延长工作的加点工资；

(5) 特殊情况下支付的工资：是指根据国家法律、法规和政策规定，因病、工伤、产假、计划生育假、婚丧假、事假、探亲假、定期休假、停工学习、执行国家和社会义务等原因按计时工资标准或计时工资标准的一定比例支付的工资。

提示：计算人工费的基本要素是人工消耗量和人工工资标准（人工单价）。

2. 材料费

材料费是指施工过程中耗费的构成工程实体的原材料、辅助材料、构配件、零件、半成品或成品、工程设备的费用，以及周转材料等的摊销费、租赁费。

材料单价是指建筑材料从来源地运到施工工地仓库直至出库形成的综合平均单价。材料单价由材料原价（供应价）、运杂费、运输损耗费、采购及保管费组成。当采用一般计税方法时，材料单价中的原价、运杂费等均应扣除增值税进项税额。

(1) 材料原价（供应价）：是指材料、工程设备的出厂价格或商家供应价格；

(2) 运杂费：是指材料、工程设备自来源地运至工地仓库或指定堆放地点所发生的全部费用，包括包装、捆扎、运输、装卸等费用；

(3) 运输损耗费：是指材料在运输装卸过程中不可避免的损耗；

(4) 采购及保管费：是指为组织采购、供应和保管材料、工程设备的过程中所需要的各项费用，包括采购费、仓储费、工地保管费、仓储损耗。

提示：计算材料费的基本要素是材料消耗量和材料单价。

3. 施工机具使用费

施工机具使用费是指施工作业所发生的施工机械使用费、仪器仪表使用费或租赁费。

(1) 施工机械使用费：以施工机械台班耗用量乘以施工机械台班单价表示，施工机械台班单价包括折旧费、检修费、维护费、安装拆卸费及场外运费、人工费、燃料动力费和税费。

(2) 仪器仪表使用费：以施工仪器仪表耗用量乘以仪器仪表台班单价表示，施工仪器仪表台班单价包括折旧费、检修费、维护费、校验费和动力费等。施工仪器仪表台班单价中的费用组成不包括检测软件的相关费用。

提示：计算机械费的基本要素是施工机械台班消耗量和机械台班单价。

4. 企业管理费

企业管理费是指建筑安装施工企业为组织施工生产和经营管理所需的费用。管理费是构成工程成本必不可少的费用，内容包括：

(1) 管理人员工资：是指按规定支付给管理人员的计时工资、奖金、津贴补贴、加班加点工资及特殊情况下支付的工资等；

(2) 办公费：是指企业管理办公用的文具、纸张、账表、印刷、邮电、书报、办公软件、现场监控、会议、水电、烧水和集体取暖降温（包括现场临时宿舍取暖降温）等费用；

(3) 差旅交通费：是指职工因公出差、调动工作的差旅费、出勤补助费，市内交通费和误餐补助费，职工探亲路费，劳动力招募费，职工退休、退职一次性路费，工伤人员就医路费，工地转移费以及管理部门使用的交通工具的油料、燃料等费用；

(4) 固定资产使用费：是指管理和试验部门及附属生产单位使用的属于固定资产的房屋、设备、仪器等的折旧、大修、维修或租赁费；

(5) 工具用具使用费：是指企业施工生产和管理使用的不属于固定资产的工具、器具、家具、交通工具和检验、试验、测绘、消防用具等的购置、维修和摊销费；

(6) 劳动保险和职工福利费：是指企业支付的职工退职金、按规定支付给离休干部的经费，集体福利费、夏季防暑降温费、冬季取暖补贴、上下班交通补贴等；

(7) 劳动保护费：是企业按规定发放的劳动保护用品的支出。如工作服、手套、防暑降温饮料以及在有碍身体健康的环境中施工的保健费用等；

(8) 检验试验费：是指施工企业按照有关标准规定，对建筑以及材料、构件和建筑安装物进行一般鉴定、检查所发生的费用，包括自设试验室进行试验所耗用的材料等费用。不包括新结构、新材料的试验费，对构件做破坏性试验及其他特殊要求检验试验的费用和建设单位委托检测机构进行检测的费用，对此类检测发生的费用，由建设单位在工程建设其他费用中列支。但对施工企业提供的具有合格证明的材料进行检测不合格的，该检测费用由施工企业支付；

(9) 工会经费：是指企业按《中华人民共和国工会法》的规定，全部职工工资总额比例计提的工会经费；

(10) 职工教育经费：是指按职工工资总额的规定比例计提，企业为职工进行专业技术和职业技能培训，专业技术人员继续教育、职工职业技能鉴定、职业资格认定以及根据需要对职工进行各类文化教育所发生的费用；

(11) 财产保险费：是指施工管理用财产、车辆等的保险费用；

(12) 财务费：是指企业为施工生产筹集资金或提供预付款担保、履约担保、职工工资支付担保等所发生的各种费用；

(13) 税金：是指企业按规定缴纳的房产税、非生产性车船使用税、土地使用税、印花税、城市维护建设税、教育费附加、地方教育附加等各项税费；

提示：根据《财政部关于印发〈增值税会计处理规定〉的通知》（财会〔2016〕22号），城市维护建设税、教育费附加、地方教育附加等均作为"税金及附加"，在管理费中核算。

(14) 其他：包括技术转让费、技术开发费、投标费、业务招待费、绿化费、广告费、公证费、法律顾问费、审计费、咨询费、保险费等。

5. 利润

利润是指施工企业从事建筑安装工程施工所获得的盈利。

二、按造价形成划分

建筑安装工程费用项目组成按造价形成划分为分部分项工程费、措施项目费、其他项目费、规费和增值税。其中分部分项工程费、措施项目费、其他项目费包含人工费、材料费、施工机具使用费、企业管理费和利润。建筑安装工程费用项目组成（按造价形成划分）如图3-3所示。

1. 分部分项工程费

分部分项工程费是指按现行国家《建设工程工程量清单计价规范》《房屋建筑与装饰工程工程量计算规范》等各专业计量规范或陕西省《建设工程工程量清单计价规则》对各专业工程划分的分部分项工程实体项目发生的费用。如土石方工程、砌筑工程、混凝土及钢筋混凝土工程、楼地面工程、墙柱面工程、电气设备安装工程、给排水、采暖、燃气工程等。

2. 措施项目费

措施项目费是指为完成工程项目施工，发生于该工程施工前和施工过程中的技术、生活、安全、环境保护等方面非工程实体项目的费用。内容包括：

(1) 安全文明施工费：安全文明施工费是指工程项目施工期间，施工单位为保证安全施工、文明施工和保护现场内外环境等所发生的措施项目费用。其包括环境保护费、文明施工费、安全施工费、临时设施费。

1) 环境保护费：是指施工现场为达到环保部门要求所需要的各项费用；

2) 文明施工费：是指施工现场文明施工所需要的各项费用；

3) 安全施工费：是指施工现场安全施工所需要的各项费用；

4) 临时设施费：是指施工企业为进行建设工程施工所必须搭设的生活和生产用的临时建筑物、构

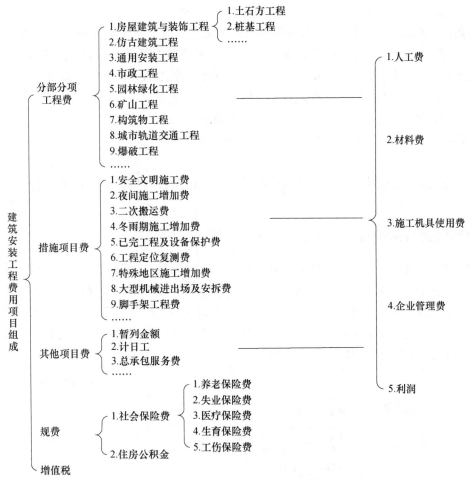

图 3-3 建筑安装工程费用项目组成（按造价形成划分）

筑物和其他临时设施费用。其包括临时设施的搭设、维修、拆除、清理费或摊销费等。

提示：陕西省自 2017 年 7 月 1 日起在安全文明施工费中增加了"扬尘污染治理费"，为陕西省专项费用。自 2019 年 12 月 1 日起增加了"建筑工人实名制管理费"。

（2）按费率计取的措施项目费：按费率计取的措施项目费包括夜间施工增加费、冬雨季施工增加费、二次搬运费、工程定位复测费等费用。

1）夜间施工增加费：是指正常作业因夜间施工所发生的夜班补助费、夜间施工降效、夜间施工照明设施及照明用电等费用；

2）二次搬运费：是指因施工场地条件限制而发生的材料、成品、半成品等一次性运输不能到达堆放地点，必须进行二次或多次搬运所发生的费用；

3）冬雨季施工增加费：是指在冬季或雨季施工需增加的临时设施搭拆、施工现场的防滑处理、雨雪清除，对砌体、混凝土等保温养护，人工及施工机械效率降低等费用；

提示：冬雨季施工增加费不包括设计要求混凝土内添加防冻剂的费用。

4）工程定位复测费：是指工程施工过程中进行全部施工测量放线和复测工作的费用。

（3）与实体有关的措施项目：与实体有关的措施项目包括大型机械设备进出场及安拆费、混凝土模板及支架费、脚手架费、垂直运输和超高降效、已完工程及设备保护费、基坑支护、施工排水、施工降水等费用。

3. 其他项目费

其他项目费是指施工中除分部分项工程费、措施项目费以外还有可能发生的其他费用，包括暂列金额、暂估价、计日工费用和总承包服务费。

4. 规费

规费是指按国家法律、法规规定，由省级政府和省级有关权力部门规定施工单位必须缴纳的费用，简称为规费。该费用应计入建筑安装工程造价中，属于不可竞争费用规费。包括社会保险费和住房公积金。

（1）社会保险费。社会保险费是指企业按照规定标准为职工缴纳的各项保险费用，包括养老保险费、失业保险费、医疗保险费、生育保险费、工伤保险费。

（2）住房公积金：是指企业按照规定标准为职工缴纳的住房公积金。

提示：原列入规费中的工程排污费已经于2018年1月停止征收。

5. 增值税

增值税是指按照国家税法规定的应计入建筑安装工程造价内的增值税额，按税前工程造价乘以增值税适用税率确定。

三、陕西省现行建筑安装工程费用构成

目前，陕西省使用的《陕西省建设工程概算费用定额》(2015)、《陕西省建设工程工程量清单计价费率》(2009)中的费用项目构成标准是按建标〔2003〕206号文件的相关规定划分，与以上国家现行的建筑安装工程费用项目构成（建标〔2013〕44号）不完全一致，在实际应用中应予以注意。

陕西省现行的建筑安装工程费用项目构成见图3-4、图3-5，该费用项目构成中已考虑了陕西省建设行政主管部门近年来修改和增加的相关费用项目。

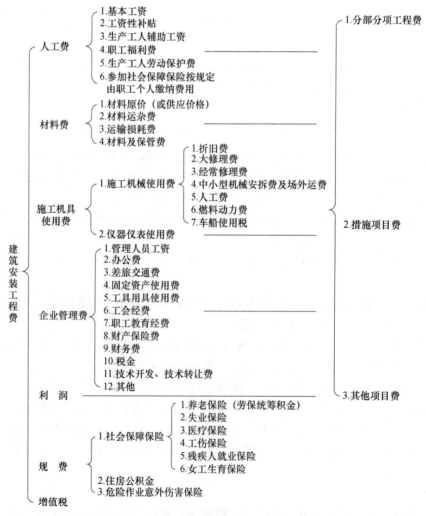

图3-4 陕西省建筑安装工程费用项目组成（按费用构成要素划分）

如自 2017 年 7 月 1 日起，陕西省在安全文明施工费中增加了"扬尘污染治理费"；虽然陕西省目前计价依据为 2009 年《陕西省建设工程工程量清单计价规则》，还没有修改《计价规则》中的税金，但营业税改为增值税后，陕西省立即调整了原来的税金，在《关于调整陕西省建设工程计价依据的通知》（陕建发〔2016〕100 号）中将城市维护建设税、教育费附加及地方教育附加合并称为附加税，暂与增值税销项税额并列。国家把附加税列入企业管理费的"税金"中。

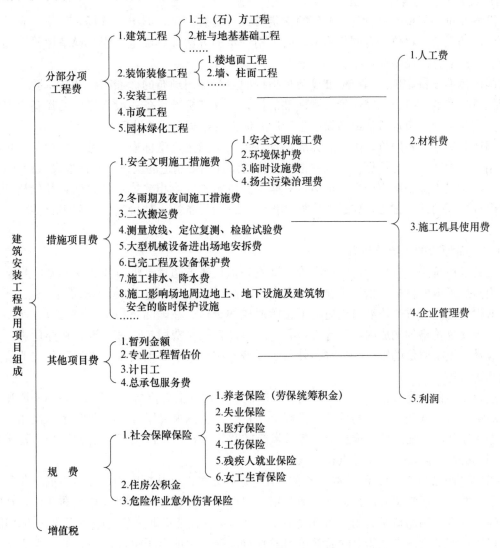

图 3-5　陕西省建筑安装工程费用项目组成（按造价形成划分）

第三节　设备及工器具购置费

设备及工器具购置费用是由设备购置费和工具、器具及生产家具购置费组成的，它是固定资产投资中的重要部分。在生产性工程建设中，设备及工具、器具购置费用占工程造价比重的增大，意味着生产技术的进步和资本有机构成的提高。

一、设备购置费

设备购置费是指购置或自制的达到固定资产标准的设备、工器具及生产家具等所需的费用。它由设备原价和设备运杂费构成。

$$设备购置费 = 设备原价 + 设备运杂费$$

上式中，设备原价指国内采购设备的出厂（场）价格或国外采购设备的抵岸价格，设备原价通常包含备品备件费在内；设备运杂费指除设备原价之外的关于设备采购、运输、途中包装及仓库保管等方面支出费用的总和。

（一）设备原价

1. 国产设备原价的构成及计算

国产设备原价一般指的是设备制造厂的交货价或订货合同价，即出厂（场）价格。它一般根据生产厂或供应商的询价、报价、合同价确定，或采用一定的方法计算确定。国产设备原价分为国产标准设备原价和国产非标准设备原价。

（1）国产标准设备原价。国产标准设备是指按照主管部门颁布的标准图纸和技术要求，由国内设备生产厂批量生产的，符合国家质量检测标准的设备。国产标准设备一般有完善的设备交易市场，因此可通过查询相关交易市场价格或向设备生产厂家询价得到国产标准设备原价。

（2）国产非标准设备原价。国产非标准设备是指国家尚无定型标准，各设备生产厂不可能在工艺过程中采用批量生产，只能按订货要求并根据具体的设计图纸制造的设备。非标准设备由于单件生产、无定型标准，所以无法获取市场交易价格，只能按其成本构成或相关技术参数估算其价格。非标准设备原价有多种不同的计算方法，如成本计算估价法、系列设备插入估价法、分部组合估价法、定额估价法等。

2. 进口设备原价的构成及计算

进口设备的原价是指进口设备的抵岸价，即设备抵达买方边境、港口或边境车站，且交纳完各种手续费、税费后形成的价格。抵岸价通常是由进口设备到岸价（CIF）和进口从属费构成。进口设备的到岸价，即设备抵达买方边境港口或边境车站所形成的价格。在国际贸易中，交易双方所使用的交货类别不同，则交易价格的构成内容也有所差异。进口设备从属费用是指进口设备在办理进口手续过程中发生的应计入设备原价的银行财务费、外贸手续费、进口关税、消费税、进口环节增值税及进口车辆的车辆购置税等。

（1）进口设备的交易价格。在国际贸易中，较广泛使用的交易价格术语有FOB、CFR和CIF。

1）FOB（Free on Board），意为装运港船上交货价，也称为离岸价格。FOB术语是指当货物在装运港被装上指定船时，卖方即完成交货义务。风险转移，以在指定的装运港货物被装上指定船时为分界点。费用划分与风险转移的分界点相一致。

在FOB交货方式下，卖方的基本义务有：在合同规定的时间或期限内，在装运港将货物交到买方指派的船上，并及时通知买方；自负风险和费用，取得出口许可证或其他官方批准证件，在需要办理海关手续时，办理货物出口所需的一切海关手续；负担货物在装运港至装上船为止的一切费用和风险；自付费用提供证明货物已交至船上的通常单据或具有同等效力的电子单证。买方的基本义务有：自负风险和费用取得进口许可证或其他官方批准的证件，在需要办理海关手续时，办理货物进口以及经由他国过境的一切海关手续，并支付有关费用及过境费；负责租船或订舱，支付运费，并给予卖方关于船名、装船地点和要求交货时间的充分的通知；负担货物装船后的一切费用和风险；接受卖方提供的有关单据，受领货物，并按合同规定支付货款。

2）CFR（Cost and Freight），意为成本加运费，或称为运费在内价。CFR是指货物在装运港被装上指定船时卖方即完成交货，卖方必须支付将货物运至指定的目的港所需的运费和费用，但交货后货物灭失或损坏的风险，以及由于各种事件造成的任何额外费用，即由卖方转移到买方。与FOB价格相比，CFR的费用划分与风险转移的分界点是不一致的。

在CFR交货方式下，卖方的基本义务有：自负风险和费用，取得出口许可证或其他官方批准的证件，在需要办理海关手续时，办理货物出口所需的一切海关手续；签订从指定装运港承运货物运往指定目的港的运输合同；在买卖合同规定的时间和港口，将货物装上船并支付至目的港的运费，装船后及时通知买方；负担货物在装运港在装上船为止的一切费用和风险；向买方提供通常的运输单据或具有同等效力的电子单证。买方的基本义务有：自负风险和费用，取得进口许可证或其他官方批准的证件，在需要办理海关手续时，办理货物进口以及必要时经由另一国过境的一切海关手续，并支付有关费用及过境费；负担货物在装运港装上船后的一切费用和风险；接受卖方提供的有关单据，受领货物，并按合同规定支付货款；支付除通常运费以外的有关货物在运输途中所产生的各项费用以及包括驳运费和码头费在内的卸货费。

3）CIF（Cost Insurance and Freight），意为成本加保险费、运费，习惯称到岸价格。在CIF术语中，卖方除负有与CFR相同的义务外，还应办理货物在运输途中最低险别的海运保险，并应支付保险费。如买方需要更高的保险险别，则需要与卖方明确地达成协议，或者自行做出额外的保险安排。除保险这项义务之外，买方的义务与CFR相同。

(2) 进口设备到岸价的构成及计算：

$$进口设备到岸价（CIF）=离岸价格（FOB）+国际运费+运输保险费$$
$$=运费在内价（CFR）+运输保险费$$

1）货价。一般指装运港船上交货价（FOB）。设备货价分为原币货价和人民币货价，原币货价一律折算为美元表示，人民币货价按原币货价乘以外汇市场美元兑换人民币汇率中间价确定。进口设备货价按有关生产厂商询价、报价、订货合同价计算。

2）国际运费。即从装运港（站）到达我国目的港（站）的运费。我国进口设备大部分采用海洋运输，小部分采用铁路运输，个别采用航空运输。进口设备国际运费计算公式如下：

$$国际运费（海、陆、空）=离岸价格（FOB）\times 运费率$$
$$国际运费（海、陆、空）=单位原价\times 运量$$

式中，运费率或单位运价参照有关部门或进出口公司的规定执行。

3）运输保险费。对外贸易货物运输保险是由保险人（保险公司）与被保险人（出口人或进口人）订立保险契约，在被保险人交付议定的保险费后，保险人根据保险契约的规定对货物在运输过程中发生的承保责任范围内的损失给予经济上的补偿。这是一种财产保险。计算公式如下：

$$运输保险费=\frac{离岸价格（FOB）+国际运费}{1-保险费率}\times 保险费率$$

式中，保险费率按保险公司规定的进口货物保险费率计算。

(3) 进口从属费的构成及计算：

$$进口从属费=银行财务费+外贸手续费+关税+消费税+进口环节增值税+车辆购置税$$

1）银行财务费。一般是指在国际贸易结算中，中国银行为进出口商提供金融结算服务所收取的费用，可按下式简化计算：

$$银行财务费=离岸价格（FOB）\times 人民币外汇汇率\times 银行财务费率$$

2）外贸手续费。外贸手续费指按对外经济贸易部门规定的外贸手续费率计取的费用，外贸手续费率一般取1.5%。计算公式如下：

$$外贸手续费=到岸价格（CIF）\times 人民币外汇汇率\times 外贸手续费$$

3）关税。由海关对进出国境或关境的货物和物品征收的一种税。计算公式如下：

$$关税=到岸价格（CIF）\times 人民币外汇汇率\times 进口关税税率$$

到岸价格作为关税的计征基数时，通常又可称为关税完税价格。进口关税税率分为优惠税率和普通税率两种。优惠税率适用于与我国签订关税互惠条款的贸易条约或协定的国家的进口设备；普通税率适用于与我国未签订关税互惠条款的贸易条约或协定的国家的进口设备。进口关税税率按我国海关总署发布的进口关税税率计算。

4）消费税。仅对部分进口设备（如轿车、摩托车等）征收，一般计算公式如下：

$$应纳消费税税额=\frac{到岸价格（CIF）\times 人民币外汇汇率+关税}{1-消费税率}\times 消费税税率$$

式中，消费税税率根据规定的税率计算。

5）进口环节增值税。进口环节增值税是对从事进口贸易的单位和个人，在进口商品报关进口后征收的税种。我国增值税征收条例规定，进口应税产品均按组成计税价格和增值税税率直接计算应纳税额。即

$$进口环节增值税额＝组成计税价格×增值税税率$$
$$组成计税价格＝关税完税价格＋关税＋消费税$$

式中，增值税税率根据规定的适用税率计算。

6）车辆购置税。进口车辆需缴进口车辆购置税。其公式如下：

$$进口车辆购置税＝（关税完税价格＋关税＋消费税）×车辆购置税率$$

（二）设备运杂费

1. 设备运杂费的构成

设备运杂费是指国内采购设备自来源地、国外采购设备自到岸港运至工地仓库或指定堆放地点发生的采购、运输、运输保险、保管、装卸等费用。通常由下列各项构成：

（1）运费和装卸费。国产设备由设备制造厂交货地点起至工地仓库（或施工组织设计指定的需要安装设备的堆放地点）止所发生的运费和装卸费；进口设备由我国到岸港口或边境车站起至工地仓库（或施工组织设计指定的需安装设备的堆放地点）止所发生的运费和装卸费。

（2）包装费。在设备原价中没有包含的，为运输而进行的包装支出的各种费用。

（3）设备供销部门的手续费。按有关部门规定的统一费率计算。

（4）采购与仓库保管费。采购与仓库保管费指采购、验收、保管和收发设备所发生的各种费用，包括设备采购人员、保管人员和管理人员的工资、工资附加费、办公费、差旅交通费，设备供应部门办公和仓库所占固定资产使用费、工具用具使用费、劳动保护费、检验试验费等。这些费用可按主管部门规定的采购与保管费费率计算。

2. 设备运杂费的计算

设备运杂费按设备原价乘以设备运杂费率计算，其计算公式为：

$$设备运杂费＝设备原价×设备运杂费率$$

式中，设备运杂费率按各部门及省、市有关规定计取。

二、工具、器具及生产家具购置费

工具、器具及生产家具购置费，是指新建或扩建项目初步设计规定的，保证初期正常生产必须购置的没有达到固定资产标准的设备、仪器、工卡模具、器具、生产家具和备品备件等的购置费用。一般以设备购置费为计算基数，按照部门或行业规定的工具、器具及生产家具费率计算。计算公式如下：

$$工具、器具及生产家具购置费＝设备购置费×定额费率$$

《陕西省建设工程其他费用定额》中，办公和生活家具购置费按设计定员×费用定额。费用定额表见表3-1。

表3-1 费用定额表

设计定员（人）	费用定额（元/人）	设计定员（人）	费用定额（元/人）
100以内	2000～3000	100～300	1800～2000
301～500	1600～1800	501～1000	1400～1600
1001～2000	1200～1400	2001～3000	1000～1200
3000以上	<1000		

第四节 工程建设其他费用

工程建设其他费用是指在建设项目从立项到交付使用为止的整个建设期间，除建筑设备及工器具购置费和建筑安装工程费用以外，为保证项目建设顺利完成和交付使用后能够正常发挥作用而发生的各项费用的总和。

工程建设其他费用按其内容大致可分为三类：第一类指建设用地费，第二类指与项目建设有关的其他费用，第三类指与未来生产经营有关的其他费用。

一、建设用地费

任何一个建设项目都固定于一定地点与地面相连接，必须占用一定量的土地，也就必然要发生为获得建设用地而支付的费用，这就是建设用地费，是指为获得工程项目建设土地的使用权而在建设期内发生的各项费用。建设用地费包括通过划拨方式取得土地使用权而支付的土地征用及迁移补偿费，或者通过土地使用权出让方式取得土地使用权而支付的土地使用权出让金。

建设用地的取得，实质是依法获取国有土地的使用权。根据《中华人民共和国土地管理法》《中华人民共和国土地管理法实施条例》和《中华人民共和国城市房地产管理法》的规定，获取国有土地使用权的基本方式有两种：一是出让方式，二是划拨方式。建设土地取得的基本方式还包括租赁和转让方式。

建设用地如通过行政划拨方式取得，则须承担征地补偿费用或对原用地单位或个人的拆迁补偿费用；若通过市场机制取得，则不但承担以上费用，还须向土地所有者支付有偿使用费，即土地出让金。

（一）征地补偿费

1. 土地补偿费

土地补偿费是对农村集体经济组织因土地被征用而造成的经济损失的一种补偿。征用耕地（包括菜地）的补偿费，为该耕地被征用前三年平均年产值的6~10倍。征用其他土地的补偿费标准，由省、自治区、直辖市参照征用耕地的土地补偿费标准制定。土地补偿费归农村集体经济组织所有。

2. 青苗补偿费和地上附着物补偿费

青苗补偿费是因征地时对其正在生长的农作物受到损害而做出的一种赔偿。在农村实行承包责任制后，农民自行承包土地的青苗补偿费应付给本人，属于集体种植的青苗补偿费可纳入当年集体收益。凡在协商征地方案后抢种的农作物、树木等，一律不予补偿。地上附着物是指房屋、水井、树木、涵洞、桥梁、公路、水利设施、林木等地面建筑物、构筑物、附着物等。视协商征地方案前地上附着物价值与折旧情况确定，应根据"拆什么、补什么；拆多少，补多少，不低于原来水平"的原则确定。如附着物产权属个人，则该项补助费付给个人。地上附着物的补偿标准，由省、自治区、直辖市规定。

3. 安置补助费

安置补助费应支付给被征地单位和安置劳动力的单位，作为劳动力安置与培训的支出，以及作为不能就业人员的生活补助。征收耕地的安置补助费，按照需要安置的农业人口数计算。需要安置的农业人口数，按照被征收的耕地数量除以征地前被征收单位平均每人占有耕地的数量计算。每一个需要安置的农业人口的安置补助费标准，为该耕地被征收前三年平均年产值的4~6倍。但是，每公顷被征收耕地的安置补助费，最高不得超过被征收前三年平均年产值的15倍。土地补偿费和安置补助费，尚不能使需要安置的农民保持原有生活水平的，经省、自治区、直辖市人民政府批准，可以增加安置补助费。但是，土地补偿费和安置补助费的总和不得超过土地被征收前三年平均年产值的30倍。

4. 新菜地开发建设基金

新菜地开发建设基金指征用城市郊区商品菜地时支付的费用。这项费用交给地方财政，作为开发建设新菜地的投资。菜地是指城市郊区为供应城市居民蔬菜，连续3年以上常年种菜地或者养殖鱼、虾等的商品菜地和精养鱼塘。一年只种一茬或因调整茬口安排种植蔬菜的，均不作为需要收取开发基金的菜地。征用尚未开发的规划菜地，不缴纳新菜地开发建设基金。在蔬菜产销放开后，能够满足供应，不再需要开发新菜地的城市，不收取新菜地开发基金。

5. 耕地占用税

耕地占用税是对占用耕地建房或者从事其他非农业建设的单位和个人征收的一种税收，目的是合理利用土地资源、节约用地，保护农用耕地。耕地占用税征收范围，不仅包括占用耕地，还包括占用鱼塘、园地、菜地及其农业用地建房或者从事其他非农业建设，均按实际占用的面积和规定的税额一次性征收。其中，耕地是指用于种植农作物的土地。占用前三年曾用于种植农作物的土地也视为耕地。

6. 土地管理费

土地管理费主要作为征地工作中所发生的办公、会议、培训、宣传、差旅、借用人员工资等必要的费用。土地管理费的收取标准，一般是在土地补偿费、青苗费、地上附着物补偿费、安置补助费四项费用之和的基础上提取2%～4%。如果是征地包干，还应在四项费用之和后再加上粮食价差、副食补贴、不可预见费等费用，在此基础上提取2%～4%作为土地管理费。

（二）拆迁补偿费用

在城市规划区内国有土地上实施房屋拆迁，拆迁人应当对被拆迁人给予补偿、安置。

1. 拆迁补偿金

拆迁补偿金的方式既可以实行货币补偿，也可以实行房屋产权调换。货币补偿的金额，根据被拆迁房屋的区位、用途、建筑面积等因素，以房地产市场评估价格确定。其具体办法由省、自治区、直辖市人民政府制定。

实行房屋产权调换的，拆迁人与被拆迁人按照计算得到的被拆迁房屋的补偿金额和所调换房屋的价格，结清产权调换的差价。

2. 搬迁、安置补助费

拆迁人应当对被拆迁人或者房屋承租人支付搬迁补助费，对于在规定的搬迁期限届满前搬迁的，拆迁人可以付给提前搬家奖励费；在过渡期限内，被拆迁人或者房屋承租人自行安排住处的，拆迁人应当支付临时安置补助费；被拆迁人或者房屋承租人使用拆迁人提供的周转房的，拆迁人不支付临时安置补助费。

搬迁补助费和临时安置补助费的标准，由省、自治区、直辖市人民政府规定。有些地区规定，拆除非住宅房屋，造成停产、停业引起经济损失的，拆迁人可以根据被拆除房屋的区位和使用性质，按照一定标准给予一次性停产停业综合补助费。

（三）土地出让金

土地使用权出让金为用地单位向国家支付的土地所有权收益，出让金标准一般参考城市基准地价并结合其他因素制定。基准地价由市土地管理局会同市物价局、市国有资产管理局、市房地产管理局等部门综合平衡后报市级人民政府审定通过，它以城市土地综合定级为基础，用某一地价或地价幅度表示某一类别用地在某一土地级别范围的地价，以此作为土地使用权出让价格的基础。

在有偿出让和转让土地时，政府对地价不作统一规定，但应坚持以下原则：即地价对目前的投资环境不产生大的影响；地价与当地的社会经济承受能力相适应；地价要考虑已投入的土地开发费用、土地市场供求关系、土地用途、所在区类、容积率和使用年限等。有偿出让和转让使用权，要向土地受让者征收契税；转让土地如有增值，要向转让者征收土地增值税；土地使用者每年应按规定的标准缴纳土地使用费。土地使用权出让或转让，应先由地价评估机构进行价格评估后，再签订土地使用权出让和转让合同。

土地使用权出让合同约定的使用年限届满，土地使用者需要继续使用土地的，应当至迟于届满前一年申请续期，除根据社会公共利益需要收回该幅土地的，应当予以批准。经批准准予续期的，应当重新签订土地使用权出让合同,依照规定支付土地使用权出让金。

二、与项目建设有关的其他费用

(一)建设管理费

建设管理费是指建设单位从项目立项开始直至竣工验收交付使用及后评价等全过程管理所需费用。

1. 建设管理费的内容

(1)建设单位管理费。建设单位管理费是指建设单位发生的管理性质的开支,包括工作人员工资、工资性补贴、施工现场津贴、职工福利费、住房基金、基本养老保险费、基本医疗保险费、失业保险费、工伤保险费,办公费、差旅交通费、劳动保护费、工具用具使用费、固定资产使用费、必要的办公及生活用品购置费、必要的通信设备及交通工具购置费、零星固定资产购置费、招募生产工人费、技术图书资料费、业务招待费、设计审查费、工程招标费、合同契约公证费、法律顾问费、工程咨询费、完工清理费、竣工验收费、印花税和其他管理性质开支。

(2)工程监理费。工程监理费是指建设单位委托工程监理单位实施工程监理的费用。按照国家发展改革委关于《进一步放开建设项目专业服务价格的通知》(发改价格〔2015〕299号)的规定,此项费用实行市场调节价。

(3)工程总承包管理费。如建设管理采用工程总承包方式,其总承包管理费由建设单位与总承包单位根据总承包工作范围在合同中商定,从建设管理费中支出。

2. 建设单位管理费的计算

建设单位管理费按照工程费用之和(包括设备、工器具购置费和建筑安装工程费用)乘以建设单位管理费费率计算。其计算公式如下:

$$建设单位管理费 = 工程费用 \times 建设单位管理费费率(\%)$$

建设单位管理费费率按照建设项目的不同性质、不同规模确定。陕西省建设单位管理费费率见表3-2。有的建设项目按照建设工期和规定的金额计算建设单位管理费。如采用监理,建设单位部分管理工作量转移至监理单位。监理费应根据委托的监理工作范围和监理深度在监理合同中商定。

表3-2 建设单位管理费费用定额表

序号	投资额(万元)	计算基础	费用定额	
			新建	改、扩建
1	1000及以下	工程费用合计	3.2	1.7
2	5000	工程费用合计	2.8	1.5
3	10000	工程费用合计	2.1	1.2
4	30000	工程费用合计	2.0	—
5	50000	工程费用合计	1.8	—
6	100000	工程费用合计	1.6	—
7	150000及以上	工程费用合计	1.4	—

(二)可行性研究费

可行性研究费是指在工程项目投资决策阶段,依据调研报告对有关建设方案、技术方案或生产经营方案进行的技术经济论证,以及编制、评审可行性研究报告所需的费用。此项费用应依据前期研究委托合同计列,按照国家发展改革委关于《进一步放开建设项目专业服务价格的通知》(发改价格〔2015〕299号)的规定,此项费用实行市场调节价。

陕西省建设工程项目前期咨询服务费用收费标准见表3-3,该表来源于《陕西省建设工程其他费用定额》。

表 3-3 项目前期费按建设项目估算投资额分档收费标准（万元）

项目	3000万~1亿	1亿~5亿	5亿~10亿	10亿~50亿	50亿以上
编制项目建议书	6~14	14~37	37~55	55~100	100~125
编制可行性研究报告	12~28	28~75	78~110	110~200	200~250
评估项目建议书	4~8	8~12	12~15	15~17	17~20
评估可行性研究报告	5~10	10~15	15~20	20~25	25~35

（三）研究试验费

研究试验费是指为建设项目提供或验证设计参数数据、资料等进行必要的研究试验及按照相关规定在建设过程中必须进行试验、验证所需的费用。研究试验费包括自行或委托其他部门研究试验所需人工费、材料费、试验设备及仪器使用费等。这项费用按照设计单位根据本工程项目的需要提出的研究试验内容和要求计算。在计算时要注意不应包括以下项目：

（1）应由科技三项费用（即新产品试制费、中间试验费和重要科学研究补助费）开支的项目。

（2）应在建筑安装费用中列支的施工企业对建筑材料、构件和建筑物进行一般鉴定、检查所发生的费用及技术革新的研究试验费。

（3）应由勘察设计费或工程费用中开支的项目。

（四）勘察设计费

勘察设计费是指对工程项目进行工程水文地质勘察、工程设计所发生的费用，包括工程勘察费、初步设计费（基础设计费）、施工图设计费（详细设计费）、设计模型制作费。按照国家发展改革委关于《进一步放开建设项目专业服务价格的通知》（发改价格〔2015〕299号）的规定，此项费用实行市场调节价。

（五）专项评价及验收费

专项评价及验收费包括环境影响评价费、安全预评价及验收费、职业病危害预评价及控制效果评价费、地震安全性评价费、地质灾害危险性评价费、水土保持评价及验收费、压覆矿产资源评价费、节能评估及评审费、危险与可操作性分析及安全完整性评价费以及其他专项评价及验收费。按照国家发展改革委关于《进一步放开建设项目专业服务价格的通知》（发改价格〔2015〕299号）的规定，这些专项评价及验收费用均实行市场调节价。

1. 环境影响评价费

环境影响评价费是指在工程项目投资决策过程中，对其进行环境污染或影响评价所需的费用。其包括编制环境影响报告书（含大纲）、环境影响报告表和评估等所需的费用，以及建设项目竣工验收阶段环境保护验收调查和环境监测、编制环境保护验收报告的费用。

2. 安全预评价及验收费

安全预评价及验收费指为预测和分析建设项目存在的危害因素种类和危险危害程度，提出先进、科学、合理可行的安全技术和管理对策，编制评价大纲、编写安全评价报告书和评估等所需的费用，以及在竣工阶段验收时所发生的费用。

3. 职业病危害预评价及控制效果评价费

职业病危害预评价及控制效果评价费指建设项目因可能产生职业病危害，而编制职业病危害预评价书、职业病危害控制效果评价书和评估所需的费用。

4. 地震安全性评价费

地震安全性评价费是指通过对建设场地和场地周围的地震活动与地震、地质环境的分析，而进行的地震活动环境评价、地震地质构造评价、地震地质灾害评价，编制地震安全评价报告书和评估所需的费用。

5. 地质灾害危险性评价费

地质灾害危险性评价费是指在灾害易发区对建设项目可能诱发的地质灾害和建设项目本身可能遭受的地质灾害危险程度的预测评价，编制评价报告书和评估所需的费用。

6. 水土保持评价及验收费

水土保持评价及验收费是指对建设项目在生产建设过程中可能造成的水土流失进行预测，编制水土保持方案和评估所需的费用，以及在施工期间的监测、竣工阶段验收时所发生的费用。

7. 压覆矿产资源评价费

压覆矿产资源评价费是指对需要压覆重要矿产资源的建设项目，编制压覆重要矿床评价和评估所需的费用。

8. 节能评估及评审费

节能评估及评审费是指对建设项目的能源利用是否科学合理进行分析评估，并编制节能评估报告以及评估所发生的费用。

9. 危险与可操作性分析及安全完整性评价费

危险与可操作性分析及安全完整性评价费是指对应用于生产具有流程性工艺特征的新建、改建、扩建项目进行工艺危害分析和对安全仪表系统的设置水平及可靠性进行定量评估所发生的费用。

10. 其他专项评价及验收费

其他专项评价及验收费是指根据国家法律法规，建设项目所在省、直辖市、自治区人民政府有关规定，以及行业规定需进行的其他专项评价、评估、咨询和验收所需的费用。如重大投资项目社会稳定风险评估、防洪评价等。

（六）场地准备及临时设施费

1. 场地准备及临时设施费的内容

（1）建设项目场地准备费是指为使工程项目的建设场地达到开工条件，由建设单位组织进行的场地平整等准备工作而发生的费用。

（2）建设单位临时设施费是指建设单位为满足工程项目建设、生活、办公的需要，用于临时设施建设、维修、租赁、使用所发生或摊销的费用。

2. 场地准备及临时设施费的计算

（1）场地准备及临时设施应尽量与永久性工程统一考虑。建设场地的大型土石方工程应进入工程费用中的总图运输费用中。

（2）新建项目的场地准备和临时设施费应根据实际工程量估算，或按工程费用的比例计算。改扩建项目一般只计拆除清理费。其计算公式如下：

$$场地准备和临时设施费 = 工程费用 \times 费率 + 拆除清理费$$

（3）发生拆除清理费时可按新建同类工程造价或主材费、设备费的比例计算。凡可回收材料的拆除工程采用以料抵工方式冲抵拆除清理费。

（4）此项费用不包括已列入建筑安装工程费用中的施工单位临时设施费用。

（七）引进技术及引进设备其他费

引进技术和引进设备其他费是指引进技术和设备发生的但未计入设备购置费中的费用。

（1）引进项目图纸资料翻译复制费、备品备件测绘费。可根据引进项目的具体情况计列或按引进货价（FOB）的比例估列；引进项目发生备品备件测绘费时按具体情况估列。

（2）出国人员费用。其包括买方人员出国设计联络、出国考察、联合设计、监造、培训等所发生的差旅费、生活费等。依据合同或协议规定的出国人次、期限以及相应的费用标准计算。生活费按照财政部、外交部规定的现行标准计算，差旅费按中国民航公布的票价计算。

（3）来华人员费用。其包括卖方来华工程技术人员的现场办公费用、往返现场交通费用、接待费用等。依据引进合同或协议有关条款及来华技术人员派遣计划进行计算。来华人员接待费用可按每人次费用指标计算。引进合同价款中已包括的费用内容不得重复计算。

（4）银行担保及承诺费。引进项目由国内外金融机构出面承担风险和责任担保所发生的费用，以及支付贷款机构的承诺费用。应按担保或承诺协议计取，投资估算和概算编制时可以担保金额或承诺金额为基数乘以费率计算。

（八）工程保险费

工程保险费是指为转移工程项目建设的意外风险，在建设期内对建筑工程、安装工程、机械设备和人身安全进行投保而发生的费用。其包括建筑安装工程一切险、引进设备财产保险和人身意外伤害险等。

根据不同的工程类别，分别以其建筑、安装工程费乘以建筑、安装工程保险费率计算。

民用建筑（住宅楼、综合性大楼、商场、旅馆、医院、学校）占建筑工程费的2‰~4‰；

其他建筑（工业厂房、仓库、道路、码头、水坝、隧道、桥梁、管道等）占建筑工程费的3‰~6‰；

安装工程（农业、工业、机械、电子、电器、纺织、矿山、石油、化学及钢铁工业、钢结构桥梁）占建筑工程费的3‰~6‰。

（九）特殊设备安全监督检验费

特殊设备安全监督检验费是指安全监察部门对在施工现场组装的锅炉及压力容器、压力管道、消防设备、燃气设备、电梯等特殊设备和设施实施安全检验收取的费用。此项费用按照建设项目所在地省（市、自治区）安全监察部门的规定标准计算。无具体规定的，在编制投资估算和概算时可按受检设备现场安装费的比例估算。

（十）市政公用设施费

市政公用设施费是指使用市政公用设施的工程项目，按照项目所在地省级人民政府有关规定建设或缴纳的市政公用设施建设配套费用以及绿化工程补偿费用。此项费用按工程所在地人民政府规定标准计列。

三、与未来生产经营有关的其他费用

（一）联合试运转费

联合试运转费是指新建或新增加生产能力的工程项目，在交付生产前按照设计文件规定的工程质量标准和技术要求，对整个生产线或装置进行负荷联合试运转所发生的费用净支出（试运转支出大于收入的差额部分费用）。试运转支出包括试运转所需原材料、燃料及动力消耗、低值易耗品、其他物料消耗、工具用具使用费、机械使用费、保险金、施工单位参加试运转人员工资以及专家指导费等；试运转收入包括试运转期间的产品销售收入和其他收入。联合试运转费不包括应由设备安装工程费用开支的调试及试车费用，以及在试运转中暴露出来的因施工原因或设备缺陷等发生的处理费用。

（二）专利及专有技术使用费

专利及专有技术使用费是指在建设期内为取得专利、专有技术、商标权、商誉、特许经营权等发生的费用。

1. 专利及专有技术使用费的主要内容

（1）国外设计及技术资料费、引进有效专利、专有技术使用费和技术保密费。

（2）国内有效专利、专有技术使用费用。

（3）商标权、商誉和特许经营权费等。

2. 专利及专有技术使用费的计算

计算专利及专有技术使用费时应注意以下问题：

（1）按专利使用许可协议和专有技术使用合同的规定计列。

（2）专有技术的界定应以省、部级鉴定批准为依据。

（3）项目投资中只计算需在建设期支付的专利及专有技术使用费。协议或合同规定在生产期支付的使用费应在生产成本中核算。

（4）一次性支付的商标权、商誉及特许经营权费按协议或合同规定计列。协议或合同规定在生产期支付的商标权或特许经营权费应在生产成本中核算。

（5）为项目配套的专用设施投资，包括专用铁路线、专用公路、专用通信设施、送变电站、地下管道、专用码头等，如由项目建设单位负责投资但产权不归属本单位的，应作无形资产处理。

（三）生产准备费

1. 生产准备费的内容

生产准备费是指在建设期内，建设单位为保证项目正常生产而发生的人员培训费、提前进厂费以及投产使用必备的办公、生活家具用具及工器具等的购置费用。

（1）人员培训费。人员培训费包括自行组织培训或委托其他单位培训的人员工资、工资性补贴、职工福利费、差旅交通费、劳动保护费、学习资料费、学习费等。

（2）提前进厂费。生产单位提前进场参加施工、设备安装、调试等以及熟悉工艺流程、设备性能等人员的工资、工资性补贴、职工福利费、差旅交通费、劳动保护费等。

（3）办公、生活家具用具及工器具购置费。办公生活家具用具及工器具购置费是指为保证新建、改建、扩建项目如期正常生产、使用和管理所必需购置的办公和生活家具、用具的费用。

2. 生产准备费的计算

（1）新建项目按设计定员为基数计算，改扩建项目按新增设计定员为基数计算。其计算公式为：

$$生产准备费 = 设计定员 \times 生产准备费指标（元/人）$$

（2）可采用综合的生产准备费指标进行计算，也可以按费用内容的分类指标计算。

（3）陕西省生产准备费费用定额见表3-4，该表来源于《陕西省建设工程其他费用定额》。

表3-4 费用定额表

序号	费用内容	计算基础	费用定额（元/人）	
			大中型项目	小型项目
1	培训费	设计定员×（0.3~0.5）	5600	5000
2	提前进厂费	设计定员×（0.4~0.6）	6000	4800

第五节 预备费及建设期利息

预备费是指在建设期内因各种不可预见因素的变化而预留的可能增加的费用，包括基本预备费和价差预备费。建设期利息主要是指在建设期内发生的为建设项目筹措资金的融资费用及债务资金利息。

一、基本预备费

（一）基本预备费的内容

基本预备费是指投资估算或工程概算阶段预留的，由于工程实施中不可预见的工程变更及洽商、一般自然灾害处理、地下障碍物处理、超规超限设备运输等而可能增加的费用，也可称为工程建设不可预见费。基本预备费一般由以下4部分构成：

（1）工程变更及洽商。在批准的初步设计范围内，技术设计、施工图设计及施工过程中所增加的工程费用；设计变更、工程变更、材料代用、局部地基处理等增加的费用。

（2）一般自然灾害处理。一般自然灾害造成的损失和预防自然灾害所采取的措施费用。实行工程保险的工程项目，该费用应适当降低。

（3）不可预见的地下障碍物处理的费用。

（4）超规超限设备运输增加的费用。

（二）基本预备费的计算

基本预备费是按工程费用和工程建设其他费用两者之和为计取基础，乘以基本预备费费率进行计算。其计算公式为：

基本预备费＝（工程费用＋工程建设其他费用）×基本预备费费率

式中，基本预备费费率的取值应执行国家、部门或地方的有关规定。陕西省基本预备费定额见表3-5，该表来源于《陕西省建设工程其他费用定额》。

表3-5 基本预备费定额

序号	费用类别	费用定额（%）
1	项目建议书及可行性研究报告	9～10
2	初步设计概算	5～8
3	技术设计或施工图修正概算	3～4
4	调整总概算（按未完成工程投资）	1～2

二、价差预备费

（一）价差预备费的内容

价差预备费是指为在建设期内利率、汇率或价格等因素的变化而预留的可能增加的费用，也称为价格变动不可预见费。价差预备费的内容包括人工、设备、材料、施工机具的价差费，建筑安装工程费及工程建设其他费用调整，利率、汇率调整等增加的费用。

（二）价差预备费的计算

价差预备费一般根据国家规定的投资综合价格指数，按估算年份价格水平的投资额为基数，采用复利方法计算。其计算公式为：

$$PF = \sum_{t=1}^{n} I_t [(1+f)^m (1+f)^{0.5} (1+f)^{t-1} - 1]$$

式中　PF——价差预备费；

　　　n——建设期年份数；

　　　I_t——建设期中第 t 年的静态投资计划额，包括工程费用、工程建设其他费用及基本预备费；

　　　f——年投资价格上涨率；

　　　m——建设前期年限（从编制估算到开工建设，单位：年）。

年投资价格上涨率，政府部门有规定的按规定执行，没有规定的由可行性研究人员预测。

三、建设期贷款利息

建设期贷款利息简称建设期利息，是项目所使用的外部资金在建设期内发生并计入固定资产的利息。建设期利息的计算，根据建设期资金用款计划，在总贷款分年均衡发放前提下，可按当年借款在年中支用考虑，即当年借款按半年计息，上年借款按全年计息。其计算公式为：

$$q_j = \left(P_{j-1} + \frac{1}{2}A_j\right) \cdot i$$

式中　q_j——建设期第 j 年应计利息；

P_{j-1}——建设期第 $(j-1)$ 年末累计贷款本金与利息之和；

A_j——建设期第 j 年贷款金额；

i——年利率。

国外贷款的利息计算，年利率应综合考虑贷款协议中向贷款方加收的手续费、管理费、承诺费，以及国内代理机构向贷款方收取的转贷费、担保费和管理费等。

【例3-1】某建设项目的建设期为3年，分年均衡进行贷款，第一年贷款500万元，第二年贷款1000万元，第三年贷款800万元，年利率为10%，建设期内利息只计息不支付，计算建设期利息。

解：建设期第一年利息：$q_1 = \frac{1}{2} \times 500 \times 10\% = 25$（万元）

建设期第二年利息：$q_2 = \left(500 + 25 + \frac{1}{2} \times 1000\right) \times 10\% = 102.5$（万元）

建设期第三年利息：$q_3 = \left(500 + 25 + 1000 + 102.5 + \frac{1}{2} \times 800\right) \times 10\% = 202.75$（万元）

建设期利息：$q = q_1 + q_2 + q_3 = 25 + 102 + 202.75 = 329.75$（万元）

第四章 工程计价方法及依据

第一节 工程计价方法

一、工程计价概述

(一) 工程计价的概念

工程计价就是计算和确定工程项目造价的简称,是指按照法律、法规和标准规定的程序、方法和依据,对工程项目实施建设的各个阶段的工程造价及其构成内容进行预测和确定。其具体包括对拟建或已完项目进行的价格估计、审核和确定等行为。

工程计价依据是指在工程计价活动中,所要依据的与计价内容、计价方法和价格标准相关的工程计量计算标准,工程计价定额及工程造价信息。

所谓工程造价的合理确定,就是指工程造价人员在工程项目实施建设的各个阶段,根据有关的计价依据和特定的方法,对建设过程中所支出的各项费用进行准确合理的计算和确定的过程。其表现形式和成果就是编制工程造价文件,如投资估算、设计概算、施工图预算、工程量清单文件、工程量清单计价文件等。

(二) 工程计价的特征

工程计价有别于一般商品的计价,其计价特征是由工程项目的特点和建设的程序决定,工程计价具有以下特征:

1. 计价的单件性

建筑产品的个体差别性(如功能、用途、结构、造型、设备、装修等)决定了每项工程都必须单独计算造价。

2. 计价的多次性

工程项目需要按建设程序分阶段进行策划决策和建设实施,工程计价也需要在不同阶段多次进行,以保证工程造价计算的准确性和控制的有效性。多次计价是一个逐步深入、逐步细化和逐步接近实际造价的过程。

工程建设程序与多次性计价如图 4-1 所示。

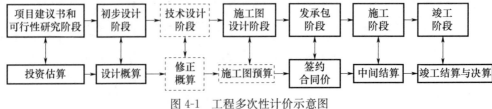

图 4-1 工程多次性计价示意图

(1) 投资估算。投资估算是指在项目建议书和可行性研究阶段通过编制估算文件预先测算的工程造价。投资估算是进行项目决策、筹集资金和合理控制造价的主要依据。

(2) 设计概算。设计概算是指在初步设计阶段,根据设计意图,通过编制设计概算文件,预先测算的工程造价。与投资估算相比,设计概算的准确性有所提高,但受投资估算的控制。设计概算一般又可分为建设项目总概算、各单项工程综合概算、各单位工程概算。

(3) 修正概算。修正概算是指在技术设计阶段，根据技术设计要求，通过编制修正概算文件预先测算的工程造价。修正概算是对初步概算的修正和调整，比工程概算准确，但受工程概算控制。

(4) 施工图预算。施工图预算是指在施工图设计阶段，根据施工图纸，通过编制预算文件预先测算的工程造价。施工图预算比工程概算或修正概算更详尽和准确，但同样要受前一阶段工程造价的控制。并非每一个工程项目均要编制施工图预算。目前，有些工程项目在招标时需要确定招标控制价，以限制最高投标报价。

(5) 合同价。合同价是指在工程发承包阶段通过签订合同所确定的价格。合同价属于市场价格，它是由发承包双方根据市场行情通过招投标等方式达成一致、共同认可的成交价格。但应注意，合同价并不等同于最终结算的实际工程造价。由于计价方式不同，合同价内涵也会有所不同。

(6) 工程结算。工程结算包括施工过程中的中间结算和竣工验收阶段的竣工结算。工程结算需要按实际完成的合同范围内合格工程量考虑，同时按合同调价范围和调价方法，对实际发生的工程量增减、设备和材料价差等进行调整后确定结算价格。工程结算反映的是工程项目的实际造价。工程结算文件一般由承包单位编制，由发包单位审查，也可委托工程造价咨询机构进行审查。

(7) 竣工决算。竣工决算是指工程竣工决算阶段，以实物数量和货币指标为计量单位，综合反映竣工项目从筹建开始到项目竣工交付使用为止的全部建设费用。竣工决算文件一般是由建设单位编制，上报相关主管部门审查。

3. 组合性计价

工程造价的计算与工程项目的组成（划分）有关。一个建设项目是一个工程综合体，按单项工程、单位工程、分部工程、分项工程等不同层次分解为许多有内在联系的组成部分。建设项目的组合性决定了工程计价的逐步组合过程。工程造价的组合过程：分部分项工程造价→单位工程造价→单项工程造价→建设项目总造价。

4. 动态性计价

在工程建设期内，任何条件的变化都有可能影响工程造价的变动。如工程变更、签证、索赔，要素价格、费率、政策性变化等。

5. 计价方法的多样性

工程项目的多次计价有其各不相同的计价依据，每次计价的精确度要求也各不相同，由此决定了计价方法的多样性。例如，投资估算方法有设备系数法、生产能力指数估算法等；概预算方法有单价法和实物法；单价法有工料单价法和综合单价法等。不同方法有不同的适用条件，计价时应根据具体情况加以选择。

6. 计价依据的复杂性

工程造价的影响因素较多，决定了工程计价依据的复杂性。计价依据主要可分为以下几类：

(1) 设备和工程量计算依据。其包括项目建议书、可行性研究报告、设计文件等；
(2) 人工、材料、机械等实物消耗量计算依据。其包括投资估算指标、概算定额、预算定额等；
(3) 工程单价计算依据。其包括人工单价、材料价格、材料运杂费、机械台班费等；
(4) 设备单价计算依据。其包括设备原价、设备运杂费、进口设备关税等；
(5) 措施费、间接费和工程建设其他费用计算依据。主要是相关的费用定额和指标；
(6) 政府规定的税、费；
(7) 物价指数和工程造价指数。

二、工程计价基本原理和方法

工程计价的形式和方法有多种，各不相同，但工程计价的基本过程和原理是相同的：

(1) 工程计价的基本顺序：分部分项工程单价→单位工程造价→单项工程造价→建设项目总造价；
(2) 影响工程造价的主要因素有量、价、费，其核心因素有两个：实物工程数量和单位价格；

工程造价可用下列基本计算式表达：

$$工程造价 = \sum(实物工程量 \times 单位价格)$$

式中，实物工程量可以通过设计图纸和工程量计算规则计算得到，其过程简称为计量；单位价格（即单价）常有两种表现形式：工料单价和综合单价。

1. 工料单价

工料单价是指工程项目单位价格只包括人工费、材料费和机械费，仅仅考虑了各种人工消耗量、各种材料消耗量、各类施工机械消耗量和相应资源要素的价格形成。

$$单位价格 = \sum(各资源要素消耗量 \times 资源要素的价格)$$

式中，各资源要素消耗量即人工、材料、施工机具消耗量来源于预算定额（消耗量定额），它是工程计价的主要依据，定额的消耗量与劳动生产率、社会生产力水平、技术和管理水平相关。资源要素的价格是影响工程造价的关键因素，在市场经济体制下，工程计价时应采用的资源要素的价格应该是市场价。

工料单价中未包括企业管理费、利润、规费、增值税额，计算工程造价时，是在求出单位工程的人工费、材料费、机械费后，再统一计取企业管理费、利润、规费、增值税额，最后汇总得出单位工程造价。

2. 综合单价

综合单价是指工程项目单位价格除包括人工费、材料费和机械费外，还包括可能分摊在该分部分项工程项目上的其他费用。根据我国现行有关规定，又可以分成综合单价与全费用综合单价两种：综合单价中除包括人工费、材料费和机械费外，还包括企业管理费、利润和一定范围内的风险因素；全费用综合单价中除包括人工费、材料费、机械费、企业管理费和利润外，还包括了规费和税金（增值税）。

根据国家《建设工程工程量清单计价规范》的规定，综合单价由完成工程量清单中一个规定计量单位项目所需的人工费、材料费、机械费、企业管理费和利润，以及一定范围的风险费用组成。而规费、增值税额是在求出单位工程的分部分项工程费、措施项目费和其他项目费后再统一计取，最后汇总得出单位工程造价。

因此，不同的单价形式形成不同的计价方式即定额计价和工程量清单计价，无论哪种计价方式，工程造价的计价从程序上可分为工程计量和工程计价两个主要环节。

一般来说，工程定额主要作为国有资金投资工程编制投资估算、设计概算、施工图预算和招标最高限价（最高投标限价、招标控制价）的依据，对于其他工程，在项目建设前期各阶段可以用于建设投资的预测和估计，在工程建设交易阶段，工程定额可以作为计价的辅助依据。工程量清单计价主要用于工程发承包及实施阶段，用于合同价格形成以及后续的合同价款管理。

三、工程定额计价

定额计价是我国长期以来采用的一种计价方式，是根据设计文件和计价定额（如概算定额和预算定额）及计价指标，对建筑产品的价格进行计价。

定额计价主要是以工程定额为依据，按照工程定额项目对拟建工程项目进行列项，计算工程量，套用定额预算单价（工料机单价，简称工料单价），再加上企业管理费和利润，然后按规定计算规费和税金（增值税额），经过汇总形成工程造价（工程概算和工程预算）。

工程定额计价的基本程序如下：

1. 收集资料、熟悉图纸和查看现场

需要收集的资料包括：设计图纸；现行的工程计价依据；工程合同或协议；施工组织设计。

熟悉图纸的内容包括：对照图纸目录，检查图纸是否齐全；仔细阅读设计说明和附注；仔细、反复阅读设计图示的相关内容以及对应的标准图集。

2. 划分项目、计算工程量

计算工程量（工程计量）是一项工作量繁重、又十分仔细的工作，工程量是计价的基本数据，计

算的精度不仅影响工程造价,而且影响与之关联的一系列数据。计算工程量的一般步骤为:

(1) 依据工程定额和设计图示的工程内容划分项目,列出需计算工程量的项目;

(2) 依据定额工程量计算规则和图纸图示的尺寸、明细表,按照一定的计算顺序计算工程量;

(3) 汇总相同项目的工程量。

3. 套定额单价、计算直接工程费用

正确套用定额是确定工料单价(定额基价)的前提,项目的分项工程名称、规格、计量单位必须与定额中所列内容完全一致,即在定额中找出与之相适应的定额编号,查出该项工程对应的单价。定额套用要求准确、适用,定额一般套用有三种形式:直接套用定额、换算套用定额和补充套用定额。

4. 工料分析、计算人工和材料数量

工料分析就是根据定额上的人工工日和材料数量结合已计算出的工程量,计算各分部分项工程所需要的人工及材料量,最后汇总出该单位工程所需要的各类人工、材料的数量。

5. 费用计算,汇总出工程造价

计算费用就是按所套用的相应定额单价计算人工费、材料费和机械费用,进而计算企业管理费、利润、规费和增值税额等各种费用,最后汇总得出工程造价。

6. 复核、编写编制说明

工程计价完成后,需对工程计价结果进行复核,以便及时发现问题,提高成果文件质量;检查无误后,编写编制说明;最后按成果文件的格式要求装订、签字、盖章。

四、工程量清单计价

工程量清单计价是在建设市场经济条件下,建立、发展和完善过程中产生的一种新的计价方式,2003年国家发布了《建设工程工程量清单计价规范》(GB 50500—2003),在全国范围内逐步推广建设工程工程量清单计价方法,2008年对该规范进行了修改;2013年推出新版《建设工程工程量清单计价规范》(GB 50500—2013)及系列工程量计算规范(如《房屋建筑与装饰工程工程量计算规范》),标志着我国工程量清单计价方法的应用逐步完善。

工程量清单计价相比以往的工程定额计价方式,最大的特点是业主为各计价人提供了一个平等的竞争平台(条件),即除了一般的设计文件外,投标人需要根据业主提供的相同的工程量清单进行计价,比设计文件具有更好的可读性,建设工程发承包中、使用国有资金投资项目必须采用工程量清单计价,且必须采用综合单价。

工程量清单计价的基本原理:按照《建设工程工程量清单计价规范》(GB 50500—2013)的规定,在各专业工程工程量计算规范规定的项目设置和工程量计算规则基础上,依据施工图纸列出各个清单项目的名称和相应数量。计价人根据规定的方法计算出综合单价,并汇总各清单项目合价计算出工程造价。

工程量清单计价的程序和工程定额计价程序基本一致,但也有区别,具体在第六章中叙述。其基本程序如下:

(1) 收集资料、熟悉图纸和查看现场。

(2) 划分项目、计算工程量,形成工程量清单。

(3) 清单项目组价、形成各清单项目综合单价。

(4) 费用计算,计算各清单项目费用,汇总出工程造价。

(5) 复核、编写编制说明。

第二节　工程计价依据

一、工程计价依据和标准

从定额计价和工程量清单计价方式的叙述中可以看出,无论采用哪种计价方式都必须按一定的程序和依据进行。这些计价标准和依据包括计价活动的相关法律法规和规程、工程定额、工程量清单计价规范、工程量计算规范和相关造价信息等。

从目前我国现状来看，工程定额主要作为国有资金投资工程编制投资估算、设计概算和最高投标限价（招标控制价）的依据，对于其他工程，在项目建设前期各阶段可以用于建设投资的预测和估计，在工程建设交易阶段，工程定额可以作为建设产品价格形成的辅助依据。工程量清单计价依据主要适用于合同价格形成及后续的合同价款管理阶段。计价活动的相关规章规程则根据其具体内容可能适用于不同阶段的计价活动。造价信息是计价活动所必需的依据。

相关的法律法规、规程和制度包括《建筑法》《招标投标法》《政府采购法》《合同法》和税收法律法规等以及与工程造价相关的规程和管理制度，详见第一章。

工程量清单计价方式需要的《建设工程工程量清单计价规范》及相应的各专业的计量规范在第六章中详述。

本章重点介绍计价依据中的工程定额和相关的造价信息。

二、工程定额的概念与分类

（一）工程定额的概念

工程定额是指在正常施工条件下完成规定计量单位的合格建筑安装工程所消耗的人工、材料、施工机具台班、工期天数及相关费率等的数量标准。

在工程建设领域，经过几十年的不断建设，我国形成了较完善的工程定额体系，工程定额作为工程计价的依据是我国工程管理的宝贵财富和基础数据的积累（各类工程数据库）。

（二）工程定额的分类

工程定额是工程建设中各类定额的总称。它包括许多种类的定额。为了对工程定额能有一个全面的了解，可以按照不同的原则和方法对它进行科学的分类。

1. 按定额反映的生产要素分类

按定额反映的生产要素分类可以把工程定额划分为劳动定额、材料消耗定额和机械台班消耗定额三种。

（1）劳动定额。劳动定额也称为人工定额，是指完成一定数量的合格产品规定的活劳动消耗的数量标准。劳动定额的表现形式有时间定额和产量定额。时间定额与产量定额互为倒数。

（2）材料消耗定额。材料消耗定额简称材料定额，是指完成一定合格产品所需消耗材料的数量标准。材料是指工程建设中使用的原材料、成品、半成品、构配件、燃料以及水、电等动力资源的统称。材料作为劳动对象构成工程的实体，需用数量很大，种类很多。所以材料消耗量是多少，消耗是否合理，不仅关系资源的有效利用，影响市场供求状况，而且对建设工程的项目投资、建筑产品的成本控制都起着决定性的影响。

（3）机械台班消耗定额。我国机械台班消耗定额是以一台机械一个工作班为计量单位，所以又称为机械台班定额。机械台班消耗定额是指为完成一定合格产品（工程实体或劳务）所规定的施工机械消耗的数量标准。机械台班消耗定额主要有两种表现形式即机械时间定额和机械产量定额。

2. 按定额的编制程序和用途分类

按定额的编制程序和用途可以把工程定额分为施工定额、预算定额、概算定额、概算指标、投资估算指标五种。

（1）施工定额。施工定额是指完成一定计量单位的某一施工过程，或基本工序所需消耗的人工、材料和施工机具台班数量标准。施工定额是施工企业成本管理和工料计划的主要依据。

施工定额是以同一性质的施工过程（工序）作为研究对象，表示生产产品数量与生产要素消耗综合关系编制的定额。施工定额是施工企业组织生产和加强管理在企业内部使用的一种定额，属于企业定额的性质。为了适应组织生产和管理的需要，施工定额的项目划分很细，是工程建设定额中分项最细、定额子目最多的一种定额，也是工程定额中的基础性定额。

施工定额本身由劳动定额、材料消耗定额和机械消耗定额三个相对独立的部分组成，主要直接用于工程的施工管理，作为编制工程施工组织设计、施工预算、施工作业计划、签发施工任务单、限额领料单及结算计件工资或计量奖励工资等用。它同时也是编制预算定额的基础。

（2）预算定额。预算定额是在正常的施工条件下，完成规定计量单位的合格分项工程和结构构件所需消耗的人工、材料、施工机具台班数量及其费用标准。

预算定额是一种计价性定额，反映了完成合格分项工程或结构构件的人工、材料、机械消耗量及其相应费用，以施工定额为基础综合扩大编制而成，主要用于施工图预算的编制，也可用于工程量清单计价中综合单价的计算，是施工发承包阶段工程计价的基础。

（3）概算定额。概算定额是完成单位合格扩大分项工程或扩大结构构件所需消耗的人工、材料、施工机具台班数量及其费用标准。

概算定额是以扩大的分部分项工程为对象编制的，计算和确定该工程项目的劳动、机械台班、材料消耗量所使用的定额，同时它也列有工程费用，也是一种计价性定额。其一般是在预算定额的基础上综合扩大编制而成的，每一综合分项概算定额都包含了数项预算定额。概算定额是编制设计概算、确定建设项目投资额的依据。

（4）概算指标。概算指标是以扩大分项工程为对象，反映完成规定计量单位的建筑安装工程资源消耗的经济指标。

概算指标是概算定额的扩大与合并，它是以整个建筑物和构筑物为对象，以更为扩大的计量单位来编制的。概算指标的内容包括劳动、机械台班、材料定额三个基本部分，同时还列出了各结构分部的工程量及单位建筑工程（以体积计或面积计）的造价，也是一种计价定额。为了增加概算指标的适用性，也以房屋或构筑物的扩大的分部工程或结构构件为对象编制，称为扩大结构定额。

（5）投资估算指标。投资估算指标是以建设项目、单项工程、单位工程为对象，反映其建设总投资及其各项费用构成的经济指标。

投资估算指标是在项目建议书和可行性研究阶段编制投资估算、计算投资需要量时使用的一种定额。投资估算指标是一种非常概略的定额，往往以独立的单项工程或完整的工程项目为计算对象，编制内容是所有项目费用之和。其概略程度与可行性研究阶段相适应。投资估算指标往往根据历史的预、结算资料和价格变动等资料编制，但其编制基础仍然离不开预算定额、概算定额。

3. 按专业分类

由于工程建设涉及众多的专业，不同的专业所含的内容也不尽相同，因此就确定人工、材料和机具台班消耗数量标准的工程定额来说，也需按不同的专业分别进行编制和执行。

建筑工程定额按专业对象分为建筑及装饰工程定额、房屋修缮工程定额、市政工程定额、铁路工程定额、公路工程定额、矿山井巷工程定额等。

安装工程定额按专业对象分为电气设备安装工程定额、机械设备安装工程定额、热力设备安装工程定额、通信设备安装工程定额、化学工业设备安装工程定额、工业管道安装工程定额、工艺金属结构安装工程定额等。

4. 按编制单位和管理权限分类

按编制单位和管理权限可以把工程定额划分为全国统一定额、行业定额、地区统一定额、企业定额及补充定额等五种。

（1）全国统一定额。基是由国家建设行政主管部门根据全国各专业工程的生产技术与组织管理情况而编制的、在全国范围内执行的定额。如《全国统一安装工程预算定额》等。

（2）行业定额。按照国家定额分工管理的规定，由各行业部门根据本行业情况编制的、只在本行业和相同专业性质使用的定额。如交通部发布的《公路工程预算定额》等。

（3）地区统一定额。按照国家定额分工管理的规定，由各省、直辖市、自治区建设行政主管部门根据本地区情况编制的、在其管辖的行政区域内执行的定额。如各省、直辖市市、自治区的《建筑工程预算定额》等。

（4）企业定额。企业定额，是指施工企业根据本企业的施工技术和管理水平，以及有关工程造价资料制订的，供本企业使用的人工、材料和机械预算定额。企业定额是企业进行内部管理和投标报价的依据。一般只有企业定额水平高于国家或地区现行定额，才能满足生产技术发展、企业管理和市场竞争的需要。

（5）补充定额。当现行定额项目不能满足生产需要时，根据现场实际情况一次性补充定额，并报当地造价管理部门批准或备案。

三、工程定额消耗量的确定方法

定额的核心内容就是人工、材料、机械台班的消耗量指标，消耗量指标可以通过编制基础定额确定其相应的消耗量标准。基础定额一般由劳动定额（人工定额）、材料消耗量定额、施工机械台班消耗量定额组成，它是工程计价最基础的定额，是地方和行业部门编制预算定额的基础，也是施工企业根据自身的消耗量水平编制企业定额的依据。其中劳动定额确定了人工的消耗量，材料消耗量定额确定了材料的消耗量，机械台班消耗量定额确定了机械的消耗量。

（一）劳动定额

1. 劳动定额的分类及其关系

劳动定额也称人工定额，反映的是人工的消耗量标准，按其表现形式分为时间定额和产量定额，时间定额与产量定额互为倒数。

（1）时间定额也称为工时定额。时间定额是指在合理的劳动组织和正常的施工条件下，某等级的工人或工人小组完成单位合格产品所必须消耗的工作时间。

时间定额以"工日"为单位，所谓一个工日是指一个工人工作一个工作班时间，按现行劳动制度每个工作班的时间为8h。

（2）产量定额。产量定额是指在合理的劳动组织和正常的施工条件下，某等级的工人或工人小组在单位时间内（工日）完成合格产品的数量。

（3）劳动定额的表示：劳动定额有时间定额和产量定额，以时间定额为主。2008年全国建设工程劳动定额时间定额表见表4-1

表4-1 砖基础（时间定额表）

工作内容：包括清理地槽、砖垛、角、抹防潮砂浆等操作过程。　　　　　　　　　　　单位：m³

定额编号	AD0001	AD0002	AD0003	AD0004	AD0005
项目	带形基础			圆、弧形基础	
	厚度				
	1砖	3/2砖	≥2砖	1砖	>1砖
综合	0.937	0.905	0.876	1.080	1.040
砌砖	0.390	0.354	0.325	0.470	0.425
运输	0.449	0.449	0.449	0.500	0.500
调制砂浆	0.098	0.102	0.102	0.110	0.114

注：1. 墙基无大放脚者，其砌砖部分执行混水墙相应定额。
　　2. 带形基础也称条形基础。

2. 工人工作时间分析

完成任何施工过程都必须消耗一定的工作时间，工作时间是指工作班的延续时间，按现行劳动制度，8h工作制的工作时间就是每个工作日工作8h，建筑安装企业工作班的延续工作时间即为8h一个工日。

研究施工中的工作时间最主要的目的是为了确定施工的时间定额和产量定额，个人在工作班内消耗的时间，按其消耗的性质，基本上分为两大类：必需消耗的时间（定额时间）和损失时间（非定额时间）。工人工作时间分析见图4-2。

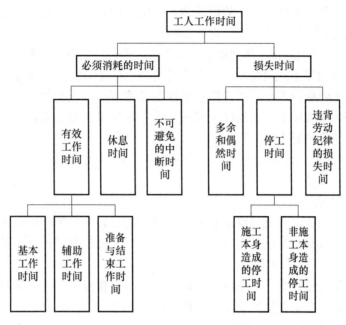

图4-2　工人工作时间分析图

（1）必需消耗的时间。必需消耗的时间是工人在正常施工条件下，为完成一定产品（工作任务）所消耗的时间。它是制订定额的主要根据。必需消耗的工作时间包括有效工作时间、休息时间和不可避免的中断时间。

1) 有效工作时间是指从生产效果来看与产品生产直接有关的时间消耗。其中，包括基本工作时间、辅助工作时间、准备与结束工作时间的消耗。

① 基本工作时间是指工人完成生产一定产品的施工工艺过程所消耗的时间。通过这些工艺过程可以使材料改变外形，如钢筋弯折、弯钩等；可以改变材料的结构与性质，如混凝土的浇筑、养护等；可以使预制构配件安装组合成型；也可以改变产品外部及表面的性质，如粉刷、油漆等。基本工作时间所包括的内容以工作性质各不相同。基本工作时间的长短和工作量大小呈正比例。

② 辅助工作时间是指为保证基本工作能顺利完成所消耗的时间。在辅助工作时间里，不能使产品的形状大小、性质或位置发生变化。辅助工作时间的结束往往就是基本工作时间的开始。

③ 准备与结束工作时间是指任务前或任务完成后所消耗的工作时间。如工作地点、劳动工具和劳动对象的准备工作时间；工作结束后的整理工作时间等。准备和结束工作时间的长短与所担负的工作大小无关，但往往与工作内容有关。

2) 休息时间是指工人在工作过程中为恢复体力所必需的短暂休息和生理需要的时间消耗。这种时间是为了保证工人精力充沛地进行工作，所以在定额时间中必须把休息时间计算在内。

3) 不可避免的中断时间是指由于施工工艺特点引起的工作中断所必需的时间，与施工过程工艺特点有关的工作中断时间，应包括在定额时间内，但应尽量缩短此项时间消耗。与工艺特点无关的工作中断所占用时间，是由于劳动组织不合理引起的，属于损失时间，不能计入定额时间。

（2）损失时间。损失时间是与产品生产无关，而与施工组织和技术上的缺点有关，与工人在施工过程的个人过失或某些偶然因素有关的时间消耗。

损失时间中包括多余和偶然工作、停工、违背劳动纪律所引起的工时损失。

1) 多余工作和偶然工作。多余工作，就是工人进行了任务以外的工作而又不能增加产品数量的工作。如产品质量不合格的返工、扶起倾倒的手推车、重砌质量不合格的墙体等。多余工作的工时损失，一般都是由于工程技术人员和工人的差错而引起的，从多余工作的性质看，不应计入定额时间中。偶然工作就是在进行某项任务时有额外的产品出现，如墙面贴面砖时，对墙面上的脚手架管留下的洞口，抹灰工不得不做堵洞处理等。从偶然工作的性质看，在定额中不应考虑它所占用的时间，由于偶然工作能获得一定产品，拟定定额时要适当考虑它的影响。

2) 停工时间是指工作班内停止工作造成的工时损失。停工时间按其性质可分为施工本身造成的停工时间和非施工本身造成的停工时间两种：施工本身造成的停工时间，是出于施工组织不善、材料供应不及时、工作面准备工作做得不好、工作地点组织不良等情况引起的停工时间；非施工本身造成的停工时间，是出于水源、电源中断引起的停工时间。前一种情况在拟定定额时不应该计算，后一种情况在拟定定额中则应给予合理的考虑。

3) 违背劳动纪律造成的工作时间损失，此项工时损失不应允许存在。因此，在定额中是不能考虑的。

3. 劳动定额的编制方法

(1) 经验估工法。经验估工法是根据定额编制人员、技术人员、生产管理人员和老工人的实际工作经验，对生产某一产品或完成某项工作所需的人工、机具、材料数量进行分析、讨论和估算来确定定额耗用量的一种方法。

经验估工法的优点是方法简单、工作量小，便于及时制定和修订定额；缺点是制定的定额准确性较差。一般适用于产品品种多、批量少、不易计算工作量的施工作业。

(2) 统计分析法。统计分析法就是根据过去一定时期内生产同类产品、零件的实际耗用工时或统计资料进行整理分析统计，并考虑今后生产技术组织条件的可能变化来制定定额的方法。

统计分析法简单易行，较经验估工法有较多的原始资料，更能反映实际施工水平，适用产品稳定、批量大、统计工作制度健全的施工过程。但原始记录和统计资料不准确，将会直接影响定额的质量。

(3) 技术测定法。技术测定法是在正常的施工条件下，对施工过程各个工序工作时间和完成产品数量及各个组成要素进行实地观察、写实记录，分别测定每一工序的工时消耗，然后通过整理、研究、分析、计算来制订定额的一种方法。

技术测定法重视现场调研、技术分析，有一定的科学技术依据，制定的定额准确性较好；缺点是费时费力、工作量大、技术要求高。

(4) 比较类推法。比较类推法是以同类型工序、同类型产品定额典型项目的水平或技术测定的实耗工时为标准，经过分析比较，以此类推出一组定额中相邻项目的一种方法。

比较类推法制定定额应具有结构上的相似性、工艺上的同类性、条件上的可比性、变化的规律性，比较类推法编制定额因有一定的依据和标准，其准确性较好。

4. 劳动定额的应用

劳动定额的核心内容是定额项目表（表4-1），用劳动定额可以安排组织生产，确定人工的消耗数量，也可以用来计算施工作业天数，编排作业进度计划和计算工期。时间定额和产量定额是劳动定额的两种表现形式，时间定额以工日为单位，便于统计总工日数、核算人工工资、编排进度计划。产量定额以产品数量为单位，便于施工小组分配任务，签发施工任务单，考核工人的劳动生产率。

$$P（工日）=Q \times H=Q/S$$

式中　P——劳动量（工日）；

　　　Q——工程量；

　　　H——时间定额（工日）；

　　　S——产量定额。

$$T=P/R$$

式中 T——施工天数（d）；
　　　R——小组人数

（二）材料消耗量定额

1. 材料消耗量定额的概念

材料消耗量定额是指在正常的施工条件和合理使用材料的条件下，生产质量合格的单位产品所消耗的建筑安装材料的数量标准。建筑安装材料包括建筑原材料、成品、半成品、周转性材料和次要材料等。

2. 材料消耗量的组成

材料消耗量标准包括直接用于建筑和安装工程实体上的材料，不可避免的施工废料和不可避免的材料损耗。

其中，直接用于建筑和安装工程实体上的材料量称为材料消耗净用量定额；不可避免的施工废料和不可避免的材料损耗称为材料损耗量定额。因此，材料消耗量定额包括材料净用量和材料损耗量。即

$$材料消耗量＝材料净用量＋材料损耗量$$

材料净用量是指直接用于建筑产品上的材料的数量。当建筑产品完成施工以后，这部分材料在建筑产品上可以看得见、摸得着、数得出。材料净用量可以通过试验室条件下的实验以及技术资料的统计和理论计算等方法确定。

材料损耗量是指建筑产品施工过程中不可避免的材料损耗的数量。例如，混凝土和砂浆不可回收的落地灰、木作施工中产生的锯末和刨花等。材料的损耗一般用损耗率表示，材料的损耗率可以通过观察法和统计法得到，由国家有关部门确定。

$$材料损耗率＝\frac{材料损耗量}{材料净用量}\times 100\%$$

$$材料的消耗量＝材料净用量\times（1＋材料损耗率）$$

3. 材料消耗量确定的基本方法

确定材料的净用量和损耗量的计算数据，一般是通过施工过程中对材料消耗的观察测定、试验室条件下的实验以及技术资料的统计和理论计算等方法制订的。这几种方法，各有其优缺点，在制订定额时，几种方法可以结合使用，相互验证。

（1）现场技术测定法。现场技术测定法是根据对材料消耗过程的测定与观察，通过完成产品数量和材料消耗量计算，确定材料消耗量定额的一种方法。材料消耗中的净用量容易确定，现场技术测定法主要适用于确定材料的损耗量。通过现场技术测定可以区分哪些属于难以避免的损耗，哪些是可以避免的损耗，从而确定出比较准确的材料损耗量（损耗率）。

（2）试验法。试验法是在实验室采用专用仪器设备，通过试验的方法确定材料消耗量的一种方法，这种方法提供的数据精确度高，但容易脱离现场实际情况，如配合比材料中的各种材料用量。

（3）统计法。统计法是通过对现场用料的大量统计资料进行分析计算的一种方法。该方法可以获得材料消耗量的各种数据，用以编制材料消耗量定额。

（4）理论计算法。理论计算法是运用一定的计算公式计算材料消耗量，确定消耗量定额的一种方法。这种方法适合计算块状、板状、卷状材料的消耗量，如块体材料、油毡、玻璃、各种装饰材料等。

现以砖砌体和装饰块料材料用量计算为例：

1）$1m^3$ 砖砌体材料消耗量的计算公式如下：

$$标准砖净用量（块）＝\frac{墙厚的砖数\times 2}{墙厚\times（砖长＋灰缝）\times（砖厚＋灰缝）}$$

$$砖的消耗量（块）=砖净用量×(1+材料损耗率)$$
$$砂浆净用量（m^3）=1-砖净用量×每块砖的体积$$
$$砂浆的消耗量（m^3）=砂浆净用量×(1+材料损耗率)$$

2）块料装饰面层材料的净用量（每100m²）：

$$面层净用量（块）=100/(块料长+灰缝)×(块料宽+灰缝)$$
$$砂浆的净用量（m^3）=结合层砂浆+灰缝砂浆$$

式中，结合层砂浆的净用量$（m^3）=100m^2×结合层的砂浆厚度$

$$灰缝砂浆的净用量（m^3）=(100m^2-块料长×块料宽×块料净用量)×块料厚度$$

4. 周转性材料消耗量的确定

施工中的材料可分为实体材料和非实体材料。实体材料主要为一次性消耗，也称为直接性消耗材料，如各种材料、成品、半成品；非实体材料是指在施工中必须使用但不能构成工程实体的施工措施性材料，非实体材料主要为周转性材料，如模板、脚手架、挡土板等。

周转性材料是指在施工过程中多次周转使用的工具性材料。这类材料在施工过程中不是一次消耗完的，而是随着使用次数逐渐消耗的，故称为周转性材料。

周转性材料在定额中是按照多次使用，分次摊销的方法计算。定额表中规定的数量是指使用一次的摊销量。周转材料消耗指标有两个：一次使用量和摊销量。

一次使用量是指周转材料在不重复使用条件下的一次用量指标，它供发包人和施工单位申请备料和编制施工作业计划使用。

摊销量是指周转材料直至退出使用应分摊到每一计量单位的分项工程或结构构件上的周转材料消耗量，供施工企业成本核算或预算使用。

（三）施工机械台班消耗量定额

1. 施工机械台班定额的表现形式

施工机械台班定额主要有两种表现形式，即机械时间定额和机械产量定额，两者互为倒数，且以机械产量定额为主，机械时间定额为辅。

（1）机械时间定额。机械时间定额是指在先进合理的劳动组织和施工组织条件下，生产质量合格的单位产品所必须消耗的机械工作时间。机械时间定额的单位是"台班"，即一台机械工作一个工作班8h。

（2）机械产量定额。机械产量定额是指在先进合理的劳动组织和施工组织条件下，机械在单位时间内（一个台班）所完成的合格产品的数量。

（3）人工时间定额。由于机械必须由工人小组配合作业，所以除了要确定机械时间定额外，还应确定与机械配合的工人小组的人工时间定额。

$$人工时间定额=机械台班内工人的工日数总和×机械台班时间定额$$
或 $$人工时间定额=机械台班内班组人数×机械台班时间定额$$

2. 机械工作时间分析

机械工作时间和工人工作时间分析基本类同，也分为两大类：必需消耗的时间（定额时间）和损失时间（非定额时间），如图4-3所示。

3. 确定机械台班定额消耗量的基本方法

（1）确定机械纯工作1h的正常生产率。机械纯工作时间就是指机械必需消耗的净工作时间。机械纯工作1h的正常生产率是指在正常施工组织条件下，由具备一定技能的技术工人操作施工机械净工作1h的生产率。

机械纯工作1h的正常生产率的确定如下：

1）计算施工机械一次循环的正常延续时间；
2）计算施工机械纯工作1h的循环次数；

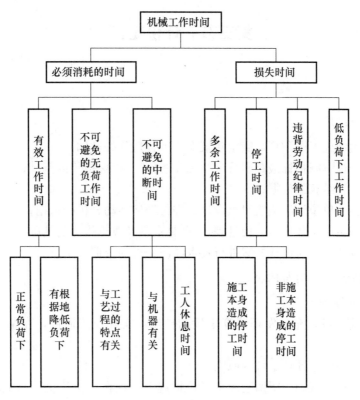

图 4-3 机械工作时间分析图

3) 计算施工机械纯工作 1h 的正常生产率。

(2) 确定机械的正常利用系数。机械的正常利用系数是指机械在工作班内工作时间的利用率，机械正常利用系数与工作班内的工作状况有着密切的关系。

$$\text{机械的正常利用系数} = \text{工作班内机械纯工作时间}/\text{机械工作班延续时间}$$

式中，机械工作班延续时间就是现行的工作班时间 8h；工作班内机械纯工作时间就是机械的有效工作时间。

(3) 计算机械台班定额。在确定了机械工作正常条件、机械纯工作 1h 的正常生产率和机械正常利用系数后，按下列公式计算施工机械台班的产量定额。

$$\text{台班产量定额} = \text{机械纯工作 1h 的正常生产率} \times \text{工作班延续时间} \times \text{机械正常利用系数}$$
$$\text{机械时间定额} = 1/\text{机械台班产量定额}$$
$$\text{人工时间定额} = \text{小组人数} \times \text{机械时间定额}$$

(4) 机械台班产量定额确定的三个步骤如下：

1) 确定 $N_{小时}$——机械纯工作 1h 的正常生产率。
2) 确定 K_B——机械的正常利用系数。
3) 计算 $N_{台班}$——机械台班产量。

$$N_{台班} = N_{1小时} \times T \times K_B \qquad 或 \quad N_{台班} = T/t \times m \times K_B$$

式中 $N_{1小时}$——机械纯工作 1 小时的生产率

循环机械：$N_{1小时} = n \times m = $ 次数 $\times$ 每次的数量

连续机械：$N_{1小时} = m/t = $ 总产量/工作时间

T——工作班的延续时间（现行工作时间 8h）；

K_B——机械的正常利用系数 $K_B = t/T$ $K_B \approx 0.85$。

第三节 计价定额

一、预算定额

(一) 预算定额的作用

(1) 预算定额是编制施工图预算,确定建筑安装工程造价的基础;
(2) 预算定额是合理编制招标最高限价(招标控制价)、投标报价的基础;
(3) 预算定额是工程结算的依据;
(4) 预算定额是施工单位编制施工组织设计、进行经济活动分析的依据;
(5) 预算定额是编制单位估价表(价目表)、概算定额及概算指标的基础;
(6) 预算定额是设计单位对设计方案进行技术经济分析的依据。

(二) 预算定额的编制原则与依据

1. 预算定额的编制原则

为保证预算定额的质量,充分发挥预算定额的作用,实际使用简便,在编制工作中应遵循以下原则:

(1) 按社会平均水平确定预算定额的原则。

定额水平是预算定额的核心。所谓定额水平是指规定消耗在单位建筑产品上的人工、材料、机械台班数量的多少。一定时期的定额水平反映了社会生产力发展的水平,消耗量越少,说明定额水平越高;反之,定额水平越低。

预算定额是确定和控制建筑安装工程造价的主要依据。因此,它必须遵照价值规律的客观要求,即按生产过程中所消耗的社会必要劳动时间确定定额水平。所谓预算定额的平均水平,是在正常的施工条件下,合理的施工组织和工艺条件、平均劳动熟练程度和劳动强度下,完成单位分项工程基本构造单元所需要的劳动时间。

(2) 简明适用的原则:一是指在编制预算定额时要粗细适度,对于那些主要的、常用的、价值量大的项目,分项工程划分宜细;次要的、不常用的、价值量相对较小的项目则可以粗一些。二是指预算定额要项目齐全。要注意补充那些因采用新技术、新结构、新材料而出现的新的定额项目。如果项目不全,缺项多,就会使计价工作缺少充足可靠的依据。三是要求合理确定预算定额的计量单位,简化工程量的计算,同一种材料尽可能地避免用不同的计量单位和一量多用,尽量减少定额附注和换算系数。

2. 预算定额的编制依据

(1) 现行施工定额。预算定额是在现行施工定额或劳动定额、材料消耗量定额、机械台班消耗量定额的基础上编制的。预算定额中人工、材料、机械台班消耗水平,需要根据施工定额取定;预算定额计量单位的选择,也要以施工定额为参考,从而保证两者的协调和可比性,减轻预算定额的编制工作量,缩短编制时间。

(2) 现行设计规范、施工及验收规范、质量评定标准和安全操作规程。

(3) 具有代表性的典型工程施工图及有关标准图。对这些图纸进行仔细分析研究,并计算出工程数量,作为编制定额时选择施工方法确定定额含量的依据。

(4) 成熟推广的新技术、新结构、新材料和先进的施工方法等。这类资料是调整定额水平和增加新的定额项目所必需的依据。

(5) 有关科学实验、技术测定和统计、经验资料。这类工程是确定定额水平的重要依据。

(6) 现行的预算定额、材料单价、机械台班单价及有关文件规定等。包括过去定额编制过程中积累的基础资料,也是编制预算定额的依据和参考。

(三) 预算定额的编制步骤

预算定额的编制,一般分为准备工作、收集资料、定额编制、报批和修改、定稿五个阶段。各阶段工作相互有交叉,也有多次重复。其主要工作如下:

1. 准备工作、收集资料

主要工作包括建立机构、收集资料、进度设计、编制方案等,特别是在编制方案中要统一编制细则、表格编排形式、计算口径、计量单位、数字精度、定额编号、文字叙述要求等。

预算定额计量单位的确定或选择,与预算定额的准确性、简明适用性及预算工作的繁简有着密切的关系。预算定额计量单位的确定要保证预算定额的准确性,能反映出单位产品的消耗量;保证定额的综合性,减少定额项目数;有利于简化工程量的计算。预算定额单位一般采用扩大的计量单位,如 $100m$、$100m^2$、$1000m^3$ 等。

2. 定额编制阶段

一是定额的划分项目、确定该定额工作内容和施工方法;二是确定计量单位和工程量的计算规则;三是计算定额消耗量,确定人工、材料和机械的数量;四是列定额表、编写定额说明和附录。

计算定额消耗量可以通过计算典型设计图纸所包括的施工过程的工程量,利用施工定额的人工、材料、机械消耗指标确定预算定额所包含工序的消耗量。

3. 测定、修正、送审、审批

预算定额初稿编制完成后,要组织预算人员实际测定,以确定预算定额的水平(消耗量)是否合适,根据测定的结果进行修正,最后定稿、送审。

也就是说要编制一个分项工程的定额消耗量指标,首先要确定项目名称、工作内容、施工方法、计量单位和计算工程量的方法,其次是计算预算定额的人工、材料、机械台班消耗量,最后汇总编制出项目表、定额说明、附录。其核心工作是确定人工、材料、机械台班消耗量。

(四) 预算定额消耗量的确定

预算定额消耗量就是预算定额中的人工、材料和机械台班消耗指标,是预算定额的核心内容,预算定额水平的高低主要取决于这些指标的合理确定。

预算定额是以工作过程或工序为标定对象,在施工定额的基础上,依据国家现行有关工程建设标准,结合地区实际情况编制而成的。在确定各项指标前,应根据编制方案所确定的定额项目和已选定的典型图纸,按定额子目和已确定的计量单位,按工程量计算规则分别计算工程量,在此基础上再计算人工、材料和机械台班的消耗指标。

1. 人工消耗指标的确定

(1) 人工消耗指标的内容。预算定额子目的用工数量,是根据它的工程内容范围及综合取定的工程数量,在劳动定额相应子目的人工工日基础上,经过综合,加上人工幅度差计算出来的。

预算定额人工消耗指标是指完成该定额分项工程必须消耗的各种用工量。各种用工量包括基本用工、辅助用工、超运距用工和人工幅度差 4 项。

1) 基本用工:基本用工是指完成子项工程的主要用工量。如砌墙工程中的砌砖、调制砂浆、运砖、运砂浆的用工量。

2) 辅助用工:辅助用工是指在施工现场发生的材料加工等所用的工时。如筛砂子、洗石子、淋石灰膏等增加的用工。

3) 超运距用工:超运距用工是指预算定额中材料及半成品的运输距离超过劳动定额规定的运距时所需增加的用工量。预算定额取定的运距往往要大于劳动定额已包括的运距。

4) 人工幅度差:人工幅度差是指在正常的施工条件下,劳动定额中未包括,而在施工中又不可避免无法计量的一些零星用工因素。这些因素很难准确计量用工,各种工时损失又不好单独列项计算,一般是综合定出一个人工幅度差系数，即增加一定比例的用工量，纳入预算定额，人工幅度差系数为10%~15%。

人工幅度差包括的因素有：

① 土建间的各工种之间的工序搭接和土建与水、电、暖等工程交叉作业相互配合或影响所发生的停歇时间；

② 机械的临时维护、小修、移动而发生的不可避免的损失时间；

③ 工程质量检查与隐蔽工程验收而影响工人操作时间；

④ 工种交叉作业，难免造成已完工程局部损坏而增加修理用工时间；

⑤ 施工中不可避免的少数零星用工所需要的时间。

(2) 人工消耗指标的确定与计算。确定人工工日数量的方法是以施工定额中的劳动定额为基础确定；即预算定额子目的人工消耗数量，是根据它的工程内容范围及综合取定的工程数量，在劳动定额相应子目的人工工日基础上，经过综合，加上人工幅度差计算出来的。其基本计算公式如下：

1) 基本用工：

$$基本用工 = \sum 工序工程量 \times 时间定额$$

2) 辅助用工：

$$辅助用工 = \sum 加工材料的数量 \times 时间定额$$

3) 材料超运距用工：先计算超运距，再计算超运距用工。

① 计算超运距：超运距＝预算定额规定的运距－劳动定额已包括的运距，用来查取劳动定额，得到材料超运距的时间定额。

② 计算超运距用工：

$$超运距用工 = \sum 超运距材料量 \times 时间定额$$

4) 人工幅度差：

人工幅度差（工日）＝（基本用工＋材料超运距用工＋辅助用工）×人工幅度差系数

5) 计算预算定额人工消耗量：

预算定额工日数量（工日）＝基本用工＋材料超运距用工＋辅助用工＋人工幅度差用工

＝（基本用工＋材料超运距用工＋辅助用工）×（1＋人工幅度差系数）

2. 材料消耗指标的确定

材料消耗量指标是指完成一定计量单位的分项工程或结构构件所必需消耗的各种原材料、半成品或成品的数量。

建筑材料在施工生产中用量大、品种多，建筑材料费占整个工程造价的60%~70%。因此，在建筑材料的运输、储存、管理、使用过程中，如何合理使用材料是降低生产（施工）成本、提高企业经济效益的重要措施。

(1) 预算定额中的材料分类。按用途和用量的大小可将预算定额中的材料分为：

1) 主要材料：指直接构成工程实体的大宗性材料，其中包括原材料、半成品、成品等。

2) 辅助材料：也是直接构成工程实体，但使用量较少的材料。如垫木、铁钉等。

3) 周转性材料：是指在施工中能反复周转使用、不构成工程实体的工具性材料。如模板、脚手架等。

(2) 材料消耗量指标的构成与确定。

1) 主要材料、辅助材料的消耗量指标的确定。预算定额中主要材料、辅助材料的材料消耗量指标由材料净用量和材料损耗量两部分构成。其消耗量指标的确定与施工定额中的材料消耗量计算方法一样：

$$材料消耗量 = 材料净用量 + 材料损耗量$$

或 $$材料消耗量 = 材料净用量 \times (1 + 材料损耗率)$$

其中 $$材料损耗率 = \frac{材料损耗量}{材料净用量} \times 100\%$$

预算定额中的材料消耗量和施工定额中的材料消耗量又有区别，主要区别点如下：

① 两个定额中材料消耗量编制的水平不同，水平主要是通过损耗率的不同来体现的，预算定额中的材料损耗率应比施工定额中的大；

② 预算定额的某些分项内容比施工定额的内容具有较大的综合性；

③ 有些分项项目在工程量计算规则上不一致；如陕西省消耗量定额的模板；

④ 对于某些具有尺寸、规格要求的材料，预算定额规定的比较笼统，而施工定额则比较细；

⑤ 施工定额中一般是按材料品种、类型、规格给出，预算定额是综合考虑的，预算定额的材料量指标是一个近似于实际情况的数额；

⑥ 预算定额中的用量特别少、价值比较小的材料一般不一定——列出，而是以"其他材料费"形式表示，按百分比给出。

2) 周转性材料消耗量的确定。周转性材料在预算定额中用摊销量或摊销费表示。预算定额中的周转性材料是按多次使用，分次摊销的方法进行计算的。

也就是说，周转性材料根据现场情况测定周转性材料使用量，再按材料使用次数及材料损耗率确定其摊销量。

3. 机械台班消耗量的确定

预算定额中的机械台班消耗量是指在正常施工条件下，生产单位合格产品（分部分项工程或结构构件）必需消耗的某种施工机械的台班数量。机械台班消耗量包括施工机械和仪器仪表台班消耗量。

施工机械台班消耗量指标，是以劳动定额中机械台班用量为基础，考虑在合理的施工组织设计条件下机械的停歇因素，增加一定的机械幅度差来计算的，每台班按一台机械工作 8h 计算。

机械台班幅度差是指在施工定额中所规定的范围内没有包括，而在实际施工中又不可避免产生的影响机械或使机械停歇的时间。其内容包括：

(1) 施工机械转移工作面及配套机械相互影响损失的时间；

(2) 在正常施工条件下，机械在施工中不可避免的工序间歇；

(3) 工程开工或收尾时工作量不饱满所损失的时间；

(4) 检查工程质量影响机械操作的时间；

(5) 临时停机、停电影响机械操作的时间；

(6) 机械维修引起的停歇时间。

预算定额的机械台班消耗量按下式计算：

$$预算定额机械台班消耗量 = 机械台班定额中机械台班用量 + 机械幅度差$$
$$= 机械台班定额中机械台班用量 \times (1 + 机械幅度差系数)$$

（五）预算定额的编排

1. 编制预算定额项目表

当每一分项工程的人工、材料、机械台班消耗量指标确定后，就可以着手编制定额项目表。

在项目表中，工程内容和计量单位写在表格的上方，工程内容按编制时所确定的综合内容和计量单位填写；人工消耗量指标可按工种分别填写，也可按综合人工填写（如陕西省就是综合人工）；材料消耗量指标应列出主要材料名称、规格、单位和消耗量；机械台班消耗量指标列出主要施工机械机具的名称和台班数量。

预算定额项目表常见两种形式：一是只列出消耗量没有价格，如陕西省的消耗量定额，见表 4-2；二是既列出消耗量还列上基期价格，从而形成"量价合一"的预算定额，见表 4-3。

表 4-2 陕西省建筑、装饰工程消耗量定额表

工作内容：……　　　　　　　　　　　　　　　　　　　　　　　　　　　　　　单位：10m³

定额编号			3-1	3-2	3-3	3-4	3-5
项目			砖基础	混水砖墙			
				1/2砖	3/4砖	1砖	1砖半
名称		单位	数量				
人工	综合工日	工日	11.790	20.140	19.640	16.080	15.630
材料	水泥砂浆 M10	m³	2.360	—	—	—	—
	水泥砂浆 M5	m³	—	1.950	2.130	—	—
	水泥混合砂浆 M5	m³	—	—	—	2.250	2.400
	标准砖	千块	5.236	5.641	5.510	5.314	5.350
	水	m³	2.500	2.500	2.500	2.500	2.500
机械	灰浆搅拌机 200L	台班	0.393	0.325	0.355	0.375	0.400

表 4-3 预算定额（量价合一定额）示例表

工作内容：……　　　　　　　　　　　　　　　　　　　　　　　　　　　　　　单位：10m³

定额编号				3-1	3-2	3-3	3-4	3-5
项目				砖基础	混水砖墙			
					1/2砖	3/4砖	1砖	1砖半
基价（元）				2036.50	2382.93	2353.03	2328.59	2346.07
其中	人工费（元）			495.18	845.88	824.88	675.36	656.46
	材料费（元）			1513.46	1514.01	1502.98	1626.65	1661.25
	机械费（元）			27.86	23.04	25.17	26.58	28.36
名称		单位	单价	数量				
人工	综合工日	工日	42.00	11.790	20.140	19.640	16.080	15.630
材料	水泥砂浆 M10	m³	126.93	2.360	—	—	—	—
	水泥砂浆 M5	m³	106.13	—	1.950	2.130	—	—
	水泥混合砂浆 M5	m³	175.47	—	—	—	2.25	2.400
	标准砖	千块	230.00	5.236	5.641	5.510	5.314	5.350
	水	m³	3.85	2.500	2.500	2.500	2.500	2.500
机械	灰浆搅拌机 200L	台班	70.89	0.393	0.325	0.355	0.375	0.400

2.编写预算定额总说明、分章说明、工程量计算规则、附表以及最后的附录

预算定额项目表编制完成后，编写预算定额总说明、分章说明、工程量计算规则、附表以及定额最后的附录。至此，预算定额编制工作完成。如还要在预算定额中体现基期的人工、材料、机械台班单价和基价（表4-3），还应首先确定出人工、材料、机械台班三个要素的单价，再计算出该定额项目的基价。

（六）预算定额要素单价的确定

预算定额人工、材料、机械台班消耗量确定后，如果需要在预算定额表中体现出价格，那么，首先要确定人工、材料、机械台班的单价。

1.人工单价

（1）人工单价的概念。人工单价就是人工日工资单价，是指施工企业平均技术熟练程度的生产工人在每工作日（国家法定工作时间内）按规定从事施工作业应得的日工资总额。合理确定人工工日单价是正确计算人工费和工程造价的前提和基础。

(2) 人工单价的构成。人工单价是由计时工资或计件工资、奖金、津贴补贴以及特殊情况下支付的工资组成。

1) 计时工资或计件工资：是指按计时工资标准和工作时间或对已做工作按计时单价支付给个人的劳动报酬。

2) 奖金：是指对超额劳动和增收节支支付给个人的劳动报酬。如节约奖、劳动竞赛奖等。

3) 津贴补贴：是指为了补偿职工特殊或额外的劳动消耗和因其他特殊原因支付给个人的津贴，以及为了保证职工工资水平不受物价影响支付给个人的物价补贴。

4) 特殊情况下支付的工资：是指根据国家法律、法规和政策规定，因病、工伤、产假、计划生育假、婚丧假、事假、探亲假、定期休假、停工学习、执行国家和社会义务等原因按计时工资标准或计时工资标准的一定比例支付的工资。

5) 加班工资：是指按规定支付的在法定节假日工作的加班工资和在法定日工作时间外延长工作的加点工资。

提示：陕西省的人工单价构成和国家现行的人工单价构成标准略有差别。

(3) 人工日工资单价的确定。人工日工资单价在我国目前概预算、投标报价及价款结算中，具有一定的政策性，一般以造价管理部门发布的日工资单价进行计价活动。造价管理机构编制计价定额、确定人工日工资标准时按下式测算：

日工资单价＝(生产工人平均月工资＋平均月奖金＋津贴补助＋特殊情况下支付的工资)／每月法定工作日

每月法定工作日＝(全年日历天数-法定节假日)／12

造价管理机构确定日工资单价应通过市场调研，根据工程项目的技术要求和参考实物工程量人工单价综合分析确定，最低日工资标准不得低于所在地人力资源和社会保障部门发布的最低工资标准。

(4) 人工费的确定。造价管理部门编制计价定额时需确定人工费，人工费按下式计算：

预算定额人工费 ＝ $\sum$(预算定额中的各工种人工工日数量×日工资单价)

2. 材料单价

(1) 材料单价的概念及组成。材料单价是指建筑材料从其来源地运到施工工地仓库，直至出库形成的综合平均单价。材料单价由材料原价、材料运杂费、运输损耗费、采购及保管费组成。

1) 材料原价（或供应价格）。材料原价或供应价格是指材料、工程设备的出厂价格或商家供应价格。在确定材料原价时，如同一种材料因来源地、供应单位或生产厂家不同有几种价格时，要根据不同来源地的供应数量比例，采取加权平均的方法计算其材料的原价。

2) 材料运杂费。材料运杂费是指国内采购材料自来源地、国外采购材料自到岸港运至工地仓库或指定堆放地点所发生的全部费用（不含增值税）。含外埠中转运输过程中所发生的一切费用和过境过桥费用，包括调车和驳船费、装卸费、运输费及附加工作费等。

同一品种的材料有若干个来源地，应采用加权平均的方法计算材料运杂费。需要注意的是若运输费用为含税价格，则需要按"两票制"和"一票制"两种支付方式分别调整。

"两票制"支付方式。所谓"两票制"材料，是指材料供应商就收取的货物销售价款和运杂费向建筑业企业分别提供货物销售和交通运输两张发票的材料。在这种方式下，运杂费以按交通运输与服务适用税率扣减增值税进项税额。

"一票制"支付方式。所谓"一票制"材料，是指材料供应商就收取的货物销售价款和运杂费合计金额向建筑业企业仅提供一张货物销售发票的材料。在这种方式下，运杂费采用与材料原价相同的方式扣减增值税进项税额。

3) 运输损耗费。材料运输损耗费是指材料在运输和装卸过程中不可避免的损耗。一般通过损耗率来规定损耗标准。

材料运输损耗费＝(材料原价＋材料运杂费)×运输损耗率

4）采购及保管费。材料采购及保管费是指为组织采购、供应和保管材料、工程设备的过程中所需要的各项费用。其包括采购费、仓储费、工地保管费、仓储损耗等。

$$材料采购及保管费＝（材料原价＋材料运杂费＋运输损耗费）\times 采购及保管费费率$$

采购及保管费费率综合取定值，由物价管理部门确定，一般在2.5%左右。陕西省采购及保管费费率为2.2%，其中采购费费率为1%，保管费费率为1.2%。

建设单位采购、付款、运至施工现场、保管，施工单位随用随领取，采购及保管费全部归建设单位；建设单位采购、付款、运至施工现场、交由施工单位保管，建设单位计取采购费，施工单位计取保管费；施工单位采购、付款、运至施工现场、并自行保管，采购及保管费全部归施工单位；价目表或单位估价表中的材料单价、造价管理机构发布的材料信息价均已包括了采购及保管费。

(2) 材料单价的确定：

$$材料单价＝材料原价＋材料运杂费＋运输损耗费＋采购及保管费$$

上述费用的计算可以综合成一个计算式：

$$材料单价＝[（材料原价＋材料运杂费）\times（1＋运输损耗率）]\times（1＋采购及保管费费率）$$

提示：当采用一般计税方法时，材料单价中的材料原价、运杂费等均应扣除增值税进项税额。

【例4-1】某建设工程项目的材料（适用13%增值税率）从两个地方采购，其采购量及有关费用见表4-4，求该工地水泥的单价。表中原价、运杂费均为含税价格，且材料采用"两票制"支付方式。

表4-4 材料采购信息表

采购处	采购量（t）	原价（元/t）	运杂费（元/t）	运输损耗率（%）	采购及保费费率（%）
来源一	300	400	30	0.50	2.20
来源二	200	380	20	0.40	

解： 应将含税的原价和运杂费调整为不含税价格，具体计算过程见表4-5。

表4-5 材料价格信息不含税价格处理

采购处	采购量（t）	原价（除税）（元/t）	运杂费（不含税）（元/t）	运输损耗率（%）	采购及保费费率（%）
来源一	300	400/1.13＝353.98	30/1.09＝27.52	0.50	2.20
来源二	200	380/1.13＝336.28	20/1.09＝18.35	0.40	

加权平均原价＝（353.98×300＋336.28×200）÷（300＋200）＝346.90（元/t）

加权平均运费＝（27.52×300＋18.35×200）÷（300＋200）＝23.85（元/t）

来源一的运输损耗费＝（353.98＋27.52）×0.5%＝1.91（元/t）

来源二的运输损耗费＝（336.28＋18.35）×0.4%＝1.42（元/t）

加权平均运输损消耗费＝（1.91×300＋1.42×200）÷（300＋200）＝1.71（元/t）

材料单价＝（346.90＋23.85＋1.71）×（1＋2.2%）＝380.65（元/t）

说明：材料采购及保管费费率没有统一标准，一般为2.0%~2.5%，由各省市自行确定；其他有些省和国家的教材，材料采购及保管费费率是按2.5%计算，陕西省的采购及保管费费率是按2.2%计算，与国家和其他省市不同。

3. 施工机械台班单价

(1) 施工机械台班单价的概念。施工机械台班单价也称施工机械台班使用费，它是指一台施工机械在正常运转条件下，一个工作台班中所发生的全部费用。其包括施工机械、仪器仪表正常运转所分摊和支出的各项费用。

(2) 施工机械台班单价的组成。施工机械台班单价由折旧费、检修费、维护费、安拆费及场外运输费、人工费、燃料动力费和其他费用组成，具体内容如下：

1）折旧费。折旧费是指施工机械在规定的使用期限内（即耐用总台班），陆续收回其原值及购置资金的费用。

2) 检修费。检修费是指施工机械在规定的耐用总台班内，按规定的检修间隔进行必要的检修，以恢复其正常功能所需的费用。

3) 维护费。维护费是指施工机械在耐用总台班内，按规定的维护间隔进行各级维护和临时故障排除所需的费用。保障机械正常运转所需替换设备与随机配备工具附具的摊销费用、机械运转及日常维护所需润滑与擦拭的材料费用及机械停滞期间的维护费用等。

4) 安拆费及场外运输费。安拆费是指施工机械在现场进行安装与拆卸所需的人工、材料、机械和试运转费用以及机械辅助设施的折旧、搭设、拆除等费用。

场外运输费是指施工机械整体或分体自停放地点运至施工现场或由一施工地点运至另一施工地点的运输、装卸、辅助材料等费用。

5) 人工费。人工费是指机上司机（司炉）和其他操作人员的人工费。人工费的单价构成同现场工人的人工费内容。

6) 燃料动力费。燃料动力费是指施工机械在运转作业中所消耗的各种燃料及水、电等费用。

7) 其他费用。其他费用是指施工机械按照国家规定应缴纳的车船税、保险费及检测费等。

(3) 施工仪器仪表台班单价。施工仪器仪表台班单价是指工程施工中所需使用的仪器仪表的摊销及维修费用。施工仪器仪表台班单价由折旧费、维护费、校验费和动力费组成，未包括检测软件的相关费用。

（七）预算定额基价

1. 预算定额基价的含义

预算定额基价就是预算定额分项工程或结构构件的预算单价，只包括人工费、材料费和机械费，也称工料单价。

预算定额基价是指反映完成预算定额项目规定的单位建筑安装产品，在定额（或价目表）编制基期所需要的人工费、材料费、机械费或其总和（基价）。

2. 定额基价的编制

预算定额价目表基价的编制方法，简单说就是工、料、机的消耗量和工、料、机单价的结合过程。

其中，人工费是由预算定额中每一分项工程各种用工数，乘以人工工日单价之和算出；材料费是由预算定额中每一分项工程的各种材料消耗量，乘以相应材料预算价格之和算出；机械费是由预算定额中每一分项工程的各种机械台班消耗量，乘以相应施工机械台班预算价格之和汇总后算出。

$$定额项目基价 = 人工费 + 材料费 + 机械费$$

其中：$人工费 = \sum（预算定额中各种人工工日用量 \times 人工日工资单价）$

$材料费 = \sum（预算定额中各种材料耗量 \times 相应材料单价）$

$机械费 = \sum（预算定额中机械台班消耗量 \times 机械台班单价）$

人工费、材料费、机械费及定额基价分别计算完成后列入表格，有两种表现形式：第一种是定额形式（量价合一，见表4-3）；第二种是价目表形式，见表4-6。

表4-6 陕西省建筑、装饰工程价目表

定额号	项目名称	单位	基价（元）	其中		
				人工费	材料费	机械费
3-1	砖基础	10m³	2036.50	495.18	1513.46	27.86
3-2	混水砖墙 1/2砖	10m³	2382.93	845.88	1514.01	23.04
3-3	混水砖墙 3/4砖	10m³	2353.03	824.88	1502.98	25.17
3-4	混水砖墙 一砖	10m³	2328.59	675.36	1626.65	26.58
3-5	混水砖墙 一砖半	10m³	2346.07	656.46	1661.25	28.36

二、概算定额

(一) 概算定额的概念与作用

1. 概算定额的概念

概算定额又称扩大结构定额,它是确定一定计量单位扩大分项工程或扩大结构构件所必需消耗的人工、材料和施工机械台班的数量及其费用标准。概算定额是以预算定额和主要分项工程为基础,根据通用图和标准图等资料,经过适当综合扩大编制而成的定额。概算定额以长度(m)、面积(m^2)、体积(m^3),小型独立构筑物等按"座"为计量单位进行计算。

陕西省概算定额包括《陕西省建设工程概算定额》(2011)《陕西省建筑安装工程概算定额》(2015)和其配套的《陕西省建设工程概算费用定额》(2015)《陕西省建设工程其他费用定额》(2012)。陕西省建设工程概算定额、安装工程概算定额样表见表4-7、表4-8。

表4-7 陕西省建设工程概算定额表

工作内容:砖基础包括土方开挖、回填、垫层、砖基础。
砖墙包括砌墙、压墙筋

单位:$10m^3$

编号				3-1	3-2	3-3
名称				砖基础	标准砖砖墙	承重黏土多孔砖墙
总价			元	8393.38	4179.18	5761.26
其中	人工费		元	4010.55	1041.55	677.70
	材料费		元	4264.77	3108.70	3060.48
	机械费		元	118.06	28.93	23.08
	名称	单位	单价	数量		
人工	综合工日	工日	50.00	80.211	20.831	13.544
材料	标准砖	千块	472.00	5.236	5.422	—
	多孔砖 240×115×90	千块	782.00	—	—	2.576
	多孔砖 240×190×90	千块	1037.00	—	—	0.537
	M10水泥砂浆	m^3	133.88	2.360	0.613	—
	M5混合砂浆	m^3	181.41	—	1.493	—
	M7.5混合砂浆	m^3	180.41	—	—	1.726
	M10混合砂浆	m^3	178.53	—	0.109	—
	圆钢筋	t	4650.00	—	0.036	0.036
	C10混凝土	m^3	172.76	2.216	—	—
	模板	m^3	2100.00	0.011	—	—
	袋装熟石灰	t	240.00	4.243	—	—
	其他材料费	元	—	53.16	9.74	10.39

表 4-8　陕西省建筑安装工程概算定额表（电梯安装）

工作内容：电梯安装、调试、基座、支架制安、除锈、刷油。　　　　　　　　　　　　　　　　单位：部

编号				1-1	1-2	1-3
名称				客梯 7 层以内	客梯 13 层以内	客梯 18 层以内
总价			元	37447.34	52900.25	68859.35
其中	人工费		元	23388.78	34069.54	45148.16
	材料费		元	7493.78	8931.23	9878.39
	机械费		元	6564.78	9899.48	13832.80
名称		单位	单价	数量		
人工	综合工日	工日	50.00	467.7755	681.3907	902.9631
设备	电梯	台	—	(1.0000)	(1.0000)	(1.0000)

概算定额是将预算定额中有联系的若干个分项工程综合为一个概算项目，是预算定额项目的合并与综合扩大。从表 4-7 可以看出，砖基础概算定额子目包括土方开挖、垫层、砖基础、基础回填土；砖墙概算定额子目包括砖墙和砌体加固筋等内容。因此，概算定额的编制比预算定额的编制具有更大的综合性。

由于建设程序设计精度和时间的限制，同一个工程概算的精确程度低于预算定额，且概算定额的数额要高于预算定额的数额，同时又由于概算定额中的项目综合了相同的工程内容的预算定额中的若干个分项，因此概算定额的编制很大程度上要比预算定额简化。

2. 概算定额的作用

概算定额对于合理使用建设资金，降低工程成本，充分发挥投资效益，具有极其重要的意义。概算定额的作用主要体现在以下几个方面：

（1）概算定额是初步设计阶段编制设计概算和技术设计阶段编制修正概算的依据；

（2）概算定额是对设计项目进行技术经济分析和比较的基础资料之一；

（3）概算定额是编制建设项目主要材料计划的参考依据；

（4）概算定额是编制概算指标的基础。

（二）概算定额编制依据

（1）现行的设计标准和设计规范、施工标准和验收规范；

（2）现行的建筑工程基础定额、预算定额；

（3）已建好的类似工程的施工图预算及有代表性的工程决算资料；

（4）具有典型性的标准设计图纸、标准图集和相关的设计资料；

（5）现行的人工工资标准、材料价格、机械台班使用单价及其他费用资料。

（三）概算定额的编制步骤

概算定额的编制步骤可分为准备阶段、定额初稿编制、审查定稿三个阶段。

1. 准备阶段

该阶段的主要工作是确定编制机构和编制人员组成，进行调研，制订出编制方案和确定概算定额项目。

2. 编制初稿阶段

根据确定的编制方案和概算定额项目，收集和整理各种数据，对各种资料进行深入细致的分析和测算，确定各定额项目的人工、材料和机械的消耗量指标，编制出定额初稿。

概算定额初稿完成后要测算定额水平，包括新编概算定额与原概算定额的水平测算，概算定额与预算定额的水平测算。概算定额水平与预算定额水平之间应有一定的幅度差，幅度差一般在 5% 左右。

3. 审查定稿阶段

组织有关部门讨论定额初稿，在听取合理意见的基础上进行修改定稿，最后上级审批。

（四）概算定额的内容

概算定额一般由文字说明（总说明、分部说明）、概算定额项目表和附录等组成。

1. 文字说明部分

文字说明部分有总说明和分部工程说明。总说明包含下列内容：

(1) 概算定额的性质和作用；

(2) 概算定额编纂形式和应注意的事项；

(3) 概算定额编制目的和适用范围；

(4) 有关定额的使用方法的统一规定。

2. 概算定额项目表

(1) 概算定额项目表定额项目的划分。定额项目一般按两种方法划分：一是按工程结构划分；二是按工程部位（分部）划分。

(2) 概算定额项目表。该表由若干分节定额组成，定额项目表见表 4-7、表 4-8。各节定额由工程内容、定额表和附注说明组成。概算定额项目的排序，是按施工程序，以建筑结构的扩大结构构件和形象部位等划分章节的。定额前面列有说明和工程量计算规则。

三、概算指标

（一）概算指标的概念与作用

1. 概算指标的概念

概算指标在概算定额的基础上进一步综合扩大，以建筑物和构筑物为对象，以建筑面积、体积或成套设备装置的台或组为计量单位，规定所需人工、材料及施工机械台班消耗数量指标及其费用指标。

因为概算指标比概算定额进一步综合和扩大。所以依据概算指标来编制设计概算，可以更简单方便，但其精确度就会大打折扣了。

在内容的表达上，概算指标可分为综合形式和单项形式。综合概算指标是以一种类型的建筑物或构筑物为研究对象，以建筑物或构筑物的建筑面积或体积为计量单位，综合了该类型范围内各种规格的单位工程的造价和消耗量指标而成的，它反映的不是具体工程的指标而是一类工程的综合指标，指标概括性较强。

2. 概算指标的作用

概算指标和概算定额、预算定额一样，都是与各个设计阶段相适应的多次计价的产物，主要用于初步设计阶段，其作用主要有：

(1) 概算指标是发包人编制固定资产投资计划、确定投资额的依据；

(2) 概算指标是设计单位编制初步设计概算、选择设计方案的依据；

(3) 概算指标中的主要材料指标可以作为匡算主要材料用量的依据；

(4) 概算指标是考核建设投资效果的依据。

（二）概算指标的编制依据

概算指标编制的依据如下：

(1) 国家颁发的建筑标准、设计规范、施工验收规范及其他有关规定；

(2) 标准设计图集与各类典型工程设计和有代表性的标准设计图纸；

(3) 现行的概算指标和预算定额、补充定额资料和补充单位估价表；

(4) 现行的相应地区的人工工资标准、材料价格、机械台班使用单价等；

(5) 积累的工程结算资料；

(6) 现行的工程建设政策、法令和规章等（如颁发的各种有关提高建筑经济效果和降低造价方面的文件）。

（三）概算指标的内容

概算指标比概算定额更加综合与扩大，其主要内容包括以下部分：

(1) 总说明。总说明用来说明概算指标的作用、编制依据和使用方法。

(2) 示意图。示意图表明工程结构的形式，工业项目还可以表示出起重机及起重能力等。必要时，画出工程剖面图，或者增加平面简图，借以表明结构形式和使用特点（有起重设备的，需要表明）。

(3) 结构特征。结构特征说明结构类型，如单层、多层、高层；砖混结构、框架结构、钢结构和建筑面积等。

(4) 主要构造。主要构造说明基础、内墙、外墙、梁、柱、板等构件情况。

(5) 经济指标。经济指标说明该项目每 100m^3 或每座构筑物的造价指标，以及其中土建、水暖、电器照明等单位工程的相应造价。

(6) 分部分项工程构造内容及工程量指标。说明该工程项目各分部分项工程的构造内容，相应计量单位的工程量指标，以及人工、材料消耗指标。

五、投资估算指标

（一）投资估算指标的概念与作用

1. 投资估算指标的概念

投资估算指标是在编制项目建议书、可行性研究报告阶段进行投资估算、计算投资需要量时使用的一种定额。投资估算指标一般是以建设项目、单项工程、单位工程为对象进行计算，反映其建设总投资及其各项费用构成的经济指标。投资估算指标是一种比概算指标更扩大的单位工程指标或单项工程指标。其概略程度与可行性研究阶段相适应。其范围涉及建设前期、建设实施期和竣工验收交付使用期等各个阶段的费用支出，内容因行业不同而各异。可作为编制固定资产长远投资额的参考。

在工程建设前期进行可行性研究编制投资估算时，因为缺少指导性的依据资料，所以投资估算的精确性在很大程度上取决于编制人员的业务水平和经验。

2. 投资估算指标的作用

(1) 投资估算指标是编制项目建议书、可行性研究报告等前期工作阶段的项目决策的投资估算的依据，也可以作为编制固定资产长远规划投资额的参考资料。

(2) 投资估算指标在固定资产的形成过程中起着投资预测、投资控制、投资效益分析的作用。

(3) 投资估算指标是项目投资的控制目标之一。投资估算不仅是编制初步设计概算的依据，同时还对初步设计概算起控制作用。

(4) 投资估算对项目进行筹资决策和投资决策提供重要依据。对于确定融资方式、进行经济评价和方案优选都起着重要作用。

可见，投资估算指标的正确制订对于提高投资估算的准确度，对建设项目的合理评估、正确决策具有重大意义。

（二）投资估算指标的编制依据

投资估算指标的编制依据如下：

(1) 影响建设工程投资的动态因素，如利率、汇率等；

(2) 专门机构发布的建设工程费用组成及计算方法、其他相关估算工程造价的文件；

(3) 专门机构发布的工程建设其他费用的计算方法以及财政部门发布的物价指数；

(4) 主要工程项目、辅助工程项目及其他单项工程的套用内容及工程量；

(5) 已建同类工程项目的投资档案资料。

（三）投资估算指标的内容

投资估算指标是对建设项目全过程各项投资支出进行确定和控制的技术经济指标，其范围涉及工程建设项目各个阶段的费用支出，内容因行业不同一般可分为建设项目综合指标、单项工程指标和单位工程指标三个层次。

1. 建设项目综合指标

建设项目综合指标指按规定应列入建设项目总投资的、从立项筹建至竣工验收交付使用的全部投资额，包括单项工程投资、工程建设其他费用和预备费等。建设项目综合指标一般以项目的综合生产能力单位投资表示，如元/t。

2. 单项工程指标

单项工程指标指按照相关规定列入并能够独立发挥生产能力和使用效益的单项工程内的全部投资额，包括建筑安装工程费、设备购置费、生产工器具购置费和可能包含的其他费用。单项工程指标一般以单项工程生产能力单位投资，如元/t 或其他单位表示。如变配电站："元/（kV·A）"；办公室、宿舍、住宅等房屋则区别不同结构形式以元/㎡表示。

3. 单位工程指标

单位工程指标指按规定应列入能独立设计和施工，但不能独立发挥生产能力和使用效益的工程项目的费用，即建筑安装工程费用。单位工程指标一般以元/㎡表示；构筑物一般以元/座表示。

第四节 建筑安装工程费用定额

一、建筑安装工程费用构成

建筑安装工程费用是指为完成工程项目建造、生产性设备及配套工程安装等所需的费用。建筑安装工程费用项目组成有两种划分方式：

一是按费用构成要素划分，如图3-2所示、图3-4所示，由人工费、材料费、施工机具使用费、企业管理费、利润、规费和税金（增值税）组成。其中人工费、材料费、施工机具使用费、企业管理费、利润包含在分部分项工程费、措施项目费、其他项目费中。

二是按工程造价形成划分，如图3-3所示、图3-5所示，由分部分项工程费、措施项目费、其他项目费、规费和税金（增值税）组成。分部分项工程费、措施项目费、其他项目费包含人工费、材料费、施工机具使用费、企业管理费和利润。

关于建筑安装工程造价费用项目构成的具体内容详见第三章相关内容。

二、建筑安装工程费用定额概述

（一）费用定额的概念和编制水平

建筑安装工程费用定额是指建筑安装工程费用构成中有关费用的计算标准。计算标准包括计算基础和计算费率。

费用定额也是按社会平均水平编制，所规定的各项费用是这些费用所能计取的最高限额，由各地区建设行政主管部门按照国家相关规定，结合本地区的实际情况来测算编制。建筑安装工程费用定额应与相应的预算定额（消耗量定额）配套使用。

为了更好的适应市场经济的发展，并与工程量清单计价模式相适应，部分省市提出了"参考费率""计价费率"等形式，以代替定额计价体系下的费用定额。《陕西省建设工程工程量清单计价费率》（2009）其实质就是费用定额，与本省的《消耗量定额》配套使用。

(二) 费用定额的编制原则

1. 合理确定定额水平的原则

建筑安装工程费用定额的水平应按照社会必要劳动量确定，合理的定额水平应该从实际出发。在确定建筑安装工程费用定额时，一方面要及时准确地反映企业技术和施工管理水平，促进企业管理水平不断完善和提高，这些因素会对建筑安装工程费用支出的减少产生积极的影响；另外一方面也应考虑由于材料预算价格上涨、定额人工费的变化会使建筑安装工程费用定额有关费用支出发生变化的因素。

2. 简明、适用性原则

确定建筑安装工程费用定额应在尽可能地反映实际消耗水平的前提下，做到形式简单，方便使用。按照统一的费用项目划分，制定相应的计算基础和相应的费率，区分不同的专业、不同的工程类型划分费率，运用费用定额计取各项费用的方法应力求简单。如人工土石方工程、安装工程按人工费取费，一般土建工程、装饰工程等按人工费、材料费、机械费取费，措施项目也可按分部分项工程费取费。

3. 定性与定量相结合的原则

建筑安装工程费用定额的编制要充分考虑可能对工程造价造成影响的各种因素，在确定各种费率时（如拟用费率计算的措施项目、企业管理费、利润等），要充分考虑现场的施工条件对具体工程的影响，要对各种因素进行定性、定量的分析研究后制定出合理的费用标准，在满足施工生产和经营管理需要的基础上，尽力压缩非生产人员的数量，以节约企业管理费中的有关费用支出。

(三) 费用定额的内容

费用定额一般按专业划分，各专业包括以下主要内容：

(1) 不可竞争性费用：如安全文明施工费、规费和税金（增值税）；
(2) 企业管理费和利润；
(3) 拟按费率计取的措施项目费用：如冬雨期施工、夜间施工、二次搬运、测量放线和定位复测等。

三、陕西省建设工程工程量清单计价费率

(一) 陕西省《陕西省建设工程工程量清单计价费率》(2009) 的适用范围

陕西省《陕西省建设工程工程量清单计价费率》适用于房屋建筑、市政基础设施新建、扩建工程。按专业划分为：

(1) 建筑工程：划分为人工土（石）方工程、机械土（石）方工程、桩基工程和一般土建工程。
(2) 装饰装修工程
(3) 安装工程
(4) 市政工程：划分为市政工程（土建）、市政工程（安装）
(5) 园林绿化工程

(二) 陕西省《陕西省建设工程工程量清单计价费率》(2009) 的应用

1. 不可竞争费用

《陕西省建设工程工程量清单计价费率》中的规费、安全文明施工措施费和税金（增值税销项税额）为不可竞争性费率，编制最高限价、投标报价、约定合同价以及竣工结算均必须按照规定计取，不得缺项，也不得对费率实行浮动。差价应作为计算安全文明施工措施费、规费、税金（增值税销项税额）的基数。

(1) 安全文明施工措施费。

安全文明施工措施费 =（分部分项工程费 + 措施费 + 其他项目费）× 费率

各专业费率见表 4-9。

表 4-9 调整后的安全文明施工措施费（%）

专业类别	计费基数	安全文明施工费	环境保护费（含排污）	临时设施费	扬尘污染治理费	建筑工人实名制管理费	合计费率
建筑工程	分部分项工程费＋措施费＋其他项目费	2.60	0.40	0.80	0.40	0.20	4.40
安装工程		2.60	0.40	0.80	0.20	0.20	4.20
装饰工程		2.60	0.40	0.80	0.20	0.20	4.20
市政、管廊		1.80	0.40	0.80	0.60	0.20	3.80
园林绿化		1.80	0.40	0.80	0.50	0.20	3.70

注：此表依据陕西省住房和城乡建设厅文件陕建发〔2017〕270号、陕建发〔2019〕1246号及陕西省建设工程造价与建筑行业劳动保险基金统筹管理总站文件陕建价统发〔2019〕64号编制，扬尘污染治理费为陕西省专项费用。

（2）规费。

规费＝（分部分项工程费＋措施费＋其他项目费）×费率

合计费率 4.67%，具体项目及费率组成见表 4-10。

表 4-10 不分专业（%）

计费基础	养老保险	失业保险	医疗保险	工伤保险	残疾就业保险	生育保险	住房公积金	意外伤害保险
分部分项工程费＋措施费＋其他项目费	3.55	0.15	0.45	0.07	0.04	0.04	0.30	0.07

注：根据规费的性质，在工程结算时，承包人不需要提供有关交费证明。

（3）增值税销项税额。

增值税销项税额＝税前工程造价×增值税销项税税率（增值税适用税率）

式中，税前工程造价＝人工费＋材料费＋施工机具使用费＋企业管理费＋利润＋规费。同样也可表述为税前工程造价＝分部分项工程费＋措施项目费＋其他项目费＋规费。

提示：上述公式中的人工费、材料费、施工机具使用费、企业管理费、利润、规费、分部分项工程费、措施项目费、其他项目费均为不包括增值税可抵扣进项税额的价格。

由于陕西省目前计价依据中未按住建部要求增值税计算公式规定计算，因此陕西省在计算增值税税额时，税前工程造价是按营业税状态下的（分部分项工程费＋措施项目费＋其他项目费＋规费）×综合系数计算。2019年4月1日后综合系数及相关税率依据陕建发〔2019〕45号文件，增值税销项税适用税率为9%，综合系数见表 4-11。

表 4-11 建筑安装工程综合系数

序号	专业分类	综合系数
1	人工土石方工程	0.9982
2	机械土石方工程	0.9662
3	桩基工程	0.9579
4	土建工程（除砖混工程外）	0.9518
5	砖混工程	0.9704
6	构筑物工程	0.9563
7	钢结构工程	0.9420
8	装饰工程	0.9394
9	安装工程（长距离输送管道土石方工程除外）	0.9437
10	安装工程（长距离输送管道土石方工程）	0.9982

(4) 附加税。附加税是指城市维护建设税、教育费附加、地方教育费附加三项。

附加税＝（分部分项工程费＋措施项目费＋其他项目费＋规费）×附加税税率

附加税税率见表 4-12。

表 4-12 附加税税率

序号	工程项目	税率（%）
1	纳税地点在市区	0.48
2	纳税地点在县城、镇	0.41
3	纳税地点在市区、县城、镇以外	0.28

2. 企业管理费

企业管理费＝分项直接工程费×费率；或企业管理费＝人工费×费率。适用范围及费率见表 4-13。

表 4-13 企业管理费费率

适用范围	计费基础	费率（%）
装饰工程	分项直接工程费	3.83
一般土建工程	分项直接工程费	5.11
桩 基 础	分项直接工程费	1.72
机械土石方	分项直接工程费	1.70
人工土石方	人工费	3.58
安装工程	人工费	20.54

3. 利润

利润＝（分项直接工程费＋企业管理费）×费率；或利润＝人工费×费率，适用范围及费率见表 4-14。

表 4-14 利润费率

适用范围	计费基础	费率（%）
装饰工程	分项直接工程费＋企业管理费	3.37
一般土建工程	分项直接工程费＋企业管理费	3.11
桩 基 础	分项直接工程费＋企业管理费	1.07
机械土石方	分项直接工程费＋企业管理费	1.48
人工土石方	人工费	2.88
安装工程	人工费	22.11

4. 部分措施费

部分措施费＝（分部分项工程费-可能发生的差价）×费率；或部分措施费＝人工费×费率，适用范围及费率见表 4-15。

表 4-15 费率计取部分（%）

适用范围	计费基础	冬雨季、夜间施工措施费	二次搬运费	测量放线、定位复测、检验试验费
装饰工程	分部分项工程费减去可能发生的差价	0.30	0.08	0.15
一般土建工程		0.76	0.34	0.42
桩基础工程		0.28	0.28	0.06
机械土石方		0.10	0.06	0.04

续表

适用范围	计费基础	冬雨季、夜间施工措施费	二次搬运费	测量放线、定位复测、检验试验费
人工土石方	人工费	0.86	0.76	0.36
安装工程	人工费	3.28	1.64	1.45

注：1. 需要注意的是差价不计算费率计取部分的措施项目费用。差价要计算安全文明施工措施费。

2. 按费率计算的检验试验费不包括以下内容：①桩基承载力检测；②人工地基承载力检测；③钢筋保护层检测；④面砖、植筋、钢筋机械连接等拉拔试验检测；⑤室内空气检测；⑥节能检测；⑦门窗、幕墙的水密性、气密性、抗风压、平面变形等检测；⑧屋面、卫生间等防水闭水试验；⑨石材、面砖的放射性检测；⑩构件超声波的检测；⑪钢筋混凝土墙抗渗试验；⑫对已具有合格证的材料、成品、半成品重新检测。以上检测发生后，据实按有关收费标准执行。

(三)《陕西省建设工程工程量清单计价费率》使用规定

(1) 编制最高限价，应以《陕西省建设工程工程量清单计价费率》中的全部费率为依据，以体现社会平均价格的编制原则。

(2) 编制投标报价除规费、安全文明施工措施费和税金（增值税）三项不可竞争费率外，其余费率由投标人自主确定。

(3) 约定合同价，招标工程应以中标价的计价费率为依据，不得改变其计价费率。

(4) 竣工结算依据合同约定的计价费率计取。

(5) 关于总承包服务费的计价。

编制最高限价时：分包专业的管理服务费可按分包工程造价的2%～4%计取；甲供材料、设备可按其总价值的0.8%～1.2%计取保管费。

编制投标报价时：投标人自主确定。

(6) 养老保险（劳保统筹基金）实行行业统筹，由项目业主缴纳。编制招标最高限价和投标报价时应按规定计价。结算工程款不包括养老保险（劳保统筹基金）。

(7) 关于停工损失费的索赔。

承包人按照双方约定进入施工现场后，因发包人原因造成连续停工超过24h，且不存在转移施工机械和人员的必要条件，发生的停工损失，由发包人承担，并应按索赔程序办理。

停工损失费用的索赔应按照发承包双方的约定计算，无约定或约定不明确的参照下列办法计算：

施工机械停工损失＝停工天数×陕西省建设工程施工机械台班价目表单价×0.4

施工人员停工损失费＝施工现场所有工作人员停工总工日数×基期综合人工单价

周转性材料停工损失费＝停工天数×周转性材料租赁单价（元/天）

第五节 工程造价信息

一、工程造价信息及其主要内容

(一) 工程造价信息的概念、特点和分类

1. 工程造价信息的概念

工程造价信息是一切有关工程造价的特征、状态及其变动的消息的组合。在工程发承包市场和工程建设过程中，工程造价总是在不停地运动着、变化着的，并呈现出种种不同特征。人们对工程发承包市场和工程建设过程中工程造价运动的变化，是通过工程造价信息来认识和掌握的。

在工程发承包市场和工程建设中，工程造价是最灵敏的调节器和指示器，无论是政府工程造价主管部门还是工程发承包双方，都要通过接收工程造价信息来了解工程建设市场动态，预测工程造价发展，决定政府的工程造价政策和工程发承包价。因此，工程造价主管部门和工程发承包双方都要接收、加工、传递和利用工程造价信息。工程造价信息作为一种社会资源在工程建设中的地位日趋明显，特别是随着我国工程量清单计价制度的推行，工程价格从政府计划的指令性价格向市场定价转化，而在市场定价的过程中，信息起着举足轻重的作用，因此工程造价信息资源开发的意义更为重要。

2. 工程造价信息的特点

（1）区域性。建筑材料大多质量大、体积大、产地远离消费地点，因而运输量大，费用也较高。尤其不少建筑材料本身的价值或生产价格并不高，但所需要的运输费用却很高，这都在客观上要求尽可能就近使用建筑材料。因此，这类建筑信息的交换和流通往往限制在一定的区域内。

（2）多样性。建设工程具有多样性的特点，要使工程造价管理的信息资料满足不同特点项目的需求，在信息的内容和形式上应具有多样性的特点。

（3）专业性。工程造价信息的专业性集中反映在建设工程的专业化上，如水利、电力、铁道、公路等工程，所需的信息有它的专业特殊性。

（4）系统性。工程造价信息是由若干具有特定内容和同类性质的、在一定时间和空间内形成的一连串信息。一切工程造价的管理活动和变化总是在一定条件下受各种因素的制约和影响。工程造价管理工作也同样是多种因素相互作用的结果，并且从多方面反映出来，因而从工程造价信息源发出来的信息都不是孤立、紊乱的，而是大量的、有系统的。

（5）动态性。工程造价信息需要经常不断地收集和补充新的内容，进行信息更新，真实反映工程造价的动态变化。

（6）季节性。由于建筑生产受自然条件影响大，施工内容的安排必须充分考虑季节因素，使得工程造价的信息也不能完全避免季节性的影响。

（二）工程造价信息的主要内容

从广义上说，所有对工程造价的计价过程起作用的资料都可以称为工程造价信息。例如，各种定额资料、标准规范、政策文件等。但最能体现信息动态性变化特征，并且在工程价格的市场机制中起重要作用的工程造价信息主要包括价格信息、工程造价指数和已完工程信息3类。

1. 价格信息

价格信息包括各种建筑材料、装修材料、安装材料、人工工资、施工机械等的最新市场价格。这些信息是比较初级的，一般没有经过系统的加工处理，也可以称其为数据。

（1）人工价格信息。根据《关于开展建筑工程实物工程量与建筑工种人工成本信息测算和发布工作的通知》（建办标函〔2006〕765号），我国自2007年起开展建筑工程实物工程量与建筑工种人工成本信息（也即人工价格信息）的测算和发布工作。其成果是引导建筑劳务合同双方合理确定建筑工人工资水平的基础，是建筑业企业合理支付工人劳动报酬和调解、处理建筑工人劳动工资纠纷的依据，也是工程招投标中评定成本的依据。

1）建筑工程实物工程量人工价格信息。这种价格信息是按照建筑工程的不同划分标准为对象，反映了单位实物工程量人工价格信息。根据工程不同部位，体现作业的难易，结合不同工种作业情况将建筑工程划分为土石方工程、架子工程、砌筑工程、模板工程、钢筋工程、混凝土工程、防水工程、抹灰工程、木作与木装饰工程、油漆工程、玻璃工程、金属制品制作及安装、其他工程等。

2）建筑工种人工成本信息。这种价格信息是按照建筑工人的工种分类，反映不同工种的单位人工日工资单价。建筑工种是根据《劳动法》和《职业教育法》的有关规定，对从事技术复杂、通用性广、涉及国家财产、人民生命安全和消费者利益的职业（工种）的劳动者施行就业准入的规定，结合建筑业实际情况确定的。

（2）材料价格信息。在材料价格信息的发布中，应披露材料类别、规格、单价、供货地区、供货单位以及发布日期等信息。

（3）施工机械价格信息。主要内容为施工机械价格信息，又分为设备市场价格信息和设备租赁市场价格信息两部分。相对而言，后者对于工程计价更重要，发布的机械价格信息应包括机械种类、规格型号、供货厂商名称、租赁单价、发布日期等内容。

2. 工程造价指数

工程造价指数（造价指数信息）是反映一定时期价格变化对工程造价影响程度的指数，包括各种单项价格指数、设备工器具价格指数、建筑安装工程造价指数、建设项目或单项工程造价指数。

3. 已完工程信息

已完或在建工程的各种造价信息，可以为拟建工程或在建工程造价提供依据。这种信息也可称为工程造价资料。

二、工程造价资料的分类和运用

（一）工程造价资料及其分类

工程造价资料是指已竣工和在建的有关工程可行性研究估算、设计概算、施工图预算、招标投标价格、工程竣工结算、竣工决算、单位工程施工成本以及新材料、新结构、新设备、新施工工艺等建筑安装工程分部分项工程的单价分析等资料。

工程造价资料可以分为以下几种类别：

（1）工程造价资料按照其不同工程类型（如厂房、铁路、住宅、公建、市政工程等）进行划分，并分别列出其包含的单项工程和单位工程。

（2）工程造价资料按照其不同阶段，一般分为项目可行性研究投资估算、初步设计概算、施工图预算、招标控制价、投标报价、竣工结算、竣工决算等。

（3）工程造价资料按照其组成特点，一般分为建设项目、单项工程和单位工程造价资料，同时也包括有关新材料、新工艺、新设备、新技术的分部分项工程造价资料。

（二）工程造价资料的运用

（1）作为编制固定资产投资计划的参考，用作建设成本分析。

（2）进行单位生产能力投资分析。

（3）用作编制投资估算的重要依据。

（4）用作编制初步设计概算和审查施工图预算的重要依据。

（5）用作确定招标控制价和投标报价的参考资料。

（6）用作技术经济分析的基础资料。

（7）用作编制各类定额的基础资料。

（8）用以测定调价系数、编制造价指数。

（9）用以研究同类工程造价的变化规律。

三、工程造价指数的内容及作用

（一）指数的概念和分类

1. 指数的概念

指数是用来统计研究社会经济现象数量变化幅度和趋势的一种特有的分析方法和手段。指数有广义和狭义之分。广义的指数指反映社会经济现象变动与差异程度的相对数。如产值指数、产量指数、出口额指数等。而从狭义上说，指数是用来综合反映社会经济现象复杂总体数量变动状况的相对数。所谓复杂总体，是指数量上不能直接加总的总体。例如，不同的产品和商品，有不同的使用价值和计量单位，不同商品的价格也以不同的使用价值和计量单位为基础，都是不同度量的事物，是不能直接相加的。但通过狭义的指数就可以反映出不同度量的事物所构成的特殊总体变动或差异程度。如物价总指数、成本总指数等。

2. 指数的分类

(1) 指数按其所反映的现象范围的不同，分为个体指数、总指数。个体指数是反映个别现象变动情况的指数，如个别产品的产量指数、个别商品的价格指数等。总指数是综合反映不能同度量的现象动态变化的指数。如工业总产量指数、社会商品零售价格总指数等。

(2) 指数按其所反映的现象的性质不同，分为数量指标指数和质量指标指数。数量指标指数是综合反映现象总的规模和水平变动情况的指数。如商品销售量指数、工业产品产量指数、职工人数指数等。质量指标指数是综合反映现象相对水平或平均水平变动情况的指数。如产品成本指数、价格指数、平均工资水平指数等。

(3) 指数按照采用的基期不同，可分为定基指数和环比指数。当对一个时间数列进行分析时，计算动态分析指标通常用不同时间的指标值作对比。在动态对比时作为对比基础时期的水平，称为基期水平；所要分析的时期（与基期相比较的时期）的水平，称为报告期水平或计算期水平。定基指数是指各个时期指数都是采用同一固定时期为基期计算的，表明社会经济现象对某一固定基期的综合变动程度的指数。环比指数是以前一时期为基期计算的指数，表明社会经济现象对上一期或前一期的综合变动的指数。定基指数或环比指数可以连续将许多时间的指数按时间顺序加以排列，形成指数数列。

(4) 指数按其所编制的方法不同，分为综合指数和平均数指数。综合指数是通过确定同度量因素，把不能同度量的现象过渡为可同度量的现象，采用科学方法计算出两个时期的总量指标并进行对比而形成的指数。平均数指数是从个体指数出发，通过对个体指数加以平均计算而形成的指数。

(二) 工程造价指数概念及内容

1. 工程造价指数的概念

在建筑市场供求和价格水平发生经常性波动的情况下，建设工程造价及其各组成部分也处于不断变化之中，这不仅使不同时期的工程在"量"与"价"两方面都失去可比性，也给合理确定和有效控制造价造成困难。根据工程建设的特点，编制工程造价指数是解决这些问题的最佳途径。以合理方法编制的工程造价指数，不仅能够较好地反映工程造价的变动趋势和变化幅度，而且可以剔除价格水平变化对造价的影响，正确反映建筑市场的供求关系和生产力发展水平。

2. 工程造价指数的内容

工程造价指数的内容应该包括以下几项：

(1) 各种单项价格指数。这其中包括反映各类工程的人工费、材料费、施工机械使用费报告期价格对基期价格的变化程度的指标。可利用它研究主要单项价格变化的情况及其发展变化的趋势。其计算过程可简单表示为报告期价格与基期价格之比。以此类推，可把各种费率指数也归于其中，如企业管理费指数，甚至工程建设其他费用指数等。这些费率指数的编制可以直接用报告期费率与基期费率之比求得。很明显，这些单项价格指数都属于个体指数。其编制过程相对比较简单。

(2) 设备、工器具价格指数。设备、工器具的种类、品种和规格很多。设备、工器具费用的变动通常是由两个因素引起的，即设备、工器具单件采购价格的变化和采购数量的变化，并且工程所采购的设备、工器具是由不同规格、不同品种组成的，因此设备、工器具价格指数属于总指数。由于采购价格与采购数量的数据无论是基期还是报告期都比较容易获得，因此设备、工器具价格指数可以用综合指数的形式来表示。

(3) 建筑安装工程造价指数。建筑安装工程造价指数也是一种总指数，其中包括人工费指数、材料费指数、施工机械使用费指数以及企业管理费等各项个体指数的综合影响。由于建筑安装工程造价指数相对比较复杂，涉及的方面较广，利用综合指数来进行计算分析难度较大。因此，可以通过对各项个体指数的加权平均，用平均数指数的形式来表示。

(4) 建设项目或单项工程造价指数。该指数是由设备、工器具指数，建筑安装工程造价指数，工程建设其他费用指数综合得到的。它也属于总指数，并且与建筑安装工程造价指数类似，一般也用平均数指数的形式来表示。

根据造价资料的期限长短来分类,也可以把工程造价指数分为时点造价指数、月造价指数、季造价指数和年造价指数等。

(三)工程造价指数的作用

工程造价指数反映了一定时期由于价格变化对工程造价影响的程度,它是调整工程造价价差的依据。工程造价指数反映了报告期与基期相比的价格变动趋势,利用它来研究实际工作中的下列问题很有意义:

(1)可以利用工程造价指数分析价格变动趋势及其原因。

(2)可以利用工程造价指数预计宏观经济变化对工程造价的影响。

(3)工程造价指数是工程发承包双方进行工程估价和结算的重要依据。

第五章 工程决策和设计阶段造价管理

第一节 工程决策和设计阶段造价管理工作

一、工程决策和设计阶段造价管理工作概述

工程决策是选择和决定投资行动方案的过程，是对拟建项目的必要性和可行性进行技术经济论证，对不同建设方案进行技术经济比较并做出判断和决定的过程。保证工程决策质量的前提是对相关技术经济基础资料占有的广泛性、充分性、可靠性和有效性。

工程设计是指在工程项目开始建设施工之前，根据已批准的设计任务书，为具体实现拟建项目的技术、经济要求，拟定建筑、安装及设备制造等所需的规划、图纸、数据等技术文件的工作。设计是工程项目由计划变为现实具有决定意义的工作阶段。设计文件是工程施工的依据。拟建工程在建设过程中能否保证质量、进度和节约投资，在很大程度上取决于设计的质量。工程建成后，能否获得满意的经济效果，除了工程决策外，设计工作起着决定性的作用。

工程决策和设计阶段项目管理工作程序、内容和造价管理工作内容见表 5-1。工程造价管理工作随着项目管理工作的逐步展开，需要经过从多阶段投资估算、设计概算到施工图预算的工作过程。造价文件的编制工作不断深入和细化，预计的工程造价数据精度越来越高，造价偏差越来越小。工程决策和设计阶段工程造价管理工作的质量对于工程项目建设的成功与否具有决定性的影响。

表 5-1 决策和设计阶段项目管理的工作内容和造价管理的工作内容

项目阶段	项目管理工作内容	造价管理工作内容	造价偏差范围
1. 决策阶段	1. 投资机会研究	投资估算	±30%左右
	2. 项目建议书		±30%以内
	3. 初步可行性研究		±20%以内
	4. 详细可行性研究		±10%以内
2. 设计阶段	1. 方案设计		±10%以内
	2. 初步设计	设计概算	±5%以内
	3. 技术设计	修正概算	±5%以内
	4. 施工图设计	施工图预算	±3%以内

由此可见，工程决策和设计阶段的工作对后期工程建设有着很大的影响，也对工程造价的合理确定和有效控制起着决定性的作用。

二、工程决策阶段造价管理的工作内容

建设工程项目投资决策阶段项目管理工作一般包括投资机会研究、项目建议书、初步可行性研究、详细可行性研究等几个主要阶段，相应的工程造价管理工作统称为投资估算。在不同的工作阶段，由于对建设工程项目考虑的深度不同，掌握的资料不同，投资估算的精确程度也是有所不同的。随着项目管理工作的不断深化、项目条件的不断细化，投资估算的准确程度也会不断提高，从而对建设工程项目投资起到有效控制作用。

1. 投资机会研究、项目建议书阶段的投资估算

投资机会研究阶段的工作目标主要是根据国家和地方产业布局和产业结构调整计划，以及市场需求情况，探讨投资方向、选择投资机会，提出概略的项目投资初步设想。如果经过论证初步判断该项目投资有进一步研究的必要，则制定项目建议书。对于较简单的投资项目来说，投资机会研究和项目建议书可视为一个工作阶段。

投资机会研究阶段投资估算依据的资料比较粗略，投资额通常是通过与已建类似项目的对比得到，投资估算额度的偏差率一般控制在30%左右。项目建议书阶段的投资额是根据产品方案、项目投资规模、产品主要生产工艺、生产车间组成、初选建设地点等估算出来的，其投资估算额度的偏差率应控制在30%以内。

2. 初步可行性研究阶段的投资估算

这一阶段主要是在项目建议书的基础上，进一步确定项目的投资规模、技术方案、设备选型、建设地址选择和建设进度等情况，对项目投资以及项目建设后的生产和经营费用支出进行估算，并对工程项目经济效益进行评价。根据评价结果初步判断项目的可行性。该阶段是介于项目建议书和详细可行性研究之间的中间段，投资估算额度的偏差一般要求控制在20%以内。

3. 详细可行性研究阶段的投资估算

详细可行性研究阶段也称为最终可行性研究阶段。在该阶段应最终确定建设项目的各项市场、技术、经济方案，并进行全面、详细、深入的投资估算和技术经济分析，选择拟建项目的最佳投资方案，对项目的可行性提出结论性意见。该阶段研究内容较详尽，投资估算额度的偏差率应控制在10%以内。这一阶段的投资估算是项目可行性论证、选择最佳投资方案的主要依据，也是编制设计文件的主要依据。

在工程决策的不同阶段编制投资估算，由于种种条件不同，对其准确度的要求也就有所不同。造价管理人员应充分把握市场变化，在投资决策的不同阶段对所掌握的资料加以全面分析，使得在该阶段所编制的投资估算满足相应的准确性要求，达到为工程决策提供依据、对工程投资起到有效控制的作用。

三、工程设计阶段造价管理的工作内容

按照我国建设行业对建设工程项目设计的阶段划分，一般工业与民用建筑项目的设计工作可按初步设计和施工图设计两个阶段进行，称为"两阶段设计"；对于技术上复杂而又缺乏设计经验的项目，可按初步设计、技术设计和施工图设计三个阶段进行，称为"三阶段设计"。对于特大型超复杂、对国计民生影响重大的建设工程项目，在初步设计之前，还应增加方案设计阶段，称为"四阶段设计"。根据《建筑工程设计文件编制深度规定》（建质函〔2016〕247号）的规定：房屋建筑工程一般应分为方案设计、初步设计和施工图设计三个阶段；对于技术要求相对简单的民用建筑工程，当有关主管部门在初步设计阶段没有审查要求，且合同中没有做初步设计的约定时，可在方案设计审批后直接进入施工图设计。

1. 方案设计阶段的投资估算

方案设计是在项目投资决策立项之后，将可行性研究阶段提出的问题和建议，经过项目咨询机构和业主单位共同研究，形成具体、明确的项目建设实施方案的策划性设计文件，其深度应当满足编制初步设计文件的需要。方案设计的造价管理工作仍称为投资估算。该阶段投资估算额度的偏差率显然应低于可行性研究阶段投资估算额度的偏差率。

2. 初步设计阶段的设计概算

初步设计的内容依工程项目的类型不同而有所变化，一般来说，应包括项目的总体设计、布局设计、主要的工艺流程、设备的选型和安装设计、土建工程量及费用的估算等。初步设计文件应当满足编制施工招标文件、主要设备材料订货和编制施工图设计文件的需要，是施工图设计的基础。

初步设计阶段的造价管理工作称为设计概算。设计概算的任务是对项目建设的建筑、安装工程量进行估算，对工程项目建设费用进行概算。其可分为建设项目总概算、单项工程综合概算。设计概算一经批准，即作为控制拟建项目工程造价的最高限额。

3. 技术设计阶段的修正概算

技术设计（也称扩大初步设计）是初步设计的具体化，也是各种技术问题的定案阶段。技术设计的详细程度应能够满足设计方案中重大技术问题的要求，应保证能够根据它进行施工图设计和提出设备订货明细表。技术设计时如果对初步设计中所确定的方案有所更改，应对更改部分编制修正概算。对于不是很复杂的工程，技术设计可以省略，即初步设计完成后直接进入施工图设计阶段。

4. 施工图设计阶段的施工图预算

施工图设计阶段的主要内容是根据批准的初步设计（或技术设计），绘制出正确、完整和尽可能详细的建筑、安装图纸，包括建设项目部分工程的详图、零部件结构明细表、验收标准、方法等。此设计文件应当满足设备材料采购、非标准设备制作和施工的需要，并注明建筑工程合理使用年限。

施工图预算是在施工图设计完成之后，根据已批准的施工图纸和既定的施工方案，结合现行的预算定额、地区单位估价表、费用定额、各种资源单价等计算并汇总的造价文件。如单位工程施工图预算、单项工程施工图预算等。

四、工程决策和设计阶段造价管理的意义

单从造价管理的角度看，工程决策阶段产出的是总投资，工程设计阶段对项目的投资又有重要的影响，工程决策和设计阶段造价管理的意义体现在以下几方面：

（一）提高资金利用效率和投资控制效率

工程决策和设计阶段造价的表现形式是投资估算和设计概预算（包括设计概算、修正概算和施工图预算），通过编制与审核投资估算和设计概预算，可以了解工程造价的构成，分析资金分配的合理性。在工程决策阶段，进行多方案的技术经济分析比较，选出最佳方案，为合理确定和有效控制工程造价提供良好的前提条件；在工程设计阶段，利用各种方法分析工程项目各个组成部分功能与成本的匹配程度，使工程造价构成更趋于合理，提高资金利用效率。此外，通过对投资估算和设计概预算的分析，可以了解工程各组成部分的投资比例，进而将投资比例较大的部分作为投资控制的重点。

（二）使工程造价管理工作更主动

工程决策阶段确定工程造价，是设定项目投资的一个期望值；工程设计阶段确定工程造价，是实现设定项目投资期望值方案的具体表现；工程建设施工阶段确定工程造价，是实现设定项目投资期期望值的具体操作。为了使造价管理工作具有预见性和前瞻性，必须在工程决策和设计阶段进行投资估算和设计概预算。如在设计阶段，可以先按一定的质量标准，提出拟建项目每一部分或分项的计划支出费用，当详细设计制定出来以后，对工程的每一部分或分项的估算造价进行对照，对造价计划中所列的指标进行审核，预先发现差异，主动采取控制方法消除差异，使设计更经济。由此，做好项目决策和设计阶段工程造价确定与控制会使整个投资项目的工程造价管理工作更加主动。

（三）促进技术与经济相结合

由于体制和传统习惯原因，我国的项目建议书、可行性研究、初步设计、施工图设计等都是由设计人员牵头完成，很容易造成在这期间往往更关注的是项目规模大、功能齐全、技术先进、建设标准高等，而忽视了经济因素。如果在工程决策和设计阶段吸收造价人员参与，使工程决策和设计从一开始就建立在造价合理、效益最佳的基础之上，进行充分的方案比选和设计优化，会使项目投资发挥更大的效益，项目建设取得最佳效果。在方案比选和设计优化过程中技术人员和造价人员经过探讨与论证选择最佳方案，既体现技术先进性，又体现经济合理性，促进技术与经济的紧密结合。

(四)工程决策和设计阶段是控制造价的关键

工程造价管理工作贯穿工程项目建设的始终,但是必须突出重点,决策与设计阶段是整个工程造价确定与控制的龙头与关键。换句话说,工程造价控制的关键在于施工前的投资决策和设计阶段,而在项目做出投资决策后,控制工程造价的关键在于设计。设计质量对整个工程建设的效益是至关重要的。据不完全统计,设计费一般仅占建设工程造价的3%左右,但正是这3%左右的设计费对工程造价的影响度占75%以上。

长期以来,普遍忽视工程建设前期造价控制,而往往把造价控制的主要精力放在施工阶段即审核施工图预算、结算价款。这样做尽管也有效,但毕竟是"亡羊补牢",事倍功半。为了有效地控制工程造价,必须抓住设计这个关键阶段。

五、工程决策和设计阶段影响造价的主要因素

(一)工程决策阶段影响造价的主要因素

工程决策阶段影响工程造价的主要因素有项目建设规模、建设地址选择、技术方案、设备方案、工程方案和环境保护措施等。

1. 项目建设规模

项目建设规模是指项目设定的正常生产运营年份可能达到的生产能力或者使用效益。项目规模的合理选择关系着项目的成败,决定着工程造价合理与否,其制约因素有市场因素、技术因素和环境因素。

(1) 市场因素。市场因素是项目规模确定中需考虑的首要因素。首先,项目产品的市场需求状况是确定项目生产规模的前提。通过市场分析与预测,确定市场需求量,了解竞争对手情况,最终确定项目建成时的最佳生产规模,使所建项目在未来能够保持合理的盈利水平和可持续发展的能力。其次,原材料市场、资金市场、劳动力市场等对项目规模的选择起着不同程度的制约作用。

(2) 技术因素。先进适用的生产技术及技术装备是项目规模效益赖以存在的基础,而相应的管理技术水平则是实现规模效益的保证。若与经济规模生产相适应的先进技术及其装备的来源没有保障,或获取技术的成本过高,或管理水平跟不上,则不仅预期的规模效益难以实现,还会给项目的生存和发展带来危机,导致项目投资效益低下,浪费严重。

(3) 环境因素。项目的建设、生产和经营都是在特定的国家和地方政策与社会经济环境条件下进行的。政策因素包括产业政策、投资政策、技术经济政策、国家和地区及行业经济发展规划等。特别是为了取得较好的规模效益,国家对部分行业的新建项目规模有明确的限制性规定,选择项目规模时应予以遵照执行。项目规模确定中需考虑的主要环境因素有燃料动力供应、协作及土地条件、运输及通信条件等因素。

(4) 建设规模方案比选。在对以上三方面进行充分考核的基础上,应确定相应的产品方案、产品组合方案和项目建设规模。可行性研究报告应根据经济合理性、市场容量、环境容量以及资金、原材料和主要外部协作条件等方面的研究,对项目建设规模进行充分论证,必要时进行多方案技术经济分析与比较。大型复杂项目的建设规模论证应研究合理、优化的工程分期分批,明确初期规模和远景规模。不同行业、不同类型项目在研究确定其建设规模时还应充分考虑其自身特点。

经过多方案比较,在项目决策的早期阶段(初步可行性研究或在此之前的阶段),应提出项目建设(或生产)规模的倾向性意见,为项目决策提供有说服力的方案。

2. 建设地址选择

一般情况下,确定某个建设项目的地址需要经过建设地区选择和建设地点选择(厂址选择)这样两个不同层次的、相互联系又相互区别的工作阶段。这两个阶段是一种递进关系。其中,建设地区选择是指在几个不同地区之间对拟建项目适宜配置在哪个区域范围的选择;建设地点选择是指对项目具

体坐落位置的选择。

建设地区选择得合理与否，在很大程度上决定着拟建项目的命运，影响着工程造价的高低、建设工期的长短、建设质量的好坏，还影响项目建成后的运营状况。因此，建设地区选择要充分考虑各种因素的制约，具体要考虑规划发展要求、环境和水文特点、区域技术经济水平、劳动力供应等因素。

建设地点选择是一项极复杂的技术经济综合性很强的系统工程，它不仅涉及项目建设条件、产品生产要素、生态环境和未来产品销售等重要问题，受社会、政治、经济、国防等多因素的制约，还直接影响项目建设投资、建设速度、建设质量和安全，以及未来企业的经营管理及所在地点的城乡建设规划与发展。因此，必须从国民经济和社会发展的全局出发，运用系统观点和方法分析决策。

3. 技术方案

生产技术方案是指产品生产所采用的工艺流程和生产方法。技术方案不仅影响项目的建设成本，也影响项目建成后的运营成本。因此，技术方案的选择直接影响项目的建设和运营效果，必须认真选择和确定。

4. 设备方案

在生产工艺流程和生产技术确定后，就要根据产品生产规模和工艺过程的要求，选择设备的型号和数量。设备的选择与技术密切相关，两者必须匹配。没有先进的技术，再好的设备也无法发挥作用，没有先进的设备，技术的先进性则无法体现。

5. 工程方案

工程方案构成项目的实体。工程方案选择是在已选定项目建设规模、技术方案和设备方案的基础上，研究论证主要建筑物或构筑物的建造方案，包括对于建造标准的确定。工程方案主要包括建筑特征（面积、层数、高度、跨度）、结构形式、抗震设防、基础工程以及特殊建筑要求（如防火、防震、防爆、防腐蚀、隔声、保温、隔热等）等。工程方案应在满足使用功能、确保质量和安全的前提下，力求降低造价、节约资金。

6. 环境保护措施

建设项目一般会引起项目所在地自然环境、社会环境和生态环境的变化，对环境状况、环境质量产生不同程度的影响，特别是生产性建设项目。因此，需要在确定建设地址和技术方案中，调查研究环境条件，识别和分析拟建项目影响环境的因素，研究提出治理和保护环境的措施，比选和优化环境保护方案。在研究环境保护治理措施时，应从环境效益、经济效益相统一的角度进行分析论证，力求环境保护治理方案在技术可行、经济上合理。

（二）工程设计阶段影响造价的主要因素

1. 工业项目

（1）总平面设计。总平面设计中影响工程造价的因素有占地面积、功能分区和运输方式的选择。占地面积的大小一方面影响征地费用的高低，另一方面也会影响管线布置成本及项目建成运营的运输成本；合理的功能分区既可以使建筑物的各项功能充分发挥，又可以使总平面布置紧凑、安全，避免场地挖填平衡土方工程量过大，从而影响工程造价；不同的运输方式其运输效率及成本不同，从降低工程造价的角度来看，应尽可能选择无轨运输，减少占地，节约投资。

（2）工艺设计。工业项目的产品生产工艺设计是工程设计的核心，是根据工业产品生产的特点、生产性质和功能来确定的。工艺设计一般包括生产设备的选择、工艺流程设计、工艺作业规范和定额标准的制定和生产方法的确定。工艺设计标准高低不仅直接影响工程建设投资的大小和建设进度，还决定着未来企业的产品质量、数量和经营费用。在工艺设计过程中影响工程造价的因素主要包括生产方法、工艺流程和设备选型。在工业建筑中，设备及安装工程投资占有很大比例，设备的选型直接影响工程造价。

（3）建筑设计。建筑设计部分要在考虑施工过程的合理组织和施工条件的基础上，决定工程的平面与竖向设计和结构方案的技术要求。在建筑设计阶段影响工程造价的主要因素有平面形状、层高、层数、柱网布置、建筑物的体积与面积和建筑结构类型。

一般来说，建筑物平面形状越简单、越规则，它的单位面积造价就越低，建筑物周长与建筑面积比越低，设计越经济。在建筑面积不变的情况下，建筑层高增加会引起各项费用的增加。建筑物层数因建筑类型、形式和结构不同对造价造成影响。如果增加一个楼层不影响建筑物的结构形式，那么单位建筑面积的造价可能会降低。柱网布置就是确定柱子的行距和间距，柱网布置是否合理，对工程造价和厂房面积的利用效率都有较大的影响。建筑材料和建筑结构选择是否合理，不仅直接影响工程质量、使用寿命、耐火和抗震性能，而且对施工费用有很大的影响，尤其是建筑材料。采用各种先进的结构形式和轻质高强建筑材料，能减轻建筑物自重，简化基础和结构工程，减少建筑材料和构配件的费用及运费，并能提高劳动生产率和缩短建设工期，经济效果十分明显。

2. 民用项目

(1) 居住小区规划。居住小区规划中影响工程造价的主要因素有占地面积和建筑群体的布置形式。占地面积不仅直接决定着土地费的高低，而且影响着小区内道路、工程管线长度和公共设备的多少，而这些费用对小区建设投资的影响很大。因而，用地面积指标在很大程度上影响小区建设的总造价。建筑群体的布置形式对用地的影响也不容忽视，通过采取高低搭配、点线结合和前后错列布置、斜向布置等手法，既满足采光、通风、消防等要求又能提高容积率、节省用地。在保证居住小区基本功能的前提下，适当集中公共设施，合理布置道路，充分利用小区内的边角用地，有利于提高建筑密度，降低小区的总造价。

(2) 住宅建筑设计。住宅建筑设计中影响工程造价的主要因素有建筑物平面形状和周长系数、层高、净高、层数、单元组成、户型和住户面积、建筑结构等。

一般住宅建筑平面多为矩形，既有利于施工，又能降低造价和使用方便，以 3~4 个住宅单元，房屋长度 60~80m 较为经济。住宅的层高和净高直接影响工程造价，经统计住宅层高每降低 10cm，可降低造价 1.2%~1.5%，层高降低还可提高居住小区的建筑密度，节约土地成本及市政设施配套费，但层高设计中还需考虑采光与通风问题，因此民用住宅的层高一般不宜低于 2.8m。住宅楼的层数过高或过低都会影响工程造价。衡量单元组成、户型设计的指标是结构面积系数（住宅结构面积与建筑面积之比），系数越小设计方案越经济。结构面积系数除与房屋结构形式有关外，还与房屋建筑形状及其长度和宽度有关，同时也与房间平均面积大小和户型组成有关。房屋平均面积越大，内墙、隔墙在建筑面积所占比重就越小。随着我国建筑工业化水平的提高，住宅工业化建筑体系的结构形式多种多样，应根据实际情况，因地制宜、就地取材，采用适合本地区经济合理的结构形式。

六、建设项目可行性研究对工程造价的影响

(一) 可行性研究的概念

建设项目可行性研究是在投资决策前，对项目有关的社会、经济和技术等方面情况进行深入细致的调查研究，对各种可能拟定的建设方案和技术方案进行认真的技术经济分析与比较论证，对项目建成后的经济效益进行科学的预测和评价，并在此基础上综合研究、论证建设项目的技术先进性、适用性、可靠性、经济合理性和盈利性，以及建设可能性和可行性，由此确定该项目是否投资和如何投资，使之进入项目开发建设的下一阶段等结论性意见。可行性研究是一项十分重要的工作，加强可行性研究，是对国家经济资源进行优化配置的最直接、最重要的手段，是提高工程决策水平的关键。

(二) 可行性研究报告的作用

可行性研究报告在项目筹建和实施的各个环节中，可以起到如下几个方面的作用：

(1) 是投资主体投资决策的依据；

(2) 是向当地政府或城市规划部门申请建设执照的依据；

(3) 是环保部门审查建设项目对环境影响的依据；

(4) 是编制设计任务书的依据；
(5) 是安排项目计划和实施方案的依据；
(6) 是筹集资金、向银行申请贷款的依据；
(7) 是编制科研实验计划和新技术、新设备需用计划及大型专用设备生产预安排的依据；
(8) 是从国外引进技术、设备以及与国外厂商谈判签约的依据；
(9) 是与项目协作单位签订经济合同的依据；
(10) 是项目后评价的依据。

（三）可行性研究报告的内容

可行性研究报告是项目可行性研究工作的成果文件，项目可行性研究报告一般包括如下基本内容：

(1) 项目兴建理由与目标，包括项目兴建理由、项目预测目标、项目建设基本条件；
(2) 市场分析与预测，包括市场预测内容、市场现状调查、产品供需预测、价格市场预测、竞争力分析、市场风险分析、市场调查与预测方法；
(3) 资源条件评价，包括资源开发利用的基本要求、资源评价；
(4) 建设规模与产品方案，包括建设规模方案选择、产品方案选择、建设规模与产品方案比选；
(5) 场址选择，包括场址选择的基本要求，场址选择研究内容、场址方案比选；
(6) 技术方案、设备方案和工程方案，包括技术方案选择、主要设备方案选择、工程方案选择、节能措施、节水措施；
(7) 原材料、燃料供应，包括主要原材料供应方案、燃料供应方案、主要原材料、燃料供应方案比选；
(8) 总图运输与公用辅助工程，包括总图布置方案、场内外运输方案、公用工程与辅助工程方案；
(9) 环境影响评价，包括环境影响评价基本要求、环境条件调查、影响环境因素分析、环境保护措施；
(10) 劳动安全卫生与消防，包括劳动安全卫生、消防设施；
(11) 组织机构与人力资源配置，包括组织机构设置及其适应性分析、人力资源配置、员工培训；
(12) 项目实施进度，包括建设工期、实施进度安排；
(13) 投资估算，包括建设投资估算内容、建设投资估算方法、流动资金估算、项目投入总资金及分年投入计划；
(14) 融资方案，包括融资组织形式选择、资金来源选择、资本金筹措、债务资金筹措、融资方案分析；
(15) 建设项目经济评价，包括财务分析和经济效果评价；
(16) 社会评价，包括社会评价作用与范围、社会评价主要内容、社会评价步骤与方法；
(17) 风险分析，包括风险因素识别、风险评估方法、风险防范对策；
(18) 研究结论与建议，包括推荐方案总体描述、主要比选方案描述、结论与建议；
(19) 附件。

（四）建设项目经济评价

建设项目经济评价是项目可行性研究的重要内容，建设项目经济评价包括财务评价（也称财务分析）和经济效果评价（也称经济分析）。

1. 财务评价

财务评价是在国家现行财税制度和价格体系的前提下，从项目的角度出发，计算项目范围内的财务效益和费用，分析项目的财务盈利能力和清偿能力，评价项目在财务上的可行性。其具体内容包括财务效益与财务费用的划分、财务评价基础数据与参数选取、销售收入与成本费用估算、财务报表的编制、财务评价指标的计算、财务评价指标的计算、不确定性分析、非盈利性项目财务分析。

2. 经济效果评价

经济效果评价是在合理配置社会资源的前提下，从国家经济整体利益的角度出发，计算项目对国民经济的贡献，以及国家为项目所付出的代价，分析项目的经济效率、效果和对社会的影响，评价项目在宏观经济上的合理性。其具体内容包括效益与费用识别、影子价格的选取与计算、经济效果评价报表编制、经济效果评价指标计算、经济效果评价参数。

建设项目经济评价内容的选择应根据项目性质、项目目标、项目投资者、项目财务主体以及项目对经济与社会的影响程度等具体情况确定。对于费用效益计算比较简单，建设期和运营期比较短，不涉及进出口平衡等一般项目，如果财务评价的结论能够满足投资决策需要，可不进行经济效果评价；对于关系公共利益、国家安全和市场不能有效配置资源的项目，除应进行财务评价外，还应进行经济效果评价；对于特别重大的建设项目尚应辅以区域经济与宏观经济影响分析方法进行经济效果评价。

（五）可行性研究对工程造价的影响

从项目可行性研究报性告的内容与作用可以看出，项目可行性研究与工程造价有着密不可分的联系：

1. 项目可行性研究结论的正确性是工程造价合理性的前提

项目可行性研究结论正确，意味着对项目建设做出科学的决断，优选出最佳投资行动方案，达到资源的合理配置。这样才能合理地确定工程造价，并且在实施最优投资方案过程中，有效地控制工程造价。

2. 可行性研究的内容是决定工程造价的基础

工程造价的确定与控制贯穿项目建设全过程，但依据可行性研究所确定的各项技术经济决策，对该项目的工程造价有重大影响，特别是建设规模与产品方案、厂址技术方案、设备方案和工程方案的选择直接关系工程造价的高低。在项目建设各阶段中，投资决策阶段对工程造价的影响程度最高。因此，决策阶段是决定工程造价的基础阶段，直接影响着决策立项之后的各个建设阶段工程造价及其管理工作的科学合理性。

3. 工程造价高低、投资多少也影响可行性研究结论

可行性研究的重要工作内容及成果—投资估算，是进行投资方案选择的重要依据之一，同时也是决定项目是否可行以及主管部门进行项目审批的参考依据。

4. 可行性研究的深度影响投资估算的精确度，也影响工程造价的控制效果

投资决策过程是一个由浅入深、不断深化的过程，不同阶段决策的深度不同，投资估算的精确度也随之而变。按照"前者控制后者"的制约关系，意味着前一阶段的造价文件对其后面的各种形式的造价起着制约作用。由此可见，只有加强可行性研究的深度，采用科学的估算方法和可靠的数据资料，合理的计算投资估算，保证投资估算一定的精确度，才能保证项目建设后续阶段的造价被控制在合理范围，使投资控制目标能够实现。

七、设计方案的评价、比选对工程造价的影响

（一）设计方案评价、比选的原则

建设项目的经济评价应系统分析、计算项目的效益和费用，通过多方案经济比选推荐最佳方案，对项目建设的必要性、财务可行性、经济合理性、投资风险等进行全面的评价。设计方案评价、比选应遵循如下原则：

（1）建设项目设计方案评价、比选要协调技术先进性和经济合理性的关系，即在满足设计功能和采用合理先进技术的条件下，尽可能降低投入。

（2）建设项目设计方案评价、比选除考虑一次性建设投资，还应考虑项目运营过程中的运行及维护费用。即要评价、比选项目全寿命周期的总费用。

(3) 建设项目设计方案评价、比选要兼顾近期与远期的要求。即建设项目的功能和规模应根据国家和地区远景发展规划，适当留有发展余地。

（二）设计方案评价、比选的内容

建设项目设计方案比选的内容在宏观方面有建设规模、建设场址、产品方案等，对于建设项目本身有厂区（或居民区）总平面布置、主题工艺流程选择、主要设备选型等，在具体项目的微观方面有工程设计标准、工业与民用建筑的结构形式、建筑安装材料的选择等。一般在具体的单项、单位工程项目设计方案评价、比选时，应以单位或分部分项工程为对象，通过主要技术经济指标的对比，确定合理的设计方案。

（三）设计方案评价、比选的方法

在建设项目多方案整体宏观方面的评价、比选，一般采用投资回收期法、计算费用法、净现值法、净年值法、内部收益率法，以及上述几种方法选择性综合使用等。对于具体的单项、单位工程项目多方案的评价、比选，一般采用价值工程原理或多指标综合评分法比选（对参与评价、比选的设计方案设定若干评价指标，并按其各自在方案中的重要程度给定各评价指标的权重和评分标准，计算各设计方案的加权得分的方法）。

在建设项目设计阶段，多方案比选多属于局部方案比选，对于技术上先进、适用的设计方案，进行经济评价、比选时，可以采用造价额度、运行费用、净现值、净年值等方法，极特殊的、复杂的方案比选采用综合财务评价方法。

（四）设计方案评价、比选应注意的问题

对设计方案进行评价、比选时需注意以下几点：

1. 工期的比较

工程施工工期的长短涉及管理水平、投入劳动力的多少和施工机械的配备情况，故应在相似的施工资源条件下进行工期比较，并考虑施工的季节性。由于工期缩短而工程提前竣工交付使用所带来的经济效益，应纳入分析评价范围。

2. 采用新技术的分析：设计方案采用某项新技术，往往在项目的早期经济效益较差，因为生产率的提高和生产成本的降低需要经过一段时间来掌握和熟悉新技术后方可实现。所以，进行设计方案技术经济分析评价时应预测其预期的经济效果，不能仅由于当前的经济效益指标较差而限制新技术的采用和发展。

3. 对产品功能的分析评价

对产品功能的分析评价是技术经济评价内容不能缺少而又常常被忽视的方面。必须明确方案经济性评价、比选应具有可比性。当参与对比的设计方案功能项目和水平不同时，应对其进行可比性处理，使之满足以下几方面的可比条件：①满足需求可比；②费用消耗可比；③价格可比；④时间可比。

（五）设计方案对工程造价的影响

工程建设项目由于受资源、市场、建设条件等因素的限制，拟建项目可能存在建设场址、建设规模、产品方案、所选用的工艺流程等多个整体设计方案，而在一个整体设计方案中也可存在总平面布置、建筑结构形式等多个设计方案。显然，不同的设计方案工程造价各不相同，必须对多个若干不同设计方案进行全面的技术经济评价分析，为建设项目投资决策提供方案比选意见，推荐最合理的设计方案，才能确保建设项目在经济合理的前提下做到技术先进，从而为工程造价管理提供前提和条件，最终达到提高工程建设投资效果的目的。

此外，对于已经确定的设计方案，也可依据有关技术经济资料对设计方案进行评价，提出优化设计的建议与意见，通过深化、优化设计使技术方案更加经济合理，使工程造价的确定具有科学的依据，使建设项目投资获得最佳效果。

第二节 投资估算编制

一、投资估算的概念与作用

(一) 投资估算的概念

投资估算是指在项目前期投资决策阶段（包括投资机会研究、项目建议书、初步可行性研究、详细可行性研究、方案设计），按照规定的程序、方法和依据，对拟建项目所需投资，通过编制估算文件预先测算和估计的过程。

投资估算的成果文件称为投资估算书，简称投资估算。投资估算书是项目建议书、可行性研究报告的重要内容，也是项目决策的主要依据。

(二) 投资估算的作用

(1) 项目建议书阶段的投资估算，是项目主管部门审批项目建议书的依据之一，并对项目的规划、规模起参考作用。

(2) 项目可行性研究阶段的投资估算，是项目投资决策的重要依据，也是研究、分析、计算项目投资经济效果的重要条件。

(3) 项目投资估算是设计阶段造价控制的依据，投资估算一经确定，即成为限额设计的依据，用以对各设计专业实行投资切块分配，作为控制和指导设计的尺度。

(4) 项目投资估算可作为项目资金筹措及制定建设贷款计划的依据，发包人可根据批准的项目投资估算额，进行资金筹措和向银行申请贷款。

(5) 项目投资估算是核算建设项目固定资产投资需要额和编制固定资产投资计划的重要依据。

(6) 项目投资估算是建设工程设计招标、优选设计单位和设计方案的重要依据。

二、投资估算的编制内容及依据

(一) 投资估算的编制内容

1. 按估算的工程对象划分

按估算的工程对象划分，投资估算的编制内容可以编制整个项目的投资估算、单项工程投资估算、单位工程投资估算或分部分项工程投资估算，也可进行投资估算的审核与调整，配合设计单位或决策单位进行方案比选、优化设计，限额设计等方面的投资估算工作，也可进行决策阶段的全过程造价控制等工作。

2. 按照费用的性质划分

按照费用的性质划分，建设项目的投资估算包括建设投资估算、建设期利息估算和流动资金估算。

(1) 建设投资估算的内容按照费用的性质划分，包括工程费用、工程建设其他费用和预备费用三部分。其中，工程费用包括建筑安装工程费、设备及工器具购置费；预备费用包括基本预备费和价差预备费。在按形成资产法估算建设投资时，工程费用形成固定资产；工程建设其他费用可分别形成固定资产、无形资产及其他资产；预备费为简化计算，一并计入固定资产。

(2) 建设期利息是为工程建设筹措债务资金而发生的融资费用及在建设期内发生并应计入固定资产原值的利息，包括支付金融机构的贷款利息和为筹集资金而发生的融资费用。建设期利息单独估算以便对建设项目进行融资前和融资后财务分析。

(3) 流动资金是指生产经营性项目投产后，用于购买原材料、燃料、支付工资及其他经营费用等所需的周转资金。它是伴随建设投资而发生的长期占用的流动资产投资，流动资金＝流动资产－流动负债。其中，流动资产主要考虑现金、应收账款、预付账款和存货；流动负债主要考虑应付账款和预收账款。因此，流动资金的概念，实际上就是财务中的营运资金。

（二）建设项目投资估算的基本步骤

建设项目投资估算的基本步骤为分别估算各单项工程所需的建筑工程费、安装工程费、设备及工器具购置费；在汇总各单项工程费用的基础上，估算工程建设其他费用和基本预备费、差价预备费；估算建设期利息；估算流动资金；汇总出总投资。

建设项目总投资估算包括汇总单项工程估算、工程建设其他费用、计算预备费和建设期利息等。单项工程投资估算应按建设项目划分的各个单项工程分别计算组成工程费用的建筑工程费、安装工程费及设备购置费。工程建设其他费用估算应按预期将要发生的工程建设其他费用种类逐项详细计算其费用金额。

工程造价人员应根据项目特点，计算并分析整个建设项目、各单项工程和主要单位工程的主要技术经济指标。

（三）投资估算的编制依据

（1）国家、行业和地方政府的有关法律、法规或规定；政府有关部门、金融机构等发布的价格指数、利率、汇率、税率等有关参数。

（2）行业部门、项目所在地工程造价管理机构或行业协会等编制的投资估算指标、概算指标（概算定额）、工程建设其他费用定额、综合单价、价格指数和有关造价文件等。

（3）类似工程的各种技术经济指标和参数。

（4）工程所在地同期的人工、材料、机械市场价格，建筑、工艺及附属设备的市场价格和有关费用。

（5）与建设项目相关的工程地质资料、设计文件、图纸或有关设计专业提供的主要工程量和主要设备清单等。

（6）委托单位提供的其他技术经济资料。

（四）投资估算文件的组成

投资估算文件一般由封面、签署页、编制说明、投资估算分析、总投资估算表、单项工程估算表、主要技术经济指标等内容组成。

1. 投资估算的编制说明一般包括以下内容

（1）工程概况；

（2）编制范围；

（3）编制方法；

（4）编制依据；

（5）主要技术经济指标；

（6）有关参数、率值的选定；

（7）特殊问题的说明（包括采用新技术、新材料、新设备、新工艺）；必须说明价格的确定过程；进口材料、设备、技术费用的构成与计算参数；采用特殊结构的费用估算方法；安全、节能、环保、消防等专项投资占总投资的比重；建设项目总投资中未计算项目或费用的必要说明等；

（8）对投资限额和投资分解说明（采用限额设计的工程）；

（9）对方案比选的估算和经济指标说明（采用方案比选的工程）；

（10）资金筹措方式。

2. 投资估算分析应包括以下内容

（1）工程投资比例分析。一般民用项目要分析土建及装饰、给排水、消防、采暖、通风空调、电气等主体工程和道路、广场、围墙、大门、室外管线、绿化等室外附属工程占建设项目总投资的比例；一般工业项目要分析主要生产系统（需列出各生产装置）、辅助生产系统、公用工程（给排水、供电和通信、供气、总图运输等）、服务性工程、生活福利设施、厂外工程等占建设项目总投资的比例。

（2）建筑工程费、设备购置费、安装工程费、工程建设其他费用、预备费占建设项目总投资比例分析；引进设备费用占全部设备费用的比例分析等。

（3）影响投资的主要因素分析。

（4）与类似工程项目的比较，对投资总额进行分析。投资分析既可单独成篇，也可列入编制说明中叙述。

三、投资估算的编制方法

投资估算的不确定因素多，致使投资估算的方法也很多，不同行业、不同阶段、不同地区、不同的咨询人员也会采取不同的投资估算方法。根据国家规定，建设项目投资估算的内容包括建设投资概略估算、建设期利息估算、流动资金估算的编制。

（一）建设投资概略估算法

建设投资概略估算法包括单位生产能力估算法、生产能力指数法、系数估算法、比例估算法和指标估算法等。前4种估算方法估算准确度相对不高，主要适用于投资机会研究和初步可行性研究阶段。项目详细可行性研究阶段应采用指标估算法和分类估算法。

1. 单位生产能力估算法

生产能力估算法是依据已建成的、性质类似的建设项目的单位生产能力投资额乘以拟建项目的生产能力，估算拟建工程项目所需投资额的方法。其计算公式如下：

$$C_2 = \left(\frac{Q_2}{Q_1}\right) C_1 f$$

式中　C_1——为已建类似项目的投资额；

　　　C_2——建项目的投资额；

　　　Q_1——已建类似项目或装置的生产能力；

　　　Q_2——拟建项目或装置的生产能力；

　　　f——不同时期、不同地点的定额、单价、费用变更等的综合调整系数。

这种方法将项目的建设投资与其生产能力的关系视为简单的线性关系，估算简便迅速，但精确度低。使用这种方法要求拟建项目与已建项目类似，仅存在规模大小和时间上的差异。

【例5-1】已知2017年建设一座年产量60万t的化工产品项目的建设投资为35000万元，2019年拟建一座年产量80万t的化工产品项目，工程条件与2017年已建项目类似，工程价格综合调整系数为1.3，估算该项目所需的建设投资额为多少？

解：$C_2 = (Q_2/Q_1) \times C_1 \times f = (80/60) \times 35000 \times 1.3 = 60700$（万元）

2. 生产能力指数法

生产能力指数法是根据已建成的类似项目生产能力和投资额与拟建项目的生产能力，来估算拟建项工程目投资额的一种方法。其计算公式为：

$$C_2 = C_1 \left(\frac{Q_2}{Q_1}\right)^n \times f$$

式中　n——生产能力指数，其他符号同前。

上式表明，造价与规模（或容量）呈非线性关系，并且单位造价随工程规模（或容量）的增大而减小。在正常情况下，$0 \leqslant n \leqslant 1$。若已建类似项目的生产规模与拟建项目生产规模相差不大，Q_1与Q_2的比值在0.5~2，则指数n的取值近似为1；若已建类似项目的生产规模与拟建项目生产规模相差不大于50倍，且拟建项目生产规模的扩大仅靠增大设备规模来达到时，则n的取值在0.6~0.7；若是靠增加相同规格设备的数量达到时，n的取值在0.8~0.9。

生产能力指数法计算简单、速度快，但要求类似项目的资料可靠，条件基本相同。主要应用于拟建项目与用来参考的项目规模不同的场合。生产能力指数法的估算精度可以控制在±20%以内,尽管估价误差较大,但这种估价方法不需要详细的工程设计资料,只需依据工艺流程及规模就可以做投资估算,故使用较方便。

【例 5-2】 2015 年建设一座年产量 50 万 t 的某产品项目,投资额为 15000 万元,2020 年拟建一座 100 万 t 的类似项目,已知自 2015 年至 2020 年每年平均造价指数递增 5%,生产能力指数为 0.9。用生产能力指数法估算拟建生产装置的投资额。

解: $C_2 = C_1 \times (Q_2/Q_1)^n \times f = 15000 \times (100/50)^{0.9} \times (1+5\%)^5 = 35800$(万元)

3. 系数估算法

系数估算法也称为因子估算法,它是以拟建项目的主体工程费或主要设备购置费为基数,以其他工程费与主体工程费或设备购置费的百分比为系数估算拟建项目的静态投资的方法。这种方法简单易行,但是精度较低,一般用于项目建议书阶段。系数估算法的种类很多,在我国常用的方法有设备系数法和主体专业系数法,朗格系数法是世界银行项目投资估算常用的方法。

(1)设备系数法。设备系数法以拟建项目的设备购置费为基数,根据已建成的同类项目的建筑安装工程费和其他工程费等与设备价值的百分比,求出拟建项目的建筑安装工程费和其他工程费,进而求出项目的静态投资,其总和即为拟建项目的建设投资。即

$$C = E(1 + f_1 P_1 + f_2 P_2 + f_3 P_3 + \cdots) + I$$

式中 C——拟建项目的静态投资额;

    E——拟建项目根据当时当地价格计算的设备购置费;

P_1、P_2、P_3…——已建项目中建筑工程费、安装工程费及其他工程费等占设备费的比重;

f_1、f_2、f_3…——由于时间因素引起的定额、价格、费用标准等变化的综合调整系数;

    I——拟建项目的其他费用。

【例 5-3】 某拟建项目设备购置费为 25000 万元,根据已建同类项目统计资料,建筑工程费占设备购置费的 20%,安装工程费用占设备购置费的 10%,该拟建项目的其他费用估算为 1800 万元,调整系数 f_1、f_2 均为 1.1,试估算该项目的建设投资。

解: $C = E \times (1 + f_1 P_1 + f_1 P_1) + I = 25000 \times (1 + 20\% \times 1.1 + 10\% \times 1.1) + 1800 = 35050$(万元)

(2)主体专业系数法。主体专业系数法和设备系数法是同一种方法,区别点在于设备系数法是以拟建项目的设备购置费为基数,主体专业系数法是以拟建项目的最主要、价值最大的主体工程费为基数。其计算公式完全相同,只是上式中的:

E 为拟建建设项目的主体工程费用;

P_1、P_2、P_3…为已建项目中建筑工程费、安装工程费及其他工程费等占主体工程费的比重。

(3)朗格系数法。这种方法是以设备购置费为基数,乘以适当系数来推算项目的建设投资。这种方法在国内不常见,是世界银行项目投资估算常采用的方法。该方法的基本原理是将项目建设中的总成本费用中的直接成本和间接成本分别计算,再合为项目的静态投资。其计算公式为:

$$C = E \cdot (1 + \sum K_i) \cdot K_c$$

式中 C——建设投资;

   E——设备购置费;

   K_i——管线、仪表、建筑物等项费用的估算系数;

   K_c——管理费、合同费、应急费等各项费用的总估算系数。

其中,建设投资与设备购置费用之比称为朗格系数 K_L。即

$$K_L = (1 + \sum K_i) \cdot K_c$$

朗格系数法比较简单、快捷,但没有考虑设备规格、材质的差异,所以精度不高。一般常用于国际上工业项目的项目建议书阶段或投资机会研究阶段估算。

4. 比例估算法

比例估算法是根据统计资料，先求出已有同类企业主要设备投资占项目建设投资的比例，然后估算出拟建项目的主要设备投资，最后按比例求出拟建项目的静态投资。其表达式为：

$$I = \frac{1}{K} \sum_{i=1}^{n} Q_i P_i$$

5. 指标估算法

指标估算法是把建设项目划分为建筑工程费、设备安装工程费、设备购置费及其他基本建设费等费用项目或单位工程，再根据各种具体的投资估算指标，进行各项费用项目或单位工程投资的估算，在此基础上，计算出每一单项工程的投资额。然后估算工程建设其他费用及预备费，汇总求得建设项目总投资。

估算指标是一种比概算指标更为扩大的单位工程指标或单项工程指标，如元/m、元/m²、元/m³、元/t、元/（kV·A）等表示。

使用估算指标法应根据不同地区、年代进行调整。因为地区、年代不同，设备与材料的价格均有差异，调整方法可以按主要材料消耗量或"工程量"为计算依据；也可以按不同的工程项目的"万元工料消耗定额"而定不同的系数。如果有关部门已颁布了有关定额或材料价差系数（物价指数），也可以据其调整。使用估算指标法进行投资估算决不能生搬硬套，必须对工艺流程、定额、价格及费用标准进行分析，经过实事求是的调整与换算后，才能提高其精度。

(1) 单位面积综合指标估算法。该方法适用于单项工程的投资估算，投资包括土建、给排水、采暖、通风、空调、电气、动力管道等所需费用。其计算公式为：

单项工程投资额＝建筑面积×单位面积造价×价格浮动指数±结构和建筑标准部分的价差

(2) 单位功能指标估算法。该方法在实际工作中使用较多，可按如下公式计算：

项目投资额＝单元指标×民用建筑功能×物价浮动指数

单元指标是指每个估算单位的投资额。例如，饭店每个客房投资指标、医院每个床位投资估算指标等。

（二）建设投资分类估算法

建设投资分类估算法是对构成建设项目总投资的各类投资费用即工程费用（建筑工程费、安装工程费、设备购置费）、工程建设其他费用和预备费（基本预备费、涨价预备费）等分类进行估算。

1. 建筑工程费估算

建筑工程费的估算一般采用单位建筑工程投资估算法、单位实物工程量投资估算法、概算指标投资估算法等。

(1) 单位建筑工程投资估算法，以单位建筑工程量投资乘以建筑工程总量计算。其具体方法包括单位面积综合指标估算法、单位功能指标估算法。

(2) 单位实物工程量投资估算法，以单位实物工程量的投资乘以实物工程总量计算。土方工程按每立方米投资，路面铺设工程按每平方米投资，矿井巷道衬砌工程按每延米投资乘以相应的实物工程量计算建筑工程费。

(3) 概算指标投资估算法，对于没有上述估算指标且建筑工程投资比例较大的项目，可采用概算指标估算法。采用此方法，应占有较详细的工程资料、建筑材料价格和工程费用指标信息，投入的时间和工作量大。

2. 安装工程费估算

安装工程费通常按行业或专门机构发布的安装工程定额、取费标准和指标估算投资。具体可按安装费率、每吨设备安装费或单位安装实物工程量的费用估算，即

安装工程费＝设备原价×安装费费率

安装工程费＝设备吨位×每吨设备安装费指标

安装工程费＝安装工程实物量×每单位安装实物工程量费用指标

3. 设备及工器具购置费估算

根据项目主要设备表及价格、费用资料编制，工器具购置费按设备费的一定比例计取。对于价值高的设备应按单台（套）估算购置费，价值小的设备可按类估算，国内设备和进口设备应分别估算。

4. 工程建设其他费估算

工程建设其他费的计算应结合具体建设项目的情况，有合同协议明确的费用按合同或协议列入。合同或协议没有明确的费用，根据国家和各行业部门、工程所在地地方政府的有关工程建设其他费用定额和计算办法估算，见表 3-1～表 3-3。

5. 基本预备费估算

基本预备费是以工程费用和工程建设其他费之和为基数，按部门或行业主管部门规定的基本预备费费率估算。计算公式为：

$$基本预备费＝（工程费用＋工程建设其他费）×基本预备费费率$$

式中，基本预备费费率见表 3-5。

6. 价差预备费的估算

详见第三章第五节内容。

（三）建设期利息估算法

建设期利息是债务资金在建设期发生并应计入固定资产原值的利息，包括借款（或债券）利息及手续费、承诺费、发行费、管理费等融资费用。进行建设期利息估算必须先估算出建设投资及其分年投资计划，确定项目资本金数额及其分年投入计划，确定项目债务资金的筹措方式及债务资金成本率。

（四）流动资金估算法

流动资金是指生产经营性项目投产后，为进行正常生产运营，用于购买原材料、燃料动力、备品备件、支付工资及其他生产经营费用所必需的周转资金，通常以现金及各种存款、存货、应收及应付账款的形态出现。

流动资金是项目运营期内长期占用并周转使用的营运资金，不包括运营中需要的临时性营运资金。到项目生命期结束，全部流动资金才能退出生产与流通，以货币资金的形式被收回。

流动资金的估算基础主要是营业收入和经营成本。因此，流动资金估算应在营业收入和经营成本估算之后进行。流动资金的估算按行业或前期研究的不同阶段，可选用扩大指标估算法或分项详细估算法。

1. 扩大指标估算法

扩大指标估算法是参照同类企业流动资金占营业收入的比例（营业收入资金率）或流动资金占经营成本的比例（经营成本资金率）或单位产量占用营运资金的数额来估算流动资金。

扩大指标估算法简便易行，但准确度不高，在项目建议书阶段和初步可行性研究阶段可予以采用，某些流动资金需要量小的项目在可行性研究阶段也可采用扩大指标估算法。计算公式为：

$$流动资金＝年营业收入额×营业收入资金率$$

或

$$流动资金＝年经营成本×经营成本资金率$$

或

$$流动资金＝年产量×单位产品产量占用流动资金额$$

2. 分项详细估算法

分项详细估算法是对构成流动资金的各项流动资产和流动负债分别进行估算。流动资产的构成要素一般包括存货、现金、应收账款、预付账款；流动负债的构成要素一般包括应付账款和预收账款，流动资金等于流动资产和流动负债的差额。

分项详细估算法虽然工作量较大，但准确度较高，一般项目在可行性研究阶段应采用分项详细估算法。计算公式为：

$$流动资金＝流动资产－流动负债$$

式中 流动资产＝应收账款＋预付账款＋存货＋现金

流动负债＝应付账款＋预收账款

流动资金本年增加额＝本年流动资金－上年流动资金

流动资金估算的具体步骤是首先确定各分项的最低周转天数，计算出各分项的年周转次数，然后分项估算占用资金额。

第三节 设计概算编制

一、设计概算的概念与作用

（一）设计概算的概念

设计概算是设计单位以初步设计文件为依据，按照规定的程序、依据和方法，对建设项目总投资及其构成进行概略的计算。其成果文件称为设计概算书，简称设计概算。设计概算是设计文件的重要组成部分。

也就是说，设计概算是在投资估算的控制下由设计单位根据初步设计图纸、概算定额或概算指标、各项费用定额或取费标准（指标）、建设地区自然、技术经济条件和设备、材料价格等资料，编制和确定的建设项目从筹建至竣工交付使用所需全部费用的文件。采用两阶段设计的建设项目，初步设计阶段必须编制设计概算；采用三阶段设计的，技术设计阶段必须编制修正概算。

设计概算的编制应包括编制期价格、费率、利率、汇率等确定的静态投资，以及编制期到竣工验收前的工程和价格变化等多种因素的动态投资两部分。静态投资作为考核工程设计和施工图预算的依据；动态投资作为筹措、供应和控制资金使用的限额。

（二）设计概算的作用

1. 设计概算是编制建设项目投资计划、确定和控制建设项目投资的依据

国家规定，编制年度固定资产投资计划，确定计划投资总额及其构成数额，要以批准的初步设计概算为依据，没有批准的初步设计文件及其概算，建设工程就不能列入年度固定资产投资计划。

2. 设计概算是控制施工图设计和施工图预算的依据

经批准的设计概算是建设项目投资的最高限额，设计单位必须按照批准的初步设计及其总概算进行施工图设计，施工图预算不得突破设计概算。如确需突破总概算时，应按规定程序报经审批。

3. 设计概算是衡量设计方案经济合理性和选择最佳设计方案的依据

根据设计概算可以用来对不同的设计方案进行技术与经济合理性的比较，以便选择最佳的设计方案。

4. 设计概算是工程造价管理及编制招标最高限价和投标报价的依据

设计总概算一经批准，就作为工程造价管理的最高限额，并据此对工程造价进行严格的控制。以设计概算进行招投标的工程，招标单位编制标底（招标最高限价）是以设计概算造价为依据的，并以此作为评标定标的依据。承包单位为了在投标竞争中取胜，也必须以设计概算为依据，编制出合适的投标报价。

5. 设计概算是考核建设项目投资效果的依据

通过设计概算与竣工决算对比，可以分析和考核投资效果的好坏，同时还可以验证设计概算的准确性，有利于加强设计概算管理和建设项目造价管理工作。

二、设计概算的编制内容及依据

（一）设计概算的内容

设计概算可分为单位工程概算、单项工程综合概算和建设项目总概算三级。当建设项目为一个单

项工程时，可采用单位工程概算、总概算两级概算编制形式。各级概算间的相互关系如图 5-1 所示。

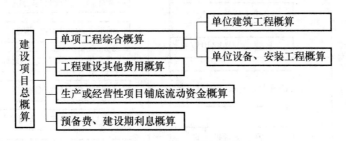

图 5-1　设计概算的三级概算关系图

1. 单位工程概算

单位工程概算是确定各单位工程建设费用的文件，是编制单项工程综合概算的依据，是单项工程综合概算的组成部分。单位工程概算按其工程性质分为建筑工程概算和设备及安装工程概算两大类。

2. 单项工程综合概算

单项工程综合概算是确定一个单项工程所需建设费用的文件，它是由单项工程中各单位工程概算汇总编制而成的，是建设项目总概算的组成部分。单项工程综合概算的组成内容如图 5-2 所示。

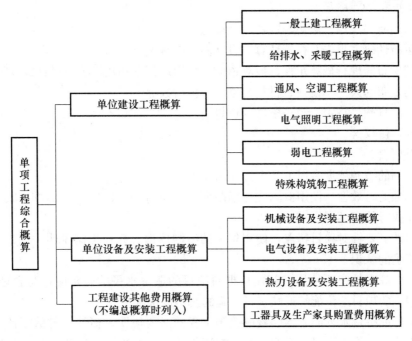

图 5-2　单项工程综合概算的组成

3. 建设项目总概算

建设项目总概算是确定整个建设项目从筹建到竣工验收所需全部费用的文件，它是由各单项工程综合概算、工程建设其他费用概算、预备费、建设期利息和铺底流动资金概算汇总编制而成的。建设项目总概算的组成内容如图 5-3 所示。

（二）设计概算文件的组成

对于采用三级编制（建设项目总概算、单项工程综合概算、单位工程概算）形式的设计概算文件，一般由封面、签署页及目录、编制说明、总概算表、其他费用计算表、单项工程综合概算表组成总概算册；视项目具体情况由封面、单项工程综合概算表、单位工程概算表、附件组成各概算分册。

对于采用二级编制（建设项目总概算、单位工程概算）形式的设计概算文件，可将所有概算文件组成一册。

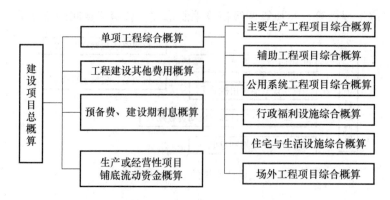

图 5-3 建设项目总概算的组成内容

设计概算文件是设计文件的组成部分，概算文件编制成册应与其他设计技术文件统一；目录、表格的填写要求、概算文件的编号，层次分明、方便查找（总页数应编流水号），由分到合，一目了然。

只有一个单项工程的项目按二级概算编制形式编制，两个及以上单项工程的项目按三级概算编制形式编制。

（三）设计概算的编制依据

（1）国家发布的有关法律、法规、规章、规程等。
（2）批准的可行性研究报告及投资估算、设计图纸等有关资料。
（3）有关部门颁布的现行概算定额、概算指标、费用定额等和建设项目设计概算编制办法。
（4）有关部门发布的人工、设备、材料价格、造价指数等。
（5）建设地区的自然、技术、经济条件等资料。
（6）有关合同、协议等。
（7）其他有关资料。

概算文件中所列的编制依据有以下几个方面的要求：

（1）定额和标准的时效性。使用概算文件编制期正在执行使用的定额和标准，禁止使用已经作废或还没有正式颁布执行的定额和标准。

（2）具有针对性。要针对项目特点，使用相关的编制依据，并在编制说明中加以说明，使概算对项目造价有一个正确的认识。

（3）合理性。概算文件中所使用的编制依据对项目的造价水平的确定应当是合理的，也就是说，按照该编制依据编制的项目造价能够反映项目实施的真实造价水平。

（4）对影响造价或投资水平的主要因素或关键工程的必要说明。概算文件编制依据中应对影响造价或投资水平的主要因素作较详尽的说明，对影响造价或投资水平关键工程造价（投资）水平的确定作较详尽的说明。

三、设计概算的编制方法

（一）单位工程概算的编制

单位工程概算分建筑工程概算和设备及安装工程概算两大类。建筑工程概算的编制方法有概算定额法、概算指标法、类似工程预算法等；设备及安装工程概算的编制方法有预算单价法、扩大单价法、设备价值百分比和综合吨位指标法等。

1. 概算定额法编制建筑工程概算

概算定额法又称扩大单价法或扩大结构定额法。它是采用概算定额（表 4-7）编制建筑工程概算的方法，类似于用预算定额编制施工图预算。

概算定额法要求初步设计达到一定深度，建筑结构比较明确，能按照初步设计的平面图、立面图、剖面图计算出楼地面、墙身、门窗和屋面等扩大分项工程（或扩大结构构件）项目的工程量时，才可采用概算定额编制设计概算。

用概算定额编制设计概算的过程基本同施工图预算的编制，主要内容体现在三个表格上，见表5-2、表5-3、表5-4。

表 5-2　工程量计算表

工程名称：××工程　　　　　　　　　　　专业：建筑工程　　　　　　　　　　第　页　共　页

序号	项目名称	工程量计算式	单位	数量

表 5-3　单位工程概（预）算表

工程名称：××工程　　　　　　　　　　　专业：建筑工程　　　　　　　　　　第　页　共　页

序号	定额编号	项目名称	计量单位	工程数量	概算定额总价	合计	其中人工费
		合计					

表 5-4　单位工程费用计算表

工程名称：××工程　　　　　　　　　　　专业：建筑工程　　　　　　　　　　第1页　共1页

序号	费用名称	计费基数	费率（%）	费用金额	备注
		合计（工程造价）			

2. 概算指标法编制建筑工程概算

当设计图较简单，无法根据设计图纸计算出详细的实物工程量时，可以选择恰当的概算指标来编制设计概算。

概算指标法的适用范围是，当初步设计深度不够，不能准确地计算出工程量，但工程设计是采用技术比较成熟而又有类似工程概算指标可以利用的情况。

由于拟建工程往往与类似工程的概算指标的技术条件不尽相同，而且概算指标编制年份的设备、材料、人工等价格与拟建工程当时当地的价格也会不一样。因此，必须对其进行调整。其调整方法如下：

（1）设计对象的结构特征与概算指标有局部差异时的调整。

$$结构变化修正概算指标（元/m^2）=J+Q_1P_1-Q_2P_2$$

式中　J——原概算指标；

　　　Q_1——换入新结构的含量；

　　　Q_2——换出旧结构的含量；

P_1——换入新结构的单价；

P_2——换出旧结构的单价。

或结构变化修正概算指标人工材料机械数量＝原概算指标的人工材料机械数量＋换入结构构件工程量×相应定额人工材料机械消耗量－换出结构构件工程量×相应定额人工材料机械消耗量

以上两种方法，前者是直接修正结构构件指标单价，后者是修正结构构件指标人工、材料、机械数量。

（2）人工、设备、材料、机械台班费用的调整。

人工、设备、材料、机械修正概算费用＝原概算指标设备、人工、材料、机械费＋∑（换入设备、人工、材料、机械数量×拟建地区相应单价）－∑（换出设备、人工、材料、机械数量×原概算指标的设备、人工、材料、机械单价）

【例 5-4】 某地已建一栋框架结构普通办公楼为 6000m²，建筑工程分部分项工程费为 1200 元/m²，其中混凝土独立基础费用为 180 元/m²，今拟建一栋办公楼 8000m²，采用钢筋混凝土带形基础，带形基础费用为 240 元/m²，其他结构相同。求该拟建新办公楼建筑工程分部分项工程费。

解： 调整后的概算指标：1200-180＋240＝1260（元/m²）

拟建新办公楼分部分项工程费：8000×1260＝1008（万元）

然后按上述概算定额法的计算程序和方法，直接利用表 5-4，再计算出措施费、间接费、利润和税金，便可汇总出新建办公楼的建筑工程造价。

3. 类似工程预算法编制建筑工程概算

如果找不到合适的概算指标，也没有概算定额时，可以考虑采用类似的工程预算来编制设计概算。其主要编制步骤见图 5-4。

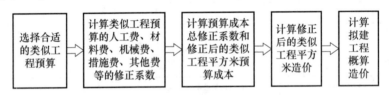

图 5-4 类似工程预算法编制建筑工程概算的步骤

用类似工程预算编制概算时应选择与所编概算结构类型、建筑面积基本相同的工程预算为编制依据，并且设计图应能满足计算工程量的要求，只需个别项目按设计图调整，由于所选工程预算提供的各项数据较齐全、准确，概算编制的速度就较快。

用类似工程预算编制概算时：

$$拟建工程概算造价＝D×S$$

式中　$D＝A×K$；$K＝a\%K_1＋b\%K_2＋c\%K_3＋d\%K_4＋e\%K_5$

D——拟建工程单方概算造价；

A——类似工程单方预算造价；

K——综合调整系数；

S——拟建工程建筑面积

$a\%$、$b\%$、$c\%$、$d\%$、$e\%$——类似工程预算的人工费、材料费、机械台班费、措施费、间接费占预算造价的比重。如 $a\%＝$类似工程人工费（或工资标准）/类似工程预算价格×100%；$b\%$、$c\%$、$d\%$、$e\%$类同。

K_1、K_2、K_3、K_4、K_5——拟建工程地区与类似工程预算造价在人工费、材料费、机械台班费、措施费和间接费之间的差异系数。如 $K_1＝$拟建工程概算的人工费（或工资标准）/类似工程预算人工费（或地区工资标准）×100%；K_2、K_3、K_4、K_5 类同。

4. 设备购置费及安装工程费概算的编制方法

(1) 设备购置费概算。设备购置费是根据初步设计的设备清单计算出设备原价,并汇总求出设备总原价,然后按有关规定的设备运杂费费率乘以设备总原价,两项相加即为设备购置费概算,其计算公式为:

$$设备购置费概算 = \sum(设备清单中的设备数量 \times 设备原价) \times (1+运杂费费率)$$

或

$$设备购置费概算 = \sum(设备清单中的设备数量 \times 设备预算价格)$$

国产标准设备原价可根据设备型号、规格、性能、材质、数量及附带的配件,向制造厂家询价或向设备、材料信息部门查询或按主管部门规定的现行价格逐项计算。非主要标准设备和工器具、生产家具的原价可按主要标准设备原价的百分比计算,百分比指标按主管部门或地区有关规定执行。

(2) 设备安装工程费概算。设备安装工程费概算的编制方法是根据初步设计深度和要求明确的程度来确定的,其主要编制方法如下:

1) 预算单价法。当初步设计较深,有详细的设备清单时,可直接按安装工程概(预)算定额单价(概算定额见表 4-8)编制安装工程概算,概算编制程序基本上同安装工程施工图预算。该方法具有计算比较具体、精确性较高等优点。

2) 扩大单价法。当初步设计深度不够,设备清单不完备,只有主体设备或仅有成套设备质量时,可采用主体设备、成套设备的综合扩大安装单价来编制概算。

上述两种方法的具体操作与建筑工程概算相类似。

3) 设备价值百分比法,又称安装设备百分比法。当初步设计深度不够,只有设备出厂价而无详细规格、质量时,安装费可按占设备费的百分比计算。其百分比值(即安装费费率)由主管部门制定或由设计单位根据已完成的类似工程确定。该方法常用于价格波动不大的定型产品和通用设备产品。其计算公式如下:

$$设备安装费=设备原价\times安装费费率(\%)$$

4) 综合吨位指标法。当初步设计提供的设备清单有规格和设备质量时,可采用综合吨位指标编制概算,其综合吨位指标由主管部门或由设计院根据已完类似工程资料确定。该方法常用于价格波动较大的非标准设备和引进设备的安装工程概算。其计算公式为:

$$设备安装费=设备质量\times每吨设备安装费指标(元/t)$$

(二) 单项工程综合概算的编制方法

单项工程综合概算是确定单项工程建设费用的综合性文件,它是由该单项工程各专业的单位工程概算汇总而成的,是建设项目总概算的组成部分。

单项工程综合概算文件一般包括编制说明(不编制总概算时列入)和综合概算表(含其所附的单位工程概算表和建筑材料表)两大部分。当建设项目只有一个单项工程时,此时综合概算文件(实为总概算)除包括上述两大部分外,还应包括工程建设其他费用、建设期贷款利息、预备费的概算。

(1) 编制说明。应列在综合概算表的前面,其内容如下:

1) 编制依据。编制依据包括国家和有关部门的规定、设计文件、现行概算定额或概算指标、设备材料的预算价格和费用指标等。

2) 编制方法。说明设计概算是采用概算定额还是采用概算指标法。

3) 主要设备、材料(钢材、木材、水泥)的数量。

4) 其他需要说明的有关问题。

(2) 综合概算表。综合概算表的形式是根据单项工程所辖范围内的各单位工程概算等基础资料,按照国家或部委所规定统一表格进行编制。工业建设项目综合概算表由建筑工程和设备及安装工程两大部分组成;民用工程项目综合概算表只有建筑工程一项。

(3) 综合概算的费用组成。一般应包括建筑工程费、安装工程费、设备购置及工器具和生产家具购置费。当不编制总概算时，还应包括工程建设其他费、建设期贷款利息、预备费等费用项目。单项工程概算汇总表见表5-5。

表5-5 单项工程概算汇总表

项目名称：　　　　　　　　　　　　　　　　　　　　　　　　　　　　　　　　第 页 共 页

序号	单项/单位工程名称	金额
1	单项工程名称	
1.1	建筑工程	
1.2	安装工程	
1.3	设备购置	
……		
2	单项工程名称	
……		

（三）建设项目总概算的编制方法

建设项目总概算是设计文件的重要组成部分，是确定整个建设项目从筹建到竣工交付使用所预计花费的全部费用的文件。它是由各单项工程综合概算、工程建设其他费、预备费、建设期贷款利息和生产经营性项目的铺底流动资金概算所组成，是按照主管部门规定的统一表格进行编制而成的。表5-6是陕西省建设工程概算总投资计算程序表。

表5-6 陕西省建设工程概算总投资计算程序

序号	项目	计算方法
一	工程费用	来源于单项工程汇总表，按《陕西省建设工程概算定额》《陕西省建筑安装工程概算定额》和《陕西省建设工程概算费用定额》计算
二	工程建设其他费用：	
	1. 项目前期费用	按《陕西省建设工程其他费用定额》计算，以下简称费用定额
	2. 建设用地费	按规定计算
	3. 建设单位管理费	工程费用×费用定额
	4. 研究试验费	按试验合同计算
	5. 工程勘察费	按照国家计委、建设部《工程勘察设计收费管理规定》（计价格〔2002〕10号）计取
	6. 工程设计费	
	7. 环境影响评价费	按国家计委、环保总局《关于规范环境影响咨询收费有关问题通知》（计价格〔2002〕125号）计取
	8. 工程监理费	按发展改革委、建设部《建设工程监理与相关服务收费管理规定》（发改价格〔2007〕670号）计取
	9. 劳动安全卫生评价费	按规定计算
	10. 节能评估费	按规定计算
	11. 办公和生活家具购置费	设计定员×费用定额
	12. 生产职工培训费	按规定计算
	13. 联合试运转费	按规定计算
	14. 引进技术和设备其他费	按规定计算
	15. 城市基础设施配套费	按规定计算
	16. 招标代理服务收费	按规定计算
	17. 技术经济评估审查费	建筑和安装工程费（不含设备费）×费率

续表

序号	项目	计算方法
三	基本预备费	[（一）+（二）]×费率（费用定额）
四	静态总投资	（一）+（二）+（三）
五	差价预备费	按规定计算
六	建设期贷款利息	按银行规定的利率计算
七	动态总投资	（四）+（五）+（六）
八	铺底流动资金	按规定计算
九	总投资	（七）+（八）

注：1. 此表来源于《陕西省建设工程其他费用定额》（陕发改投资〔2012〕241号）。
2. 表中五、六、七、八项，现在均按照国家发展改革委关于《进一步放开建设项目专业服务价格的通知》（发改价格〔2015〕299号）规定计取。

第四节 施工图预算编制

一、施工图预算的概念与作用

（一）施工图预算的概念

施工图预算是以施工图设计文件为依据，按照规定的程序、依据和方法，在施工前对工程项目的工程费用进行的预测和计算。其成果文件称为施工图预算书，简称为施工图预算。

施工图预算价格既可以是按照政府统一规定的预算单价、取费标准、计价程序计算而得到的属于计划或预期性质的施工图预算价格，也可以是通过招标投标法定程序后施工企业根据自身的实力即企业定额、要素市场单价以及市场供求及竞争状况计算得到的反映市场性质的施工图预算价格。

在工程量清单计价实施以前，施工图预算的编制是工程计价主要的方式甚至唯一方式，无论是设计单位、建设单位还是施工单位都要编制施工图预算，只是编制的角度和目的不同。对于设计单位，施工图预算主要是作为建设工程费用控制的一个环节。

（二）施工图预算的作用

一般的建筑安装工程均是以施工图预算确定的工程造价进行设计方案的确定，进行投资控制，开展招标、投标和结算工程价款的，它对建设工程各方都有着重要的作用。因此，应从编制目的的不同方面理解施工图预算的作用。

1. 施工图预算对设计方的作用

对设计单位而言，编制施工图预算的目的是检验工程设计在经济上的合理性。其作用如下：

（1）根据施工图预算进行控制投资。根据工程造价的控制要求，工程预算不得超过设计概算，设计单位完成施工图设计后一般要以施工图预算与工程概算对比，突破概算时要决定该设计方案是否实施或需要修正。

（2）根据施工图预算进行优化设计、确定最终设计方案。设计方案确定后一般以施工图预算来辅助进行优化，确定最终设计方案。

2. 施工图预算对投资方的作用

对投资单位而言，施工图预算的目的是控制工程投资、编制招标控制价和控制合同价格。其作用如下：

（1）施工图预算是设计阶段控制工程造价的重要环节，是控制施工图设计不突破设计概算的重要措施。

（2）施工图预算是控制造价及资金合理使用的依据。施工图预算确定的预算造价是工程的计划成本，投资方按施工图预算造价筹集建设资金，合理安排建设资金计划，确保建设资金的有效使用，保证项目建设顺利进行。

(3) 施工图预算是确定工程招标控制价（或编制标底）的依据。在设置招标控制价（或标底）的情况下，建筑安装工程的招标控制价（或标底）可按照施工图预算来确定。招标控制价（或标底）通常是在施工图预算的基础上考虑工程的特殊施工措施、工程质量要求、目标工期、招标工程范围以及自然条件等因素进行编制的。

(4) 施工图预算可以作为确定合同价款、拨付工程进度款及办理工程结算的基础。

3. 施工图预算对施工企业的作用

对施工单位而言，施工图预算的目的是进行工程投标和控制分包工程合同价格。其作用如下：

(1) 施工图预算是建筑施工企业投标报价的基础。在激烈的建筑市场竞争中，建筑施工企业需要根据施工图预算，结合企业的投标策略，确定投标报价。

(2) 施工图预算是建筑工程预算包干的依据和签订施工合同的主要内容。在采用总价合同的情况下，施工单位通过与发包人协商，可在施工图预算的基础上考虑设计或施工变更后可能发生的费用与其他风险因素，增加一定系数作为工程造价一次性包干价。同样，施工单位与发包人签订施工合同时，其中工程价款的相关条款也必须以施工图预算为依据。

(3) 施工图预算是施工企业安排调配施工力量、组织材料供应的依据。施工企业在施工前，可以根据施工图预算的工人、材料、机械分析，编制资源计划，组织材料、机具、设备和劳动力供应，并编制进度计划，统计完成的工作量，进行经济核算并考核经营成果。

(4) 施工图预算是施工企业控制工程成本的依据。根据施工图预算确定的中标价格是施工企业收取工程款的依据，企业只有合理利用各项资源，采取先进的技术和管理方法，将成本控制在施工图预算价格以内，才能获得良好的经济效益。

(5) 施工图预算是进行"两算"对比的依据。施工企业可以通过施工图预算和施工预算的对比分析，找出差距，采取必要的措施。

4. 施工图预算对其他方面的作用

(1) 对于工程咨询单位而言，尽可能客观、准确地为委托方做出施工图预算，不仅体现出其水平、素质和信誉，而且强化了投资方对工程造价的控制，有利于节省投资，提高建设项目的投资效益。

(2) 对于工程项目管理、监理等中介服务企业而言，客观准确的施工图预算是为发包方提供投资控制的依据。

(3) 对于工程造价管理部门而言，施工图预算是其监督、检查执行定额标准、合理确定工程造价、测算造价指数以及审定工程招标控制价（或标底）的重要依据。

(4) 如在履行合同的过程中发生经济纠纷，施工图预算还是有关仲裁、管理、司法机关按照法律程序处理、解决问题的依据。

二、施工图预算的内容与编制依据

(一) 施工图预算的内容

施工图预算分为单位工程预算、单项工程综合预算和建设项目总预算，按照预算文件的不同，施工图预算的内容也有所不同。

建设项目总预算是反映施工图设计阶段建设项目投资总额的造价文件，是施工图预算文件的主要组成部分。由组成该建设项目的各个单项工程综合预算和相关费用组成。其具体包括建筑安装工程费、设备及工器具购置费、工程建设其他费用、预备费、建设期利息及铺底流动资金。施工图总预算应控制在已批准的设计总概算投资范围以内。

单项工程综合预算是反映施工图设计阶段一个单项工程（设计单元）造价的文件，是总预算的组成部分，由构成该单项工程的各个单位工程施工图预算组成。其编制的费用项目是各单项工程的建筑安装工程费和设备及工器具购置费总和。

单位工程预算是依据单位工程施工图设计文件、现行预算定额以及人工、材料和施工机具台班价格等，按照规定的计价方法和计价依据编制的工程造价文件。单位工程预算包括单位建筑工程预算和单位设备及安装工程预算。单位建筑工程预算是建筑工程各专业单位工程施工图预算的总称，按其工程性质分为一般土建工程预算，给排水工程预算，采暖通风工程预算，煤气工程预算，电气照明工程预算，弱电工程预算，特殊构筑物如烟窗、水塔等工程预算以及工业管道工程预算等。安装工程预算是安装工程各专业单位工程预算的总称，安装工程预算按其工程性质分为机械设备安装工程预算、电气设备安装工程预算、工业管道工程预算和热力设备安装工程预算等。

（二）施工图预算的文件组成

施工图预算文件应由封面、签署页及目录、编制说明、总预算表、其他费用计算表、单项工程综合预算表、单位工程预算表等组成。

编制说明应给审核者和竣工结算提供补充依据。一般包括以下几个方面的内容：

（1）编制依据：包括本预算的设计图纸全称、设计单位，所依据的定额名称，在计算中所依据的其他文件名称和文号，施工方案主要内容等。

（2）图纸变更情况：包括施工图中变更部位和名称，因某种原因变更处理的构（部）件名称，因涉及图纸会审或施工现场所需要说明的有关问题。

（3）执行定额的有关问题：包括按定额要求本预算已考虑和未考虑的有关问题；因定额缺项，本预算所作补充或借用定额情况说明；甲、乙双方协商的有关问题。总预算表、其他费用计算表、单项工程综合预算表、单位工程预算表等组成格式可参见设计概算。

（三）施工图预算的编制依据

（1）国家、行业和地方政府有关工程建设和造价管理的法律、法规和规定。

（2）经过批准和会审的施工图设计文件，包括设计说明书、标准图、图纸会审纪要、设计变更通知单及经建设主管部门批准的设计概算文件。

（3）项目所在地区有关的水文、地质、地貌、气候、交通、环境等施工条件及标高测量资料等。

（4）预算定额（或单位估价表）、工程所在地的人工、材料、机械等预算价格、工程造价信息、材料调价通知、取费调整通知等，工程量清单计价规范。

（5）当采用新结构、新材料、新工艺、新设备而定额缺项时，按规定编制的补充预算定额也是编制施工图预算的依据。

（6）合理的施工组织设计和施工方案等文件。

（7）工程量清单、招标文件、工程合同或协议书。它明确了施工单位承包的工程范围，应承担的责任、权利和义务。

（8）项目有关的设备、材料供应合同、价格及相关说明书。

（9）项目的技术复杂程度，以及新技术、专利使用情况等。

（10）项目所在地区有关的经济、人文等社会条件以及项目的管理模式、发包模式。

（11）其他可以利用的资料，如预算工作手册、常用的各种数据、计算公式、材料换算表、常用标准图集及各种必备的工具书。

三、施工图预算的编制方法

施工图预算由单位工程施工图预算、单项工程施工图预算和建设项目施工图预算三级逐级编制、综合汇总而成。由于施工图预算是以单位工程为单位编制的，按单项工程汇总而成，所以施工图预算编制的关键在于编制好单位工程施工图预算。其编制可以采用工料单价法和综合单价法两种计价方法，工料单价法是传统的定额计价模式下的施工图预算编制方法，而综合单价法是适应市场经济条件的工程量清单计价模式下的施工图预算编制方法。工程量清单计价模式下的施工图预算编制在第六章介绍，本节重点介绍工料单价法编制施工图预算。

工料单价法是我国传统的计价模式,它是以预算定额、各种费用定额为基础依据,首先按照施工图内容及定额规定的分部分项工程量计算规则逐项计算工程量,套用定额基价或根据市场价格确定直接费,再按规定的费用定额计取其他各项费用,最后汇总形成工程造价。按照分部分项工程单价产生的方法不同,工料单价法又可以分为预算单价法和实物量法。

(一)预算单价法编制施工图预算

预算单价法是用事先编制好的分项工程的单位估价表(表4-3、表4-6)来编制施工图预算的方法。按施工图计算出各分项工程的工程量,并乘以相应单价,汇总相加,得到单位工程的人工费、材料费、机械费之和,再加上按规定程序计算出来的措施费、间接费、利润和税金,便可得出单位工程的施工图预算造价。

预算单价法编制施工图预算的基本步骤如下:

1. 编制前的准备工作

编制施工图预算的过程是具体确定建筑安装工程预算造价的过程。编制施工图预算,不仅要严格遵守国家计价法规、政策,严格按图纸计量,还要考虑施工现场条件因素,是一项复杂而细致的工作,也是一项政策性和技术性都很强的工作,因此必须事前做好充分准备。准备工作主要包括两大方面:一是组织准备;二是资料的收集和现场情况的调查。

2. 熟悉图纸和预算定额以及单位估价表

图纸是编制施工图预算的基本依据。熟悉图纸不但要弄清图纸的内容,而且要对图纸进行审核:图纸间相关尺寸是否有误,设备与材料表上的规格、数量是否与图示相符;详图、说明、尺寸和其他符号是否正确等。若发现错误应及时纠正。另外,还要熟悉标准图以及设计更改通知(或类似文件),这些都是图纸的组成部分,不可遗漏。通过对图纸的熟悉了解工程的性质、系统的组成、设备和材料的规格型号和品种以及有无新材料、新工艺的采用。

预算定额和单位估价表是编制施工图预算的计价标准,对其适用范围、工程量计算规则及定额系数等都要充分了解,做到心中有数,这样才能使预算编制准确、迅速。

3. 了解施工组织设计和施工现场情况

编制施工图预算前,应了解施工组织设计中影响工程造价的有关内容。例如,各分部分项工程的施工方法,土方工程中余土外运使用的工具、运距,施工平面图对建筑材料、构件等堆放点到施工操作地点的距离等,以便能正确计算工程量和正确套用或确定某些分项工程的基价。这对于正确计算工程造价,提高施工图预算质量具有重要意义。

4. 划分工程项目和计算工程量

划分的工程项目必须和定额规定的项目一致,这样才能正确地套用定额。不能重复列项计算,也不能漏项少算。

计算并整理工程量必须按定额规定的工程量计算规则进行计算,该扣除部分要扣除,不该扣除的部分不能扣除。当按照工程项目将工程量全部计算完以后,要对工程项目和工程量进行整理,即合并同类项和按序排列,为套用定额,计算人工、材料、施工机械使用费和进行工料分析打下基础。工程量计算表样表见表5-7。

表5-7 工程量计算表

工程名称:××工程　　　　　　　专业:建筑装饰工程　　　　　　　第　页　共　页

序号	项目名称	工程量计算式	单位	数量

5. 套用定额预算单价，计算人材机费用

核对工程量计算结果后，在预算定额中选取适当的定额项目，将定额项目中的基价填入预算表单价栏内，并将单价乘以工程量得出合价，将结果填入合价栏，汇总求出单位工程人工、材料、施工机械使用费。单位工程预算表见表5-8。

表5-8 单位工程概（预）算表

工程名称：××工程　　　　　　　　　　专业：建筑装饰工程　　　　　　　　　第　页　共　页

序号	定额编号	项目名称	计量单位	工程数量	定额基价	合计	其中人工费
	合计						

6. 工料分析

工料分析即按分项工程项目，依据定额或单位估价表，计算人工和各种材料的实物消耗量，并将主要材料汇总成表。工料分析的方法：首先从定额项目表中分别将各分项工程消耗的每项材料和人工的定额消耗量查出；再分别乘以该工程项目的工程量，得到分项工程工料消耗量，最后将各分项工程工料消耗量加以汇总，得出单位工程人工、材料的消耗数量。工料分析的目的是为了计算人工、材料的数量，也是为了计算人工和材料的差价。工料分析表及差价计算表见表5-9、表5-10。

表5-9 单位工程工料分析表

工程名称：××工程　　　　　　　　　　专业：建筑装饰工程　　　　　　　　　第　页　共　页

序号	定额编号	项目名称	计量单位	工程数量	综合人工工日	主要材料数量			
						材料1	材料2	材料3	材料…
		合计：人工土方工程							
		合计：建筑工程							
		合计：装修工程							

表5-10 单位工程差价计算表

工程名称：××工程　　　　　　　　　　专业：建筑装饰工程　　　　　　　　　第　页　共　页

序号	工料名称	单位	工料数量	市场价	预算价	差价	合计（元）
	合计：人工土方工程						
	合计：建筑装饰工程						

7. 计算主材费（未计价材料费）

因为许多定额项目基价为不完全价格，即未包括主材费用在内，特别是安装工程定额。计算所在

地定额基价费（基价合计）之后，还应计算出主材费，以便计算工程造价。

8. 按费用定额取费

按当地费用定额的取费规定计取相关费用。单位工程造价计算表见表 5-11。

表 5-11 单位工程造价计算表

工程名称：××工程　　　　　　　　　　专业：建筑工程　　　　　　　　　第 1 页　共 1 页

序号	项目名称	计费基数	费率（%）	费用金额	备注
	合计（工程造价）				

9. 计算汇总工程造价

根据编制预算层次或要求，可以分别汇总出单位工程造价、单项工程造价和建设项目总造价。

预算单价法编制施工图预算的步骤如图 5-5 所示。

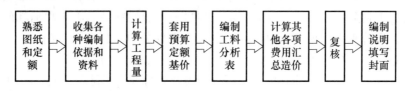

图 5-5　预算单价法编制施工图预算步骤

（二）实物量法编制施工图预算

用实物量法编制单位工程施工图预算，就是根据施工图计算的各分项工程量分别乘以地区定额中人工、材料、施工机械台班的定额消耗量，分类汇总得出该单位工程所需的全部人工、各种材料、施工机械台班消耗数量，然后乘以当时当地人工工日单价、各种材料单价、施工机械台班单价，求出相应的人工费、材料费、施工机械使用费。其他相关费用计取方法与预算单价法相同。

$$人工费 = 综合工日消耗量 \times 综合工日单价$$

$$材料费 = \sum（各种材料消耗量 \times 相应材料单价）$$

$$施工机械使用费 = \sum（各种机具消耗量 \times 相应机械台班单价）$$

实物量法的优点是能比较及时地反映人工、各种材料、机械台班的当时当地市场价计入预算价格，不再需要调价，反映当时当地的工程价格水平。

实物量法编制施工图预算的基本步骤如下：

（1）编制前的准备工作。其具体工作内容同预算单价法相应步骤的内容。但此时要全面收集各种人工、材料、机械台班的当时当地的市场价格，应包括不同品种、规格的材料预算单价；不同工种、等级的人工工日单价；不同种类、型号的施工机械台班单价等。要求获得的各种价格应全面、真实、可靠。

（2）熟悉图纸和预算定额。本步骤的内容同预算单价法相应步骤。

（3）了解施工组织设计和施工现场情况。本步骤的内容同预算单价法相应步骤。

（4）划分工程项目和计算工程量。本步骤的内容同预算单价法相应步骤。

（5）套用定额消耗量，计算人工、材料、机械台班消耗量。根据地区定额中人工、施工机械台班的定额消耗量，乘以各分项工程的工程量，分别计算出各分项工程所需的各类人工工日数量、各类材料消耗数量和各类施工机械台班数量。

(6) 计算并汇总单位工程的人工费、材料费和施工机械使用费。在计算出各分部分项工程的各类人工工日数量、材料消耗数量和施工机具台班数量后，先按类别相加汇总求出该单位工程所需的各种人工、材料、施工机械台班的消耗数量，再分别乘以当时当地相应人工、材料、施工机械台班的实际市场单价，即可求出单位工程的人工费、材料费、施工机械使用费。

(7) 计算其他费用，汇总工程造价。单位工程的人工费、材料费、机械费计算完成后，按照工程造价的计算程序依次计取企业管理费、利润、规费、税金（增值税），汇总形成工程造价。

实物法编制施工图预算的步骤如图 5-6 所示。

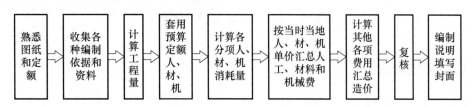

图 5-6　实物量法编制施工图预算步骤

在市场经济条件下，人工、材料和机械台班单价是随市场而变化的，它们是影响工程造价最活跃、最主要的因素。用实物法编制施工图预算，是采用工程所在地的当时人工、材料、机械台班价格，较好地反映实际价格水平，工程造价的准确性高。因此，实物量法是与市场经济体制相适应的预算编制方法。

（三）预算单价法和实物量法的主要区别

1. 计算人工费、材料费、机械费的方法不同

预算单价法是先用分项工程的工程量和定额基价计算分项工程的人工、材料、机械费用，再经有关计算后汇总得出单位工程的人工费、材料费和机械费。

实物量法是先进行工料分析，计算、汇总得出单位工程所需的各种人工、材料、机械的消耗量，然后乘以当时当地人工、材料、机械实际单价，再汇总计算单位工程人工费、材料费和机械费。

2. 进行工料分析的目的不同

预算单价法进行工料分析，其主要目的是为了造价计算过程中进行价差调整提供数据。

实物量法进行工料分析，主要是为了计算单位工程的人工费、材料费和机械费。为了保证单位工程人工费、材料费和机械费的准确、完整，工料分析必须计算单位工程所需的全部人工、材料、机械用量。

第六章 工程施工招标投标阶段造价管理

第一节 施工招标投标

一、招标投标的概念

招标投标是在市场经济条件下进行大宗货物的买卖、工程建设项目的发包与承包，以及服务项目的采购与提供时，由交易活动的发起方在一定范围内公布标的特征和部分交易条件，按照依法确定的规则和程序，对多个响应方提交的报价及方案进行评审，择优选择交易主体并确定全部交易条件的一种交易方式。

工程建设项目招标投标是国际上广泛采用的发包人择优选择工程承包人的主要交易方式。招标的目的是为拟建的工程项目选择适当的承包人，将全部工程或其中某一部分工作委托这个（些）承包人负责完成。承包人则通过投标竞争，决定自己的生产任务和销售对象，也就是使产品得到社会的承认，从而完成生产计划并实现盈利计划。为此承包人必须具备一定的条件，才有可能在投标竞争中获胜，为招标人所选中。这些条件主要是一定的技术、经济实力和管理经验，足能胜任承包的任务，做到效率高、价格合理以及信誉良好。

工程建设项目招标投标制度是在市场经济条件下产生的，因而必然受竞争机制、供求机制、价格机制的制约。招标投标意在鼓励竞争，防止垄断。

根据《合同法》的相关规定，建设工程招标文件是要约邀请，而投标文件是要约，中标通知书则是承诺。招标人的招标文件（或者招标公告）实际上是邀请投标人对招标人提出要约，属于要约邀请。投标人的投标文件则是一种要约，它符合要约的所有条件，具有缔结合同的主观目的；一旦中标，投标人将受投标文件的约束；投标文件的内容具有足以使合同成立的主要条件，招标人向中标的投标人发出的中标通知书，则是招标人统一接受中标人的投标条件，同意接受该投标人的要约，属于承诺。

二、建设工程招标的范围

自 2018 年 6 月 1 日起实施的，《必须招标的工程项目规定》（中华人民共和国国家发展和改革委员会令 第 16 号）规定，全部或者部分使用国有资金投资或者国家融资的项目和使用国际组织或者外国政府贷款、援助资金的项目达到一定规模的必须进行招标。

（1）全部或者部分使用国有资金投资或者国家融资的项目范围如下：
① 使用预算资金在 200 万元人民币以上，并且该资金占投资额 10% 以上的项目；
② 使用国有企业事业单位资金，并且该资金占控股或者主导地位的项目。
（2）使用国际组织或者外国政府贷款、援助资金的项目范围如下：
① 使用世界银行、亚洲开发银行等国际组织贷款、援助资金的项目；
② 使用外国政府及其机构贷款、援助资金的项目。
（3）不属于上述规定情形的大型基础设施、公用事业等关系社会公共利益、公众安全的项目，按《必须招标的基础设施和公用事业项目范围规定》（发改法规〔2018〕843 号）的规定，包括：
① 煤炭、石油、天然气、电力、新能源等能源基础设施项目；
② 铁路、公路、管道、水运，以及公共航空和 A1 级通用机场等交通运输基础设施项目；

③ 电信枢纽、通信信息网络等通信基础设施项目；
④ 防洪、灌溉、排涝、引（供）水等水利基础设施项目；
⑤ 城市轨道交通等城建项目。

（4）勘察、设计、施工、监理以及与工程建设有关的重要设备、材料等的采购达到下列标准之一的，属于必须招标的范围：

① 施工单项合同估算价在 400 万元人民币以上；
② 重要设备、材料等货物的采购，单项合同估算价在 200 万元人民币以上；
③ 勘察、设计、监理等服务的采购，单项合同估算价在 100 万元人民币以上。

同一项目中可以合并进行的勘察、设计、施工、监理以及与工程建设有关的重要设备、材料等的采购，合同估算价合计达到前款规定标准的，必须招标。

任何单位和个人不得将依法必须进行招标的项目化整为零或者以其他任何方式规避招标。

（5）依法必须进行施工招标的工程建设项目有下列情形之一的，可不进行施工招标：

① 涉及国家安全、国家秘密、抢险救灾或者属于利用扶贫资金实行以工代赈需要使用农民工等特殊情况，不适宜进行招标；
② 施工主要技术采用不可替代的专利或者专有技术；
③ 已通过招标方式选定的特许经营项目投资人依法能够自行建设；
④ 采购人依法能够自行建设；
⑤ 在建工程追加的附属小型工程或者主体加层工程，原中标人仍具备承包能力，并且其他人承担将影响施工或者功能配套要求；
⑥ 国家规定的其他情形。

三、施工招标方式和招标组织形式

（一）招标方式

《招标投标法》明确规定，招标方式分为公开招标和邀请招标两种。

1. 公开招标

公开招标是指招标人以招标公告的方式邀请不特定的法人或其他组织投标。依法应当公开招标的建设项目，必须进行公开招标。公开招标的招标公告，应当在国家指定的报刊和信息网络上发布。

2. 邀请招标

邀请招标是指招标人以投标邀请书的方式邀请特定的法人或者其他组织投标。全部使用国有资金投资或者国有资金投资占控股或者主导地位的并需要审批的工程建设项目的邀请招标，应当经项目审批部门批准，但项目审批部门只审批立项的，由有关行政监督部门批准。

邀请招标，应当向三个以上具备承担招标项目的能力、资信良好的特定法人或其他组织发出投标邀请书。

（二）招标组织形式

招标组织形式有两种：一种是招标人自行组织；另一种是招标代理机构组织。招标人具有编制招标文件和组织评标能力的，可以自行办理招标事宜；不具备的，应当委托招标代理机构办理招标事宜。

四、施工招标程序

招标是招标人选择中标人并与其签订合同的过程，投标是投标人力争获得实施合同的竞争过程。招标人和投标人均需按照招标投标法律和法规的规定进行招标和投标活动。工程施工招标投标活动应当遵循公开、公平、公正和诚实信用的原则。依据《工程建设项目施工招标投标办法（七部委30号令）》（2013年4月修订），工程建设项目施工招标投标程序如下：

(一) 招标准备

(1) 依法必须招标的工程建设项目，应当具备下列条件才能进行施工招标：

① 招标人已经依法成立；工程施工招标人是依法提出施工招标项目、进行招标的法人或者其他组织。

② 应当履行审批手续的初步设计及概算已经批准；

③ 有相应资金或资金来源已经落实；

④ 有招标所需的设计图纸及技术资料。

(2) 按照国家有关规定需要履行项目审批、核准手续的依法必须进行施工招标的工程建设项目，其招标范围、招标方式、招标组织形式应当报项目审批部门审批、核准。项目审批、核准部门应当及时将审批、核准确定的招标内容通报有关行政监督部门。

(3) 自行组织招标的，招标人自行办理招标事宜，组织工程招标的资格条件要求具备以下5个方面：

① 具有项目法人资格（或法人资格）；

② 具有与招标项目规模和复杂程度相适应的工程技术、概预算、财务和工程管理等方面专业技术力量；

③ 有从事同类工程建设项目招标的经验；

④ 设有专门的招标机构或者拥有3名以上专职招标业务人员；

⑤ 熟悉和掌握《招标投标法》及有关法规规章。

自行组织招标虽然便于协调管理，但往往容易受招标人认识水平和法律、技术专业水平的限制而影响和制约招标采购的"三公"原则和规范性、竞争性。因此，招标人如不具备自行组织招标的能力条件者，应当选择委托代理招标的组织形式。招标代理机构相对招标人具有更专业的招标资格能力和业绩经验，并且相对独立超脱。因此，即使招标人具有自行组织招标的能力条件，也可优先考虑选择委托代理招标。

(4) 委托代理招标。

招标人应该根据招标项目的行业和专业类型、规模标准，选择具有相应资格的招标代理机构，委托其代理招标采购业务。招标代理机构是依法设立、从事招标代理业务并提供相关服务的社会中介组织。招标代理机构与行政机关和其他国家机关不得存在隶属关系或者其他利益关系。招标代理机构应当有从事招标代理业务的营业场所和相应资金，有能够编制招标文件和组织评标的相应专业力量；按照招标人委托代理的范围、权限和要求，依法提供招标代理的相关咨询服务，并收取相应服务费用。

招标人与招标代理机构应当订立委托招标的书面合同，明确委托招标代理的内容、范围、权限义务和责任。委托代理服务的范围可以包括以下全部或部分工作内容：招标前期准备策划、制订招标方案、编制发售资格预审公告和资格预审文件，协助招标人组织资格评审、确定投标人名单，编制、发售招标文件，组织投标人踏勘现场、答疑、组织开标，配合招标人组建评标委员会，协助评标委员会完成评标与评标报告，确定中标候选人并办理公示，协助招标人定标并向中标人发出中标通知书，协助招标人拟定和签订施工合同，协助招标人向招投标监督部门办理有关招标投标的报告、核准和备案手续，解答或协助处理投标人和其他利害关系人提出的异议、投诉，配合监督部门调查违法行为，招标人委托的其他服务工作。

招标代理机构不得无权代理、越权代理，不得明知委托事项违法而进行代理。招标代理机构不得在所代理的招标项目中投标或者代理投标，也不得为所代理的招标项目的投标人提供咨询。未经招标人同意，不得转让招标代理业务。工程招标代理机构与招标人应当签订书面委托合同，并按双方约定的标准收取代理费。

(二) 招标投标程序

1. 刊登招标公告或发出投标邀请书

采用公开招标方式的，招标人应当发布招标公告，邀请不特定的法人或者其他组织投标。依法必须进行施工招标项目的招标公告，应当在国家指定的报刊和信息网络上发布。

自2018年1月1日起实施的《招标公告和公示信息发布管理办法》（发展改革委令第10号）第八条规定：依法必须招标项目的招标公告和公示信息应当在"中国招标投标公共服务平台"或者项目所在地省级电子招标投标公共服务平台发布。

采用邀请招标方式的，招标人应当向3家以上具备承担施工招标项目的能力、资信良好的特定的法人或者其他组织发出投标邀请书。

招标公告或者投标邀请书应当至少载明下列内容：

(1) 招标人的名称和地址；
(2) 招标项目的内容、规模、资金来源；
(3) 招标项目的实施地点和工期；
(4) 获取招标文件或者资格预审文件的地点和时间；
(5) 对招标文件或者资格预审文件收取的费用；
(6) 对招标人的资质等级的要求。

2. 资格审查

资格审查分为资格预审和资格后审。资格预审是指在投标前对潜在投标人进行的资格审查。资格后审是指在开标后对投标人进行的资格审查。进行资格预审的，一般不再进行资格后审，但招标文件另有规定的除外。

采取资格预审的，招标人应当在资格预审文件中载明资格预审的条件、标准和方法；采取资格后审的，招标人应当在招标文件中载明对投标人资格要求的条件、标准和方法。

招标人不得改变载明的资格条件或者以没有载明的资格条件对潜在投标人或者投标人进行资格审查。资格审查时，招标人不得以不合理的条件限制、排斥潜在投标人或者投标人，不得对潜在投标人或者投标人实行歧视待遇。任何单位和个人不得以行政手段或者其他不合理方式限制投标人的数量。

经资格预审后，招标人应当向资格预审合格的潜在投标人发出资格预审合格通知书，告知获取招标文件的时间、地点和方法，并同时向资格预审不合格的潜在投标人告知资格预审结果。资格预审不合格的潜在投标人不得参加投标。

经资格后审不合格的投标人的投标应予认否决。

资格审查应主要审查潜在投标人或者投标人是否符合下列条件：

(1) 具有独立订立合同的权利；
(2) 具有履行合同的能力，包括专业、技术资格和能力，资金、设备和其他物质设施状况，管理能力、经验、信誉和相应的从业人员；
(3) 没有处于被责令停业，投标资格被取消，财产被接管、冻结，破产状态；
(4) 在最近三年内没有骗取中标和严重违约及重大工程质量问题；
(5) 国家规定的其他资格条件。

3. 发放招标文件

招标文件发放给通过资格预审获得投标资格或被邀请的投标单位。投标单位收到招标文件、图纸和有关资料后，应认真核对。招标单位对招标文件所做的任何修改或补充，须在投标截止时间至少15日前，发给所有获得招标文件的投标单位，修改或补充内容作为招标文件的组成部分。

招标人应当确定投标人编制投标文件所需要的合理时间，依法必须进行招标的项目，自招标文件开始发出之日起至投标人提交投标文件截止之日止，不得少于20日。

4. 踏勘现场及答疑

招标人根据招标项目的具体情况，可以组织潜在投标人踏勘项目现场，向其介绍工程场地和相关环境的有关情况。潜在投标人依据招标人介绍情况做出的判断和决策，由投标人自行负责。招标人不得单独或者分别组织任何一个投标人进行现场踏勘。

对于潜在投标人在阅读招标文件和现场踏勘中提出的疑问，招标人可以书面形式或召开投标预备会的方式解答，但需同时将解答以书面方式通知所有购买招标文件的潜在投标人。该解答的内容为招标文件的组成部分。

5. 投标

投标人应当在招标文件要求提交投标文件的截止时间前，将投标文件密封送达投标地点。招标人收到投标文件后，应当向投标人出具标明签收人和签收时间的凭证，在开标前任何单位和个人不得开启投标文件。在招标文件要求提交投标文件的截止时间后送达的投标文件，招标人应当拒收。

依法必须进行施工招标的项目提交投标文件的投标人少于 3 个的，招标人在分析招标失败的原因并采取相应措施后，应当依法重新招标。重新招标后投标人仍少于 3 个的，属于必须审批、核准的工程建设项目，报经原审批、核准部门审批、核准后可以不再进行招标；其他工程建设项目，招标人可自行决定不再进行招标。

投标人在招标文件要求提交投标文件的截止时间前，可以补充、修改或者撤回已提交的投标文件，并书面通知招标人。补充、修改的内容为投标文件的组成部分。

在提交投标文件截止时间后到招标文件规定的投标有效期终止之前，投标人不得撤销其投标文件，否则招标人可以不退还其投标保证金。

在开标前，招标人应妥善保管好已接收的投标文件、修改或撤回通知、备选投标方案等投标资料。

6. 开标、评标、定标

开标应当在招标文件确定的提交投标文件截止时间的同一时间公开进行；开标地点应当为招标文件中确定的地点。投标人对开标有异议的，应当在开标现场提出，招标人应当当场做出答复，并形成记录。

评标委员会按载明的评标办法进行评标，完成评标后，应向招标人提交书面评标报告，评标报告由评标委员会全体成员签字。

依法必须进行招标的项目，招标人应当自收到评标报告之日起 3 日内公示中标候选人，公示期不得少于 3 日。中标通知书由招标人发出。招标人可以授权评标委员会直接确定中标人。

7. 签订合同

招标人和中标人应当在投标有效期内并在自中标通知书发出之日起 30 日内，按照招标文件和中标人的投标文件订立书面合同。

五、施工招标文件的组成

（一）施工招标文件

招标文件是指导整个招标投标工作全过程的纲领性文件。按照《招标投标法》的规定，招标文件应当包括招标项目的技术要求、对投标人资格审查的标准、投标报价要求和评标标准等所有实质性要求和条件以及拟签合同的主要条款。建设项目施工招标文件是由招标人（或其委托的招标代理机构）编制，由招标人发布的，它既是投标单位编制投标文件的依据，也是招标人与将来中标人签订工程承包合同的基础。招标文件中提出的各项要求，对整个招标工作乃至发、承包双方都具有约束力，因此招标文件的编制及其内容必须符合有关法律法规的规定。

（二）施工招标文件的组成内容

招标人根据施工招标项目的特点和需要编制招标文件。按照《工程建设项目施工招标投标办法（七部委 30 号令）》（2013 年 4 月修订）的规定，招标文件一般包括下列内容：

1. 招标公告或投标邀请书

当未进行资格预审时，招标文件中应包括招标公告。当进行资格预审时，招标文件中应包括投标邀请书，该邀请书可代替资格预审通过通知书，以明确投标人已具备了在某具体项目某具体标段的投标资格,其他内容包括招标文件的获取、投标文件的递交等。

2. 投标人须知

投标人须知主要包括对于项目概况的介绍和招标过程的各种具体要求,在正文中的未尽事宜可以通过"投标人须知前附表"进行进一步明确,由招标人根据招标项目具体特点和实际需要编制和填写,但务必与招标文件的其他章节相衔接,并不得与投标人须知正文的内容相抵触,否则抵触内容无效。

3. 合同主要条款

合同主要条款包括本工程拟采用的通用合同条款、专用合同条款以及各种合同附件的格式。

4. 投标文件格式

招标文件应提供各种投标文件编制所应依据的参考格式。

5. 采用工程量清单招标的,应当提供工程量清单

工程量清单是表现拟建工程的分部分项工程、措施项目和其他项目名称和相应数量的明细清单,以满足工程项目具体量化和计量支付的需要;是招标人编制招标控制价(陕西省称为招标最高限价)和投标人编制投标报价的重要依据。如按照规定应编制招标控制价的项目,其招标控制价也应在招标时一并公布。

6. 技术条款

招标文件规定的各项技术标准应符合国家强制性规定。招标文件中规定的各项技术标准均不得要求或标明某一特定的专利、商标、名称、设计、原产地或生产供应者,不得含有倾向或者排斥潜在投标人的其他内容。如果必须引用某一生产供应商的技术标准才能准确或清楚地说明拟招标项目的技术标准时,则应当在参照后面加上"或相当于"的字样。

7. 设计图纸

设计图纸是指应由招标人提供的用于计算招标控制价和投标人计算投标报价所必需的各种详细程度的图纸。

8. 评标标准和方法

评标办法可选择经评审的最低投标价法和综合评估法。

9. 投标辅助材料

如需要其他材料,应在"投标人须知前附表"中予以规定。

招标人应当在招标文件中规定实质性要求和条件,并用醒目的方式标明。

除了以上内容外,根据 2018 年 3 月 8 日发布的《危险性较大的分部分项工程安全管理规定》(住建部令第 37 号)要求,建设单位应当组织勘察、设计等单位在施工招标文件中列出危大工程清单,要求施工单位在投标时补充完善危大工程清单并明确相应的安全管理措施。

六、施工投标文件的组成

(一)施工投标文件

投标是招标的对称概念,是指具有合法资格和能力的投标人,根据招标文件条件,在规定期限内填写标书,提出报价,参加开标,接受评审,等候能否中标的活动过程。投标文件是指投标人根据招标文件要求编制的响应性文件,反映了投标人对招标人各项要求的响应,是投标人希望与招标人订立合同的意思表达。投标文件也是招标人判断投标人能力、意愿、完成项目所需条件的最有效、最直接的依据,是招标人在不同投标人间进行比较选择的唯一依据。

招标文件除了对价格、质量、安全、环保、工期、人员等实质性的内容提出要求外,为了规范投标、防止串标,招标文件也会对投标文件的格式、装订等提出要求,投标人编制投标文件时均需严格遵守相关规定。

(二)施工投标文件的组成内容

投标文件应当按照招标文件的要求进行编制,投标的实质是争夺承包权。因此,投标文件应对招

标文件提出的实质性要求和条件做出响应,投标文件的内容和格式因地因工程制宜,实际工作中并不完全统一,一般由招标单位确定,或根据招标文件的内容和要求,由投标单位拟定。按照《工程建设项目施工招标投标办法》(七部委 30 号令)的规定,投标文件一般包括下列内容:

1. 投标函

投标函是指由投标人填写的名为投标函的文件。投标函包括向招标人提交的工程报价、工期目标、质量标准和相关承诺。除投标函外还包括其附录,一经中标,签订合同文件时,投标函则构成合同文件的组成部分。

2. 投标报价

投标报价是由投标人按照招标文件的要求,根据工程特点,并结合自身的施工技术、装备和管理水平,依据有关计价规定自主确定的工程造价。最常见到的就是投标人在招标人提供的招标工程量清单上填写并标明价格的工程量清单(标价工程量清单)。报价是投标环节的关键性工作,报价是否合理直接关系到能否中标。

3. 施工组织设计

施工组织设计是体现投标人技术能力的重要的技术文件,包括施工方案、施工进度计划、劳动力计划、施工总平面图等;施工方案包括施工方法、施工顺序、施工机械设备的选择。施工方案、施工进度计划、劳动力计划、施工总平面图等都会直接影响项目的施工成本,也是评价投标人投标报价是否合理的依据。

施工组织设计编制时采用文字和图表形式说明施工方法、拟投入本标段的主要施工机械设备情况、试验和检测仪器设备情况、劳动力计划等,结合工程特点提出切实可行的工程质量、安全生产、文明施工、工程进度、技术组织措施,同时对关键工序、复杂环节重点提出技术措施,如冬雨期施工技术、降噪防污染措施、地下管线及设施的保护措施等。施工组织设计中常用图表如下:

(1) 主要施工设备表;
(2) 试验和检测设备表;
(3) 劳动力计划表;
(4) 施工进度网络图;
(5) 施工总平面布置图等。

4. 其他资料

施工投标文件除投标函、投标报价、施工组织设计主要内容外,还要有法定代表人身份证明或法定代表人身份证明的授权委托书,联合体协议书(招标文件载明接受联合体投标的)、投标保证金、项目管理机构、拟分包项目情况表、资格审查资料等。

第二节 施工合同示范文本

建设工程施工合同是建设单位和施工单位为完成商定的土木工程、设备安装工程、管道线路敷设、装饰装修和房屋修缮等建设项目、明确双方相互权利和义务关系的协定。

施工合同示范文本是国家有关部门或行业颁布的,在全国或行业范围内推荐使用的规范性、指导性的合同文件。施工合同示范文本在避免施工合同双方遗漏某些重要条款、平衡合同各方风险责任、提升合同履行效率、规范化程序化处理纠纷事件等方面具有积极的作用。

我国建设领域相关部门发布的施工合同示范文本有多种,如《建设工程施工合同(示范文本)》(GF-2017-0201)、《建设工程施工专业分包合同(示范文本)》(GF-2003-0213)、《建设项目工程总承包合同示范文本(试行)》(GF-2011-0216)等。本节主要介绍行业使用最广泛的以住房城乡建设部和国家工商行政管理总局制定的《建设工程施工合同(示范文本)》GF-2017-0201,以下简称《示范文本》。

一、《建设工程施工合同（示范文本）》概况

（一）《建设工程施工合同（示范文本）》内容组成

《建设工程施工合同（示范文本）》(GF-2017-0201) 由合同协议书、通用合同条款和专用合同条款三部分组成。其中包括 11 个附件。

合同协议书共计 13 条，主要包括工程概况、合同工期、质量标准、签约合同价和合同价格形式、项目经理、合同文件构成、承诺以及合同生效条件等主要内容，集中约定了合同当事人基本的权利义务。

通用合同条款是合同当事人根据《建筑法》《合同法》等法律法规的规定就工程建设的实施及相关事项，对合同当事人的权利义务做出的原则性约定。通用合同条款共计 20 条，具体为一般约定、发包人、承包人、监理人、工程质量、安全文明施工与环境保护、工期和进度、材料与设备、试验与检验、变更、价格调整、合同价格、计量与支付、验收与工程试车、竣工结算、缺陷责任与保修、违约、不可抗力、保险、索赔和争议解决。

专用合同条款是对通用合同条款原则性约定的细化、完善、补充、修改或另行约定的条款。合同当事人可以根据不同工程及具体情况，通过双方谈判、协调对相应的专用条款进行修改补充。

（二）合同文件的组成及优先顺序

施工合同文件除了协议书、通用条款和专用条款以外，一般还应该包括中标通知书、投标书及其附件、有关的标准、规范及技术文件、图纸、工程量清单、工程报价单或预算书等。

组成合同的各项文件应互相解释，互为说明。除专用合同条款另有约定外，解释合同文件的优先顺序如下：

(1) 合同协议书；
(2) 中标通知书（如果有）；
(3) 投标函及其附录（如果有）；
(4) 专用合同条款及其附件；
(5) 通用合同条款；
(6) 技术标准和要求；
(7) 图纸；
(8) 已标价工程量清单或预算书；
(9) 其他合同文件。

上述各项合同文件包括合同当事人就该项合同文件所做出的补充和修改，属于同一类内容的文件，应以最新签署的为准。

在合同订立及履行过程中形成的与合同有关的文件均构成合同文件组成部分，并根据其性质确定优先解释顺序。

二、《建设工程施工合同（示范文本）》的主要合同条款

（一）发包人与承包人的责任与义务

1. 发包人的责任与义务

发包人的责任与义务有许多，最主要的如下：

(1) 图纸的提供和交底（第 1.6.1 项）。

发包人应按照专用合同条款约定的期限、数量和内容向承包人免费提供图纸，并组织承包人、监理人和设计人进行图纸会审和设计交底。发包人至迟不得晚于第 7.3.2 项〔开工通知〕载明的开工日期前 14 天向承包人提供图纸。

因发包人未按合同约定提供图纸导致承包人费用增加和（或）工期延误的，按照第 7.5.1 项（因发包人原因导致工期延误）约定办理。

(2) 对化石、文物的保护（第 1.9 款）。

在施工现场发掘的所有文物、古迹以及具有地质研究或考古价值的其他遗迹、化石、钱币或物品属于国家所有。一旦发现上述文物，承包人应采取合理有效的保护措施，防止任何人员移动或损坏上述物品，并立即报告有关政府行政管理部门，同时通知监理人。

发包人、监理人和承包人应按有关政府行政管理部门要求采取妥善的保护措施，由此增加的费用和（或）延误的工期由发包人承担。

承包人发现文物后不及时报告或隐瞒不报，致使文物丢失或损坏的，应赔偿损失，并承担相应的法律责任。

(3) 出入现场的权利（第 1.10.1 项）。

除专用合同条款另有约定外，发包人应根据施工需要，负责取得出入施工现场所需的批准手续和全部权利，以及取得因施工所需修建道路、桥梁以及其他基础设施的权利，并承担相关手续费用和建设费用。承包人应协助发包人办理修建场内外道路、桥梁以及其他基础设施的手续。

承包人应在订立合同前查勘施工现场，并根据工程规模及技术参数合理预见工程施工所需的进出施工现场的方式、手段、路径等。因承包人未合理预见所增加的费用和（或）延误的工期由承包人承担。

(4) 场外交通（第 1.10.2 项）。

发包人应提供场外交通设施的技术参数和具体条件，承包人应遵守有关交通法规，严格按照道路和桥梁的限制荷载行驶，执行有关道路限速、限行、禁止超载的规定，并配合交通管理部门的监督和检查。场外交通设施无法满足工程施工需要的，由发包人负责完善并承担相关费用。

(5) 场内交通（第 1.10.3 项）。

发包人应提供场内交通设施的技术参数和具体条件，并应按照专用合同条款的约定向承包人免费提供满足工程施工所需的场内道路和交通设施。因承包人原因造成上述道路或交通设施损坏的，承包人负责修复并承担由此增加的费用。

除发包人按照合同约定提供的场内道路和交通设施外，承包人负责修建、维修、养护和管理施工所需的其他场内临时道路和交通设施。发包人和监理人可以为实现合同目的使用承包人修建的场内临时道路和交通设施。

场外交通和场内交通的边界由合同当事人在专用合同条款中约定。

(6) 许可或批准（第 2.1 款）。

发包人应遵守法律，并办理法律规定由其办理的许可、批准或备案，包括但不限于建设用地规划许可证、建设工程规划许可证、建设工程施工许可证、施工所需临时用水、临时用电、中断道路交通、临时占用土地等许可和批准。发包人应协助承包人办理法律规定的有关施工证件和批件。因发包人原因未能及时办理完毕前述许可、批准或备案，由发包人承担由此增加的费用和（或）延误的工期，并支付承包人合理的利润。

(7) 发包人代表（第 2.2 款）。

发包人应在专用合同条款中明确其派驻施工现场的发包人代表的姓名、职务、联系方式及授权范围等事项。发包人代表在发包人的授权范围内，负责处理合同履行过程中与发包人有关的具体事宜。发包人代表在授权范围内的行为由发包人承担法律责任。发包人更换发包人代表的，应提前 7 天书面通知承包人。

发包人代表不能按照合同约定履行其职责及义务，并导致合同无法继续正常履行的，承包人可以要求发包人撤换发包人代表。

不属于法定必须监理的工程，监理人的职权可以由发包人代表或发包人指定的其他人员行使。

(8) 提供施工现场(第2.4.1项)。

除专用合同条款另有约定外,发包人应最迟于开工日期7天前向承包人移交施工现场。

(9) 提供施工条件(第2.4.2项)。

除专用合同条款另有约定外,发包人应负责提供施工所需要的条件,包括:

1) 将施工用水、电力、通信线路等施工所必需的条件接至施工现场内;

2) 保证向承包人提供正常施工所需要的进入施工现场的交通条件;

3) 协调处理施工现场周围地下管线和邻近建筑物、构筑物、古树名木的保护工作,并承担相关费用;

4) 按照专用合同条款约定应提供的其他设施和条件。

(10) 提供基础资料(第2.4.3项)。

发包人应当在移交施工现场前向承包人提供施工现场及工程施工所必需的毗邻区域内供水、排水、供电、供气、供热、通信、广播电视等地下管线资料,气象和水文观测资料,地质勘察资料,相邻建筑物、构筑物和地下工程等有关基础资料,并对所提供资料的真实性、准确性和完整性负责。

按照法律规定确需在开工后方能提供的基础资料,发包人应尽其努力及时地在相应工程施工前的合理期限内提供,合理期限应以不影响承包人的正常施工为限。

(11) 资金来源证明及支付担保(第2.5款)。

除专用合同条款另有约定外,发包人应在收到承包人要求提供资金来源证明的书面通知后28天内,向承包人提供能够按照合同约定支付合同价款的相应资金来源证明。

除专用合同条款另有约定外,发包人要求承包人提供履约担保的,发包人应当向承包人提供支付担保。支付担保可以采用银行保函或担保公司担保等形式,具体由合同当事人在专用合同条款中约定。

(12) 支付合同价款(第2.6款)。

发包人应按合同约定向承包人及时支付合同价款。

(13) 组织竣工验收(第2.7款)。

发包人应按合同约定及时组织竣工验收。

(14) 现场统一管理协议(第2.8款)。

发包人应与承包人、由发包人直接发包的专业工程的承包人签订施工现场统一管理协议,明确各方的权利义务。施工现场统一管理协议作为专用合同条款的附件。

2. 承包人的一般义务

承包人在履行合同过程中应遵守法律和工程建设标准规范,并履行以下义务:

(1) 办理法律规定应由承包人办理的许可和批准,并将办理结果书面报送发包人留存;

(2) 按法律规定和合同约定完成工程,并在保修期内承担保修义务;

(3) 按法律规定和合同约定采取施工安全和环境保护措施,办理工伤保险,确保工程及人员、材料、设备和设施的安全;

(4) 按合同约定的工作内容和施工进度要求,编制施工组织设计和施工措施计划,并对所有施工作业和施工方法的完备性和安全可靠性负责;

(5) 在进行合同约定的各项工作时,不得侵害发包人与他人使用公用道路、水源、市政管网等公共设施的权利,避免对邻近的公共设施产生干扰。承包人占用或使用他人的施工场地,影响他人作业或生活的,应承担相应责任;

(6) 按照第6.3款[环境保护]约定负责施工场地及其周边环境与生态的保护工作;

(7) 按照第6.1款[安全文明施工]约定采取施工安全措施,确保工程及其人员、材料、设备和设施的安全,防止因工程施工造成的人身伤害和财产损失;

(8) 将发包人按合同约定支付的各项价款专用于合同工程,且应及时支付其雇用人员工资,并及时向分包人支付合同价款;

(9) 按照法律规定和合同约定编制竣工资料，完成竣工资料立卷及归档，并按专用合同条款约定的竣工资料的套数、内容、时间等要求移交发包人；

(10) 应履行的其他义务。

(二) 进度控制、质量控制和费用控制的主要条款

1. 进度控制的主要条款内容

(1) 施工进度计划。

1) 施工进度计划的编制（第7.2.1项）。承包人应按照第7.1款［施工组织设计］约定提交详细的施工进度计划，施工进度计划的编制应当符合国家法律规定和一般工程实践惯例，施工进度计划经发包人批准后实施。施工进度计划是控制工程进度的依据，发包人和监理人有权按照施工进度计划检查工程进度情况。

2) 施工进度计划的修订（第7.2.2项）。施工进度计划不符合合同要求或与工程的实际进度不一致的，承包人应向监理人提交修订的施工进度计划，并附具有关措施和相关资料，由监理人报送发包人。除专用合同条款另有约定外，发包人和监理人应在收到修订的施工进度计划后7天内完成审核和批准或提出修改意见。发包人和监理人对承包人提交的施工进度计划的确认，不能减轻或免除承包人根据法律规定和合同约定应承担的任何责任或义务。

3) 开工通知（第7.3.2项）。发包人应按照法律规定获得工程施工所需的许可。经发包人同意后，监理人发出的开工通知应符合法律规定。监理人应在计划开工日期7天前向承包人发出开工通知，工期自开工通知中载明的开工日期起算。

除专用合同条款另有约定外，因发包人原因造成监理人未能在计划开工日期之日起90天内发出开工通知的，承包人有权提出价格调整要求，或者解除合同。发包人应当承担由此增加的费用和（或）延误的工期，并向承包人支付合理利润。

(2) 工期延误。

1) 因发包人原因导致工期延误（第7.5.1项）。在合同履行过程中，因下列情况导致工期延误和（或）费用增加的，由发包人承担此延误的工期和（或）增加的费用，且发包人应支付承包人合理的利润：

① 发包人未能按合同约定提供图纸或所提供图纸不符合合同约定的；
② 发包人未能按合同约定提供施工现场、施工条件、基础资料、许可、批准等开工条件的；
③ 发包人提供的测量基准点、基准线和水准点及其书面资料存在错误或疏漏的；
④ 发包人未能在计划开工日期之日起7天内同意下达开工通知的；
⑤ 发包人未能按合同约定日期支付工程预付款、进度款或竣工结算款的；
⑥ 监理人未按合同约定发出指示、批准等文件的；
⑦ 专用合同条款中约定的其他情形。

因发包人原因未按计划开工日期开工的，发包人应按实际开工日期顺延竣工日期，确保实际工期不低于合同约定的工期总日历天数。因发包人原因导致工期延误需要修订施工进度计划的，按照第7.2.2项［施工进度计划的修订］执行。

2) 因承包人原因导致工期延误（第7.5.2项）。因承包人原因造成工期延误的，可以在专用合同条款中约定逾期竣工违约金的计算方法和逾期竣工违约金的上限。承包人支付逾期竣工违约金后，不免除承包人继续完成工程及修补缺陷的义务。

(3) 暂停施工。

1) 因发包人原因引起的暂停施工（第7.8.1项）。因发包人原因引起暂停施工的，监理人经发包人同意后，应及时下达暂停施工指示。情况紧急且监理人未及时下达暂停施工指示的，按照第7.8.4项［紧急情况下的暂停施工］执行。

因发包人原因引起的暂停施工，发包人应承担由此增加的费用和（或）延误的工期，并支付承包人合理的利润。

2) 因承包人原因引起的暂停施工（第7.8.2项）。因承包人原因引起的暂停施工，承包人应承担由此增加的费用和（或）延误的工期，且承包人在收到监理人复工指示后84天内仍未复工的，视为第16.2.1项［承包人违约的情形］第（7）目约定的承包人无法继续履行合同的情形。

3) 指示暂停施工（第7.8.3项）。监理人认为有必要时，并经发包人批准后，可向承包人做出暂停施工的指示，承包人应按监理人指示暂停施工。

4) 紧急情况下的暂停施工（第7.8.4项）。因紧急情况需暂停施工，且监理人未及时下达暂停施工指示的，承包人可先暂停施工，并及时通知监理人。监理人应在接到通知后24小时内发出指示，逾期未发出指示，视为同意承包人暂停施工。监理人不同意承包人暂停施工的，应说明理由，承包人对监理人的答复有异议，按照第20条［争议解决］约定处理。

（4）提前竣工

发包人要求承包人提前竣工的，发包人应通过监理人向承包人下达提前竣工指示，承包人应向发包人和监理人提交提前竣工建议书，提前竣工建议书应包括实施的方案、缩短的时间、增加的合同价格等内容。发包人接受该提前竣工建议书的，监理人应与发包人和承包人协商采取加快工程进度的措施，并修订施工进度计划，由此增加的费用由发包人承担。承包人认为提前竣工指示无法执行的，应向监理人和发包人提出书面异议，发包人和监理人应在收到异议后7天内予以答复。任何情况下，发包人不得压缩合理工期（第7.9.1项）。

发包人要求承包人提前竣工，或承包人提出提前竣工的建议能够给发包人带来效益的，合同当事人可以在专用合同条款中约定提前竣工的奖励（第7.9.2项）。

（5）竣工日期（第13.2.3项）。工程经竣工验收合格的，以承包人提交竣工验收申请报告之日为实际竣工日期，并在工程接收证书中载明；因发包人原因，未在监理人收到承包人提交的竣工验收申请报告42天内完成竣工验收，或完成竣工验收不予签发工程接收证书的，以提交竣工验收申请报告的日期为实际竣工日期；工程未经竣工验收，发包人擅自使用的，以转移占有工程之日为实际竣工日期。

2. 质量控制的主要条款内容

（1）承包人的质量管理（第5.2.2项）。

承包人按照第7.1款［施工组织设计］约定向发包人和监理人提交工程质量保证体系及措施文件，建立完善的质量检查制度，并提交相应的工程质量文件。对于发包人和监理人违反法律规定和合同约定的错误指示，承包人有权拒绝实施。

承包人应对施工人员进行质量教育和技术培训，定期考核施工人员的劳动技能，严格执行施工规范和操作规程。

承包人应按照法律规定和发包人的要求，对材料、工程设备以及工程的所有部位及其施工工艺进行全过程的质量检查和检验，并作详细记录，编制工程质量报表，报送监理人审查。此外，承包人还应按照法律规定和发包人的要求，进行施工现场取样试验、工程复核测量和设备性能检测，提供试验样品、提交试验报告和测量成果以及其他工作。

（2）监理人的质量检查和检验（第5.2.3项）。

监理人按照法律规定和发包人授权对工程的所有部位及其施工工艺、材料和工程设备进行检查和检验。承包人应为监理人的检查和检验提供方便，包括监理人到施工现场，或制造、加工地点，或合同约定的其他地方进行察看和查阅施工原始记录。监理人为此进行的检查和检验，不免除或减轻承包人按照合同约定应当承担的责任。

监理人的检查和检验应不影响施工正常进行。监理人的检查和检验影响施工正常进行的，且经检查检验不合格的，影响正常施工的费用由承包人承担，工期不予顺延；经检查检验合格的，由此增加的费用和（或）延误的工期由发包人承担。

（3）隐蔽工程检查（第5.3款）。

1) 承包人自检（第5.3.1项）。承包人应当对工程隐蔽部位进行自检，并经自检确认是否具备覆盖条件。

2)检查程序(第5.3.2项)。除专用合同条款另有约定外,工程隐蔽部位经承包人自检确认具备覆盖条件的,承包人应在共同检查前48h书面通知监理人检查,通知中应载明隐蔽检查的内容、时间和地点,并应附有自检记录和必要的检查资料。

监理人应按时到场并对隐蔽工程及其施工工艺、材料和工程设备进行检查。经监理人检查确认质量符合隐蔽要求,并在验收记录上签字后,承包人才能进行覆盖。经监理人检查质量不合格的,承包人应在监理人指示的时间内完成修复,并由监理人重新检查,由此增加的费用和(或)延误的工期由承包人承担。

除专用合同条款另有约定外,监理人不能按时进行检查的,应在检查前24h向承包人提交书面延期要求,但延期不能超过48h,由此导致工期延误的,工期应予以顺延。监理人未按时进行检查,也未提出延期要求的,视为隐蔽工程检查合格,承包人可自行完成覆盖工作,并作相应记录报送监理人,监理人应签字确认。监理人事后对检查记录有疑问的,可按第5.3.3项[重新检查]的约定重新检查。

3)重新检查(第5.3.3项)。承包人覆盖工程隐蔽部位后,发包人或监理人对质量有疑问的,可要求承包人对已覆盖的部位进行钻孔探测或揭开重新检查,承包人应遵照执行,并在检查后重新覆盖恢复原状。经检查证明工程质量符合合同要求的,由发包人承担由此增加的费用和(或)延误的工期,并支付承包人合理的利润;经检查证明工程质量不符合合同要求的,由此增加的费用和(或)延误的工期由承包人承担。

4)承包人私自覆盖(第5.3.4项)。承包人未通知监理人到场检查,私自将工程隐蔽部位覆盖的,监理人有权指示承包人钻孔探测或揭开检查,无论工程隐蔽部位质量是否合格,由此增加的费用和(或)延误的工期均由承包人承担。

(4)不合格工程的处理(第5.4款)。

1)因承包人原因造成工程不合格的,发包人有权随时要求承包人采取补救措施,直至达到合同要求的质量标准,由此增加的费用和(或)延误的工期由承包人承担。无法补救的,应按照第13.2.4项[拒绝接收全部或部分工程]约定执行(第5.4.1项)。

2)因发包人原因造成工程不合格的,由此增加的费用和(或)延误的工期由发包人承担,并支付承包人合理的利润(第5.4.2项)。

(5)分部分项工程验收。除专用合同条款另有约定外,分部分项工程经承包人自检合格并具备验收条件的,承包人应提前48h通知监理人进行验收。监理人不能按时进行验收的,应在验收前24h向承包人提交书面延期要求,但延期不能超过48h。监理人未按时进行验收,也未提出延期要求的,承包人有权自行验收,监理人应认可验收结果。分部分项工程未经验收的,不得进入下一道工序施工。分部分项工程的验收资料应当作为竣工资料的组成部分(第13.1.2项)。

(6)缺陷责任与保修。

1)工程保修的原则(第15.1款)。在工程移交发包人后,因承包人原因产生的质量缺陷,承包人应承担质量缺陷责任和保修义务。缺陷责任期届满,承包人仍应按合同约定的工程各部位保修年限承担保修义务。

2)缺陷责任期从工程通过竣工验收之日起计算,合同当事人应在专用合同条款约定缺陷责任期的具体期限,但该期限最长不超过24个月。

单位工程先于全部工程进行验收,经验收合格并交付使用的,该单位工程缺陷责任期自单位工程验收合格之日起算。因承包人原因导致工程无法按合同约定期限进行竣工验收的,缺陷责任期从实际通过竣工验收之日起计算。因发包人原因导致工程无法按合同约定期限进行竣工验收的,在承包人提交竣工验收报告90天后,工程自动进入缺陷责任期;发包人未经竣工验收擅自使用工程的,缺陷责任期自工程转移占有之日起开始计算(第15.2.1项)。

3)缺陷责任期内,由承包人原因造成的缺陷,承包人应负责维修,并承担鉴定及维修费用。如承包人不维修也不承担费用，发包人可按合同约定从保证金或银行保函中扣除，费用超出保证金额的，发包人可按合同约定向承包人进行索赔。承包人维修并承担相应费用后，不免除对工程的损失赔偿责任。发包人有权要求承包人延长缺陷责任期，并应在原缺陷责任期届满前发出延长通知。但缺陷责任期（含延长部分）最长不能超过 24 个月。

由他人原因造成的缺陷，发包人负责组织维修，承包人不承担费用，且发包人不得从保证金中扣除费用（第 15.2.2 项）。

4）任何一项缺陷或损坏修复后，经检查证明其影响了工程或工程设备的使用性能，承包人应重新进行合同约定的试验和试运行，试验和试运行的全部费用应由责任方承担（第 15.2.3 项）。

5）除专用合同条款另有约定外，承包人应于缺陷责任期届满后 7 天内向发包人发出缺陷责任期届满通知，发包人应在收到缺陷责任期满通知后 14 天内核实承包人是否履行缺陷修复义务，承包人未能履行缺陷修复义务的，发包人有权扣除相应金额的维修费用。发包人应在收到缺陷责任期届满通知后 14 天内，向承包人颁发缺陷责任期终止证书（第 15.2.4 项）。

6）保修责任（第 15.4.1 项）。工程保修期从工程竣工验收合格之日起算，具体分部分项工程的保修期由合同当事人在专用合同条款中约定，但不得低于法定最低保修年限。在工程保修期内，承包人应当根据有关法律规定以及合同约定承担保修责任。发包人未经竣工验收擅自使用工程的，保修期自转移占有之日起算。

3. 费用控制的主要条款内容

（1）预付款。

1）预付款的支付（第 12.2.1 项）。预付款的支付按照专用合同条款约定执行，但至迟应在开工通知载明的开工日期 7 天前支付。预付款应当用于材料、工程设备、施工设备的采购及修建临时工程、组织施工队伍进场等。

除专用合同条款另有约定外，预付款在进度付款中同比例扣回。在颁发工程接收证书前，提前解除合同的，尚未扣完的预付款应与合同价款一并结算。

发包人逾期支付预付款超过 7 天的，承包人有权向发包人发出要求预付的催告通知，发包人收到通知后 7 天内仍未支付的，承包人有权暂停施工，并按第 16.1.1 项［发包人违约的情形］执行。

2）预付款担保（第 12.2.2 项）。发包人要求承包人提供预付款担保的，承包人应在发包人支付预付款 7 天前提供预付款担保，专用合同条款另有约定除外。预付款担保可采用银行保函、担保公司担保等形式，具体由合同当事人在专用合同条款中约定。在预付款完全扣回之前，承包人应保证预付款担保持续有效。

发包人在工程款中逐期扣回预付款后，预付款担保额度应相应减少，但剩余的预付款担保金额不得低于未被扣回的预付款金额。

（2）计量。

1）计量周期（第 12.3.2 项）。除专用合同条款另有约定外，工程量的计量按月进行。

2）单价合同的计量（第 12.3.3 项）。除专用合同条款另有约定外，单价合同的计量按照本项约定执行：

① 承包人应于每月 25 日向监理人报送上月 20 日至当月 19 日已完成的工程量报告，并附具进度付款申请单、已完成工程量报表和有关资料。

② 监理人应在收到承包人提交的工程量报告后 7 天内完成对承包人提交的工程量报表的审核并报送发包人，以确定当月实际完成的工程量。监理人对工程量有异议的，有权要求承包人进行共同复核或抽样复测。承包人应协助监理人进行复核或抽样复测，并按监理人要求提供补充计量资料。承包人未按监理人要求参加复核或抽样复测的，监理人复核或修正的工程量视为承包人实际完成的工程量。

③ 监理人未在收到承包人提交的工程量报表后的 7 天内完成审核的，承包人报送的工程量报告中的工程量视为承包人实际完成的工程量，据此计算工程价款。

3) 总价合同的计量（第 12.3.4 项）。除专用合同条款另有约定外，按月计量支付的总价合同，按照本项约定执行：

① 承包人应于每月 25 日向监理人报送上月 20 日至当月 19 日已完成的工程量报告，并附具进度付款申请单、已完成工程量报表和有关资料。

② 监理人应在收到承包人提交的工程量报告后 7 天内完成对承包人提交的工程量报表的审核并报送发包人，以确定当月实际完成的工程量。监理人对工程量有异议的，有权要求承包人进行共同复核或抽样复测。承包人应协助监理人进行复核或抽样复测并按监理人要求提供补充计量资料。承包人未按监理人要求参加复核或抽样复测的，监理人审核或修正的工程量视为承包人实际完成的工程量。

③ 监理人未在收到承包人提交的工程量报表后的 7 天内完成复核的，承包人提交的工程量报告中的工程量视为承包人实际完成的工程量。

（3）工程进度款支付。除专用合同条款另有约定外，付款周期应按照第 12.3.2 项〔计量周期〕的约定与计量周期保持一致。

（4）进度款审核和支付（第 12.4.4 项）。

1）除专用合同条款另有约定外，监理人应在收到承包人进度付款申请单以及相关资料后 7 天内完成审查并报送发包人，发包人应在收到后 7 天内完成审批并签发进度款支付证书。发包人逾期未完成审批且未提出异议的，视为已签发进度款支付证书。

发包人和监理人对承包人的进度付款申请单有异议的，有权要求承包人修正和提供补充资料，承包人应提交修正后的进度付款申请单。监理人应在收到承包人修正后的进度付款申请单及相关资料后 7 天内完成审查并报送发包人，发包人应在收到监理人报送的进度付款申请单及相关资料后 7 天内，向承包人签发无异议部分的临时进度款支付证书。存在争议的部分，应按照第 20 条〔争议解决〕的约定处理。

2）除专用合同条款另有约定外，发包人应在进度款支付证书或临时进度款支付证书签发后 14 天内完成支付，发包人逾期支付进度款的，应按照中国人民银行发布的同期同类贷款基准利率支付违约金。

3）发包人签发进度款支付证书或临时进度款支付证书，不表明发包人已同意、批准或接受了承包人完成的相应部分的工作。

（5）支付分解表（第 12.4.6 项）。

1）支付分解表的编制要求：

① 支付分解表中所列的每期付款金额，应为第 12.4.2 项［进度付款申请单的编制］第（1）目的估算金额；

② 实际进度与施工进度计划不一致的，合同当事人可按照第 4.4 款［商定或确定］修改支付分解表；

③ 不采用支付分解表的，承包人应向发包人和监理人提交按季度编制的支付估算分解表，用于支付参考。

2）总价合同支付分解表的编制与审批：

除专用合同条款另有约定外，承包人应根据第 7.2 款［施工进度计划］约定的施工进度计划、签约合同价和工程量等因素对总价合同按月进行分解，编制支付分解表。承包人应当在收到监理人和发包人批准的施工进度计划后 7 天内，将支付分解表及编制支付分解表的支持性资料报送监理人。

监理人应在收到支付分解表后 7 天内完成审核并报送发包人。发包人应在收到经监理人审核的支付分解表后 7 天内完成审批，经发包人批准的支付分解表为有约束力的支付分解表。

发包人逾期未完成支付分解表审批的，也未及时要求承包人进行修正和提供补充资料的，则承包人提交的支付分解表视为已经获得发包人批准。

3）单价合同的总价项目支付分解表的编制与审批。除专用合同条款另有约定外，单价合同的总价项目，由承包人根据施工进度计划和总价项目的总价构成、费用性质、计划发生时间和相应工程量等因素按月进行分解，形成支付分解表，其编制与审批参照总价合同支付分解表的编制与审批执行。

（三）不可抗力、不利物质条件及异常恶劣的气候条件

1. 不可抗力

（1）不可抗力的确认（第17.1款）。

不可抗力是指合同当事人在签订合同时不可预见，在合同履行过程中不可避免且不能克服的自然灾害和社会性突发事件，如地震、海啸、瘟疫（新型冠状病毒肺炎）、骚乱、戒严、暴动、战争和专用合同条款中约定的其他情形。

不可抗力发生后，发包人和承包人应收集证明不可抗力发生及不可抗力造成损失的证据，并及时认真统计所造成的损失。合同当事人对是否属于不可抗力或其损失的意见不一致的，由监理人按第4.4款〔商定或确定〕的约定处理。发生争议时，按第20条〔争议解决〕的约定处理。

（2）不可抗力的通知（第17.2款）。

合同一方当事人遇到不可抗力事件，使其履行合同义务受到阻碍时，应立即通知合同另一方当事人和监理人，书面说明不可抗力和受阻碍的详细情况，并提供必要的证明。

不可抗力持续发生的，合同一方当事人应及时向合同另一方当事人和监理人提交中间报告，说明不可抗力和履行合同受阻的情况，并于不可抗力事件结束后28天内提交最终报告及有关资料。

（3）不可抗力后果的承担。

不可抗力引起的后果及造成的损失由合同当事人按照法律规定及合同约定各自承担。不可抗力发生前已完成的工程应当按照合同约定进行计量支付（第17.3.1项）。

不可抗力导致的人员伤亡、财产损失、费用增加和（或）工期延误等后果，由合同当事人按以下原则承担（第17.3.2项）：

1）永久工程、已运至施工现场的材料和工程设备的损坏，以及因工程损坏造成的第三方人员伤亡和财产损失由发包人承担；

2）承包人施工设备的损坏由承包人承担；

3）发包人和承包人承担各自人员伤亡和财产的损失；

4）因不可抗力影响承包人履行合同约定的义务，已经引起或将引起工期延误的，应当顺延工期，由此导致承包人停工的费用损失由发包人和承包人合理分担，停工期间必须支付的工人工资由发包人承担；

5）因不可抗力引起或将引起工期延误，发包人要求赶工的，由此增加的赶工费用由发包人承担；

6）承包人在停工期间按照发包人要求照管、清理和修复工程的费用由发包人承担。

不可抗力发生后，合同当事人均应采取措施尽量避免和减少损失的扩大，任何一方当事人没有采取有效措施导致损失扩大的，应对扩大的损失承担责任。

因合同一方迟延履行合同义务，在迟延履行期间遭遇不可抗力的，不免除其违约责任。

2. 不利物质条件

不利物质条件是指有经验的承包人在施工现场遇到的不可预见的自然物质条件、非自然的物质障碍和污染物，包括地表以下物质条件和水文条件以及专用合同条款约定的其他情形，但不包括气候条件。

承包人遇到不利物质条件时，应采取克服不利物质条件的合理措施继续施工，并及时通知发包人和监理人。通知应载明不利物质条件的内容以及承包人认为不可预见的理由。监理人经发包人同意后应当及时发出指示，指示构成变更的，应按第10条〔变更〕的约定执行。承包人因采取合理措施而增加的费用和（或）延误的工期由发包人承担。

3. 异常恶劣的气候条件

异常恶劣的气候条件是指在施工过程中遇到的，有经验的承包人在签订合同时不可预见的，对合

同履行造成实质性影响的，但尚未构成不可抗力事件的恶劣气候条件。合同当事人可以在专用合同条款中约定异常恶劣的气候条件的具体情形。

承包人应采取克服异常恶劣的气候条件的合理措施继续施工，并及时通知发包人和监理人。监理人经发包人同意后应当及时发出指示，指示构成变更的，应按第10条〔变更〕的约定办理。承包人因采取合理措施而增加的费用和（或）延误的工期由发包人承担。

（四）索赔有关条款

1. 承包人的索赔

根据合同约定，承包人认为有权得到追加付款和（或）延长工期的，应按以下程序向发包人提出索赔：

（1）承包人应在知道或应当知道索赔事件发生后28天内，向监理人递交索赔意向通知书，并说明发生索赔事件的事由；承包人未在前述28天内发出索赔意向通知书的，丧失要求追加付款和（或）延长工期的权利；

（2）承包人应在发出索赔意向通知书后28天内，向监理人正式递交索赔报告；索赔报告应详细说明索赔理由以及要求追加的付款金额和（或）延长的工期，并附必要的记录和证明材料；

（3）索赔事件具有持续影响的，承包人应按合理时间间隔继续递交延续索赔通知，说明持续影响的实际情况和记录，列出累计的追加付款金额和（或）工期延长天数；

（4）在索赔事件影响结束后28天内，承包人应向监理人递交最终索赔报告，说明最终要求索赔的追加付款金额和（或）延长的工期，并附必要的记录和证明材料。

2. 对承包人索赔的处理

对承包人索赔的处理如下：

（1）监理人应在收到索赔报告后14天内完成审查并报送发包人。监理人对索赔报告存在异议的，有权要求承包人提交全部原始记录副本；

（2）发包人应在监理人收到索赔报告或有关索赔的进一步证明材料后的28天内，由监理人向承包人出具经发包人签认的索赔处理结果。发包人逾期答复的，则视为认可承包人的索赔要求；

（3）承包人接受索赔处理结果的，索赔款项在当期进度款中进行支付；承包人不接受索赔处理结果的，应按照第20条〔争议解决〕的约定处理。

3. 发包人的索赔

根据合同约定，发包人认为有权得到赔付金额和（或）延长缺陷责任期的，监理人应向承包人发出通知并附有详细的证明。

发包人应在知道或应当知道索赔事件发生后28天内通过监理人向承包人提出索赔意向通知书，发包人未在前述28天内发出索赔意向通知书的，丧失要求赔付金额和（或）延长缺陷责任期的权利。发包人应在发出索赔意向通知书后28天内，通过监理人向承包人正式递交索赔报告。

对发包人索赔的处理如下（第19.4款）：

（1）承包人收到发包人提交的索赔报告后，应及时审查索赔报告的内容、查验发包人证明材料；

（2）承包人应在收到索赔报告或有关索赔的进一步证明材料后28天内，将索赔处理结果答复发包人。如果承包人未在上述期限内做出答复的，则视为对发包人索赔要求的认可；

（3）承包人接受索赔处理结果的，发包人可从应支付给承包人的合同价款中扣除赔付的金额或延长缺陷责任期；发包人不接受索赔处理结果的，应按第20条〔争议解决〕的约定处理。

4. 提出索赔的期限

（1）承包人按第14.2款〔竣工结算审核〕约定接收竣工付款证书后，应被视为已无权再提出在工程接收证书颁发前所发生的任何索赔。

（2）承包人按第14.4款〔最终结清〕提交的最终结清申请单中，只限于提出工程接收证书颁发后发生的索赔。提出索赔的期限自接受最终结清证书时终止。

(五) 争议解决

1. 和解

合同当事人可以就争议自行和解，自行和解达成协议的经双方签字并盖章后作为合同补充文件，双方均应遵照执行。

2. 调解

合同当事人可以就争议请求建设行政主管部门、行业协会或其他第三方进行调解，调解达成协议的，经双方签字并盖章后作为合同补充文件，双方均应遵照执行。

3. 争议评审

合同当事人在专用合同条款中约定采取争议评审方式解决争议以及评审规则，并按下列约定执行：

（1）争议评审小组的确定（第20.3.1项）。

合同当事人可以共同选择一名或三名争议评审员，组成争议评审小组。除专用合同条款另有约定外，合同当事人应当自合同签订后28天内，或者争议发生后14天内，选定争议评审员。

选择一名争议评审员的，由合同当事人共同确定；选择三名争议评审员的，各自选定一名，第三名成员为首席争议评审员，由合同当事人共同确定或由合同当事人委托已选定的争议评审员共同确定，或由专用合同条款约定的评审机构指定第三名首席争议评审员。除专用合同条款另有约定外，评审员报酬由发包人和承包人各承担一半。

（2）争议评审小组的决定（第20.3.2项）。

合同当事人可在任何时间将与合同有关的任何争议共同提请争议评审小组进行评审。争议评审小组应秉持客观、公正原则，充分听取合同当事人的意见，依据相关法律、规范、标准、案例经验及商业惯例等，自收到争议评审申请报告后14天内做出书面决定，并说明理由。合同当事人可以在专用合同条款中对本项事项另行约定。

（3）争议评审小组决定的效力（第20.3.3项）。

争议评审小组做出的书面决定经合同当事人签字确认后，对双方具有约束力，双方应遵照执行。

任何一方当事人不接受争议评审小组决定或不履行争议评审小组决定的，双方可选择采用其他争议解决方式。

4. 仲裁或诉讼

因合同及合同有关事项产生的争议，合同当事人可以在专用合同条款中约定以下一种方式解决争议：

（1）向约定的仲裁委员会申请仲裁；

（2）向有管辖权的人民法院起诉。

5. 争议解决条款效力

合同有关争议解决的条款独立存在，合同的变更、解除、终止、无效或者被撤销均不影响其效力。

三、最高人民法院关于施工合同司法解释

《最高人民法院关于审理建设工程施工合同纠纷案件适用法律问题的解释》（法释〔2004〕14号）、《最高人民法院关于审理建设工程施工合同纠纷案件适用法律问题的解释（二）》（法释〔2018〕20号），这些解释中有很多条款与工程造价管理密切相关。

（一）《施工合同法律解释一》相关规定

1. 无效合同的价款结算

建设工程施工合同无效，但建设工程经竣工验收合格，承包人请求参照合同约定支付工程价款的，应予支持。建设工程相施工合同无效，且建设工程经竣工验收不合格的，按照以下情形分别处理：①修复后的建设工程经竣工验收合格，发包人请求承包人承担修复费用的，应予支持；②修复后的建设工程经竣工验收不合格，承包人请求支付工程价款的，不予支持。因建设工程不合格造成的损失，发

包人有过错的，也应承担相应的民事责任。

2. 工程价款利息计付

当事人对欠付工程价款利息计付标准有约定的，按照约定处理；没有约定的，按照中国人民银行发布的同期同类贷款利率计息。对于无效合同，当事人对垫资和垫资利息有约定，承包人请求按照约定返还垫资及其利息的，应予支持，但是约定的利息计算标准高于中国人民银行发布的同期同类贷款利率的部分除外；当事人对垫资利息没有约定或者约定不明的，下列时间视为应付款时间：建设工程已实际交付的，为交付之日；建设工程没有交付的，为提交竣工结算文件之日；建设工程未交付，工程价款也未结算的，为当事人起诉之日。

3. 工程竣工日期确定

当事人对建设工程实际竣工日期有争议的，按照以下情形分别处理：建设工程经竣工验收合格的，以竣工验收合格之日为竣工日期；承包人已经提交竣工验收报告，发包人拖延验收的，以承包人提交验收报告之日为竣工日期；建设工程未经竣工验收，发包人擅自使用的，以转移占有建设工程之日为竣工日期。

4. 计价标准与方法确定

当事人对建设工程的计价标准或者计价方法有约定的，按照约定结算工程价款。因设计变更导致建设工程的工程量或者质量标准发生变化，当事人对该部分工程价款不能协商一致的，可以参照签订建设工程施工合同时当地建设行政主管部门发布的计价标准或者计价方法结算工程价款。

5. 工程量确定

当事人对工程量有争议的，按照施工过程中形成的签证等书面文件确认。承包人能够证明发包人同意其施工，但未能提供签证文件证明工程量发生的，可以按照当事人提供的其他证据确认实际发生的工程量。

6. 工程价款结算

发包人收到竣工结算文件后，在约定期限内不予答复，视为认可竣工结算文件的，按照约定处理。承包人请求按照竣工结算文件结算工程价款的，应予支持。当事人就同一建设工程另行订立的建设工程施工合同与经过备案的中标合同实质性内容不一致的，应当以备案的中标合同作为结算工程价款的根据。当事人约定按照固定价结算工程价款，一方当事人请求对建设工程造价进行鉴定的，不予支持。

（二）《施工合同法律解释二》相关规定

1. 开工日期争议确定

当事人对建设工程开工日期有争议的，人民法院应当分别按照以下情形予以认定：开工日期为发包人或者监理人发出的开工通知载明的开工日期；开工通知发出后，尚不具备开工条件的，以开工条件具备的时间为开工日期；因承包人原因导致开工时间推迟的，以开工通知载明的时间为开工日期。承包人经发包人同意已经实际进场施工的，以实际进场施工时间为开工日期。发包人或者监理人未发出开工通知，也无相关证据证明实际开工日期的，应当综合考虑开工报告、合同、施工许可证、竣工验收报告或者竣工验收备案表等载明的时间，并结合具备开工条件的事实，认定开工日期。

2. 合同约定与投标文件等不一致

当事人签订的建设工程施工合同与招标文件、投标文件、中标通知书载明的工程范围、建设工期、工程质量、工程价款不一致，一方当事人请求将招标文件、投标文件、中标通知书作为结算工程价款的依据的，人民法院应予支持。

3. 已经达成结算协议请求鉴定的处理

当事人在诉讼前已经对建设工程价款结算达成协议，诉讼中一方当事人申请对工程造价进行鉴定的，人民法院不予准许。

4. 咨询意见的效力

当事人在诉讼前共同委托有关机构、人员对建设工程造价出具咨询意见，诉讼中一方当事人不认可该咨询意见申请鉴定的,人民法院应予准许,但双方当事人明确表示受该咨询意见约束的除外。

5. 鉴定意见的效力

当事人对工程造价、质量、修复费用等专门性问题有争议,人民法院认为需要鉴定的,应当向负有举证责任的当事人释明。当事人经释明未申请鉴定,虽申请鉴定但未支付鉴定费用或者拒不提供相关材料的,应当承担举证不能的法律后果。一审诉讼中负有举证责任的当事人未申请鉴定,虽申请鉴定但未支付鉴定费用或者拒不提供相关材料,二审诉讼中申请鉴定,人民法院认为确有必要的,应当依照民事诉讼法第一百七十条第一款第三项的规定处理。人民法院准许当事人的鉴定申请后,应当根据当事人申请及查明案件事实的需要,确定委托鉴定的事项、范围、鉴定期限等,并组织双方当事人对争议的鉴定材料进行质证。人民法院应当组织当事人对鉴定意见进行质证。鉴定人将当事人有争议且未经质证的材料作为鉴定依据的,人民法院应当组织当事人就该部分材料进行质证。经质证认为不能作为鉴定依据的,根据该材料做出的鉴定意见不得作为认定案件事实的依据。

第三节 工程量清单编制

一、工程量清单概述

(一) 工程量清单的概念、作用和内容

工程量清单是指建设工程的分部分项工程项目、措施项目、其他项目、规费项目和税金(增值税)项目的名称和相应数量等的明细清单。

工程量清单应由具有编制能力的招标人或受其委托,具有相应资质的工程造价咨询人或工程招标代理人编制。

采用工程量清单方式招标,工程量清单必须作为招标文件的组成部分,其准确性和完整性完全由招标人负责。

工程量清单是工程量清单计价的基础,必须作为编制招标最高限价(《建设工程工程量清单计价规范》GB 50500—2013 称为招标控制价)、投标报价、计算工程量、调整工程量、支付工程款、调整合同价款、办理竣工结算以及工程索赔等的依据。

提示:国家现行的是《建设工程工程量清单计价规范》(GB 50500—2013),陕西省现行的是《陕西省建设工程工程量清单计价规则》(2009),以下简称为《计价规则》。《计价规则》(2009)对应于国家《建设工程工程量清单计价规范》(GB 50500—2008)。

工程量清单应由分部分项工程量清单、措施项目清单、其他项目清单、规费和税金(增值税)项目清单组成。

(二) 工程量清单的编制依据和程序

1. 工程量清单编制的依据

(1)《陕西省建设工程工程量清单计价规则》(2009)。

(2) 国家、省建设主管部门颁发的计价依据和办法。

(3) 建设工程设计文件。

(4) 与建设工程项目有关的标准、规范、技术资料。

(5) 招标文件中对工程量清单编制的相关要求。

(6) 施工现场情况、工程特点及常规施工方案。

(7) 其他相关资料。

2. 工程量清单编制的程序

(1) 熟悉两个重要文件即招标文件和设计文件。

(2) 了解施工现场的有关情况。

(3) 编制分部分项工程量清单。

1) 划分项目、确定分部分项清单项目名称、编码（名称定义）。

2) 确定分部分项清单项目拟综合的内容（项目特征描述）。

3) 计算分部分项清单主体项目工程量（清单计量）。

(4) 编制措施项目清单、其他项目清单。

(5) 复核、编写编制总说明。

(6) 装订，形成工程量清单文件。

（三）工程量清单计价的适用范围

(1)《计价规则》总则1.0.2明确规定："本规则适用于本省范围内建设工程工程量清单计价活动"。这里的"建设工程工程量清单计价活动"的含义如下：

"建设工程"指的是《计价规则》中附录A建筑工程、附录B装饰装修工程、附录C安装工程、附录D市政工程、附录E园林绿化工程。

"计价活动"指的是《计价规则》1.0.5条中的内容即施工全过程计价，施工全过程不但包括招投标阶段，还扩大到了施工阶段。

因此，《计价规则》的适用范围比《建设工程工程量清单计价规范》（GB 50500—2008）规定的"全部使用国有资金投资或国有资金投资为主的工程建设项目，必须采用工程量清单计价"扩大了调整约束范围。

(2)《计价规则》还规定：依法必须招标的工程建设项目，必须采用工程量清单计价。依法可不招标的工程建设项目，可采用工程量清单计价。

(3)《计价规则》附录"实体项目"表中的项目特征、工程内容、参考子目三栏为参考项目，应用时可根据工程实际情况增加或删减相关内容。

(4)《计价规则》附录"实体项目"也就是分部分项工程量清单项目，在每一章的最后都有相关问题的说明，应用《计价规则》时应详细阅读相关规定。

二、分部分项工程量清单

分部分项工程量清单是由构成工程实体的分部分项项目组成的，分部分项工程量清单必须载明项目编码、项目名称、项目特征、计量单位和工程数量，简称为五个要件，这五个要件在分部分项工程量清单的组成中缺一不可。分部分项工程量清单的内容、格式见表6-1。

表6-1 分部分项工程量清单

工程名称：　　　　　　　　　　专业：建筑装饰工程　　　　　　　　　第 页 共 页

序号	项目编码	项目名称	计量单位	工程数量
		A.1 土（石）方工程		
1	010101003001	挖基础土方 【项目特征】 1. 土壤类别：综合 2. 基础类型：大开挖 3. 坑底面积：按设计开挖线 4. 挖土深度：3.15m 5. 弃土运距：土方外运 【工程内容】 挖土方、基底普探、运输	m³	00.00
		……		

分部分项工程量清单应根据《计价规则》附录 A（见表 6-2）各专业工程"实体项目"中规定的项目编码、项目名称、项目特征、计量单位和工程量计算规则进行编制。

表 6-2　附录 A　建筑工程工程量清单项目及计算规则

一、实体项目

A.1　土（石）方工程

A.1.1　土方工程。工程量清单项目设置及工程量计算规则，应按表 A.1.1 的规定执行。

表 A.1.1　土方工程（编码：010101）

项目编码	项目名称	项目特征	计量单位	工程量计算规则	工程内容	参考子目号
010101001	平整场地	1. 土壤类别 2. 弃土运距 3. 取土运距	m^2	按设计图示尺寸以建筑物首层面积计算	1. 土方挖填 2. 场地找平 3. 运输	1-19、1-32、1-33、1-107
010101002	挖土方	1. 土壤类别 2. 挖土平均厚度 3. 弃土运距	m^3	按设计图示尺寸以体积计算	1. 排地表水 2. 土方开挖 3. 挡土板支拆 4. 截桩头 5. 基底钎探 6. 运输	1-1~1-4、1-20、1-32、1-33、1-83~1-100
010101003	挖基础土方	1. 土壤类别 2. 基础类型 3. 垫层底宽、底面积 4. 挖土深度 5. 弃土运距		按设计图示尺寸以基础垫层底面积乘以挖土深度计算		1-5~1-16、1-20、1-32、1-33、1-36~1-43、1-83~1-100

（一）项目编码

项目编码是分部分项工程量清单项目名称的数字标识。分部分项工程量清单项目应按规定编码，项目编码以五级设置，用十二位数字表示，前九位全国统一，不得变动，即一至九位必须按《计价规则》附录的规定设置；后三位是清单项目名称顺序编码，由清单编制人设置，同一招标工程的项目编码不得有重码，一般从 001 起按顺序编制。

例：01　04　01　002　001

第一级：一、二位为工程分类码（也称专业工程代码），01 为建筑工程；02 为装饰工程；03 为安装工程；04 为市政工程；05 为园林绿化工程；

第二级：三、四位为附录分类顺序码（章），如 0104 为建筑工程 第四章混凝土及钢筋混凝土工程；

第三级：五、六位为分部工程顺序码（节），如 010401 为建筑工程 第四章混凝土及钢筋混凝土工程 第一节现浇混凝土基础；

第四级：七～九位为分项工程项目名称顺序码，如 010401002 为建筑工程 第四章 第一节现浇混凝土基础中的独立基础；

第五级：十～十二位为清单项目名称顺序码，由清单编制人依据项目特征的区别设置，同一招标工程的项目编码不得有重码，一般可从 001 开始。如 010401002001。

项目编码选择与设置的原则：一是准确；二是后三位不同的项目特征、不同的工程内容应不同编码，也就是说不同的项目编码反映了不同的项目特征和不同的工程内容。

（二）项目名称

分部分项工程量清单的项目名称应按《计价规则》附录规定的项目名称结合拟建工程的实际确定。附录表中的"项目名称"为分项工程项目名称，是形成分部分项工程量清单项目名称的基础，项目名称原则上以形成工程实体而命名。

在编制分部分项工程量清单时，项目名称如何命名存在以下三种情况：

一是清单的项目名称可以与《计价规则》中的"项目名称"完全一致，如，挖基础土方、砖基础、圈梁、块料楼地面、胶合板门等。

二是项目名称也可以在《计价规则》的总框架下，根据具体情况可以进行重新命名，使项目名称更具体。如《计价规则》的"挖基础土方"就可以按设计挖土的形状定义为挖沟槽、挖地坑、大开挖土方、挖桩孔等；如"土（石）方回填"可根据回填土的部位和回填土质情况命名为基础回填土、室内回填土、回填砂石垫层等；如"块料楼地面"可以命名为地砖地面、陶瓷地砖楼面、防滑地砖楼面等；如"块料墙面"也可以命名为外墙面砖、内墙瓷片等。

三是出现《计价规则》附录中未包括的项目，编制人应作补充，并报省工程造价管理机构备案。

补充项目的编码由附录的顺序码与B和三位阿拉伯数字组成，并应从×B001起顺序编制，同一单位工程的项目不得重码。如建筑工程须补充项目时，编码应从AB001或01B001开始；装饰工程编码应从BB001或02B001开始。

工程量清单中需补充项目的，应附有项目名称、项目特征、计量单位、工程量计算规则、工程内容。补充的项目名称应具有唯一性，项目特征应根据工程实体内容描述，计量单位应体现该项目基本特征，工程量计算规则应反映该项目的实体数量。

（三）项目特征

项目特征是构成分部分项工程量清单项目、措施项目自身价值的本质特征。项目特征是区分（划分）清单项目的依据，是确定一个清单项目综合单价的重要依据，是履行合同义务的基础。因此，在编制工程量清单中必须对其项目特征进行准确和全面的描述。

1. 项目特征是区分（划分）清单项目的依据

清单项目划分就是平常所说的清单列项，清单项目划分的主要依据是《计价规则》中的项目名称、项目特征和工程内容及拟建工程的实际情况。

分部分项工程量清单以形成"工程实体"项目或以主要分项工程为主来划分：

（1）实体项目清单中一般可以综合许多工程内容（综合实体），以建筑、装饰部分居多，如挖基础土方清单不仅包括挖土，还包括运土和基底钎探（或普探）等内容；屋面防水清单项目既包括防水层本身，也包括防水层下面的找平层和上面的隔离层、保护层；楼地面清单项目不但包括面层、结合层，还包括各种垫层、防水层和找平层；门窗清单不仅包括门窗的制作、运输、安装，还包括油漆、玻璃以及小五金等内容。

（2）结构部分往往按分项工程设置清单项目，也就是说这类清单项目除本身外一般不再综合其他内容，如现浇混凝土构件、钢筋、砖墙等。

清单项目划分的原则：①以形成工程实体为原则，这是计量的前提；②尽量与当地消耗量定额项目相结合的原则；③便于形成综合单价的原则；④便于使用和以后调整的原则。

编制分部分项工程量清单的关键是列出清单项目，凡应包括在主体清单项目中的内容不能再单列清单，然后在清单项目中明确需要体现的项目特征和项目包含的工程内容。需要注意的是清单项目划分的依据是《计价规则》中的项目特征，而定额项目划分一般是按施工工序设置的，包括的工程内容一般是单一的。

2. 项目特征是确定清单项目综合单价的重要依据

项目特征是对清单项目的准确描述，是确定一个清单项目综合单价必不可少的重要依据，是影响价格的主要因素。分部分项工程量清单的项目特征应按附录中规定的项目特征，结合拟建工程项目的实际予以描述。

可以说没有准确的项目特征描述，清单项目就没有了生命力。由于种种原因，对同一项目，由不同的人描述，会有不同的结论或答案。尽管如此，对体现项目本质区别的特征和对报价有实质影响的内容必须描述，描述的原则应把握以下内容：

(1) 必须描述的内容如下:

1) 涉及正确计量计价的必须描述:如混凝土灌注桩"虚桩"的长度;楼地面下各种垫层材料的种类、厚度;屋面找坡层、屋面保温层、墙面保温、管道保温的厚度;墙柱面抹灰砂浆的种类、厚度、配合比等。

2) 涉及结构要求的必须描述:如混凝土的种类和强度等级,种类是指现场搅拌混凝土(砾石、碎石)还是商品混凝土或其他特种混凝土,混凝土等级如C25、C30、C30 P8。如砌筑砂浆的种类和强度等级,砂浆种类是指水泥砂浆、混合砂浆、预拌砂浆(湿拌砂浆或干混砂浆),砂浆等级如M5或M10等。

3) 涉及施工难易程度的必须描述,如墙面一般抹灰、装饰抹灰、镶贴块料的墙体类型(砖墙或混凝土墙、轻质墙;内墙或外墙等);顶棚抹灰的基层类型(现浇顶棚或预制顶棚等);抹灰面油漆的基层类型(如一般抹灰面)等。

4) 涉及材质要求的必须描述:如各种金属构件的材质、装饰材料的材质、玻璃品种、油漆品种、管材的材质(如碳钢管、无缝钢管、不锈钢管)等。

5) 涉及材料品种、规格要求的必须描述:如块状装饰材料石材、地砖、面砖、瓷砖的规格;防水材料、保温材料的品种、厚度或涂刷遍数等。

(2) 可不详细描述的内容如下:

1) 无法准确描述的可不详细描述:如土的类别无法准确确定时,可描述为综合,对工程所在具体地点来讲,应由投标人根据地勘资料确定土壤类别并决定报价。

2) 施工图、标准图集标注明确的、用文字往往又难以准确和全面予以描述的,可不详细描述,可直接描述为详见××图集或××图××节点,如详见陕09J02 ×/××;详见建施3/08节点等。

3) 在项目划分和项目特征描述时,为了清单项目粗细适度和便于计价,应尽量与现行的消耗量定额相结合。如柱截面不一定要描述具体尺寸,可结合陕西省消耗量定额描述成柱断面周长1800mm以内或1800mm以上;钢筋也不一定要描述具体规格,可描述成$\phi 10$以内圆钢筋(HPB300)、$\phi 10$以上圆钢筋(HPB300)、$\phi 10$以上螺纹钢筋(HRB400);现浇板也可根据板的厚度描述成板厚100mm以内或板厚100mm以上等。

(3) 可不描述的内容如下:

1) 对项目特征或计量计价没有实质影响的内容可不描述:如混凝土柱高度、断面大小、混凝土板的板面标高等。

2) 应由投标人根据施工方案确定的可不描述:如外运土的具体运距、外购黄土的具体距离等。

3) 应由投标人根据当地材料供应情况确定的可不描述:如混凝土拌合料使用的石子种类(砾石或碎石、商品混凝土)及粒径、砂子的种类等。

4) 应由施工措施解决的可不描述:如现浇混凝土梁、板的底面标高、板的厚度、混凝土墙的厚度等。

(4) 可增加描述的内容如下:

《计价规则》中的项目特征没有提到的少数项目,计价时需要按一定要求计量的其他独有特征,清单编制人还应予以特别的描述。如门窗"洞口尺寸"或"框外围尺寸"是影响报价的重要因素,虽然《计价规则》的项目特征中没有此项内容,但是编制清单时,若门窗以"樘"为计量单位编制时就必须描述洞口尺寸或框外围面积,以便投标人准确报价;门窗以"m^2"为计量单位时,可不描述"洞口尺寸"。同样"门窗的油漆"也是如此。《计价规则》中的砖地沟在项目特征中没有提示要描述地沟是靠墙还是不靠墙,但是实际中的室内靠墙地沟和不靠墙地沟差异很大,应予以特别的描述。安装工程很多项目也是如此,如增加描述安装的高度、安装的位置等。

3. 项目特征是履行合同义务的基础

实行工程量清单计价,工程量清单及投标人所报的综合单价是施工合同的组成部分,因此,清单编制人应高度重视分部分项工程量清单项目特征的描述，如果工程量清单项目特征的描述不清甚至漏项、错误或不描述，从而引起在施工过程中的更改，均会在施工合同履行过程中产生分歧，导致纠纷、索赔。

由此可见清单项目特征的描述很重要，项目特征应根据《计价规则》附录中有关项目特征的要求，结合技术规范、施工图纸、标准图集，按照工程结构（部位）、施工工艺、使用材质及规格或安装位置等，予以详细表述和说明，使其工程量项目名称具体化、细化、能够反映影响工程造价的主要因素。

项目特征的描述充分体现了设计文件和业主的要求。描述应具有唯一性，使所有清单计价人的理解是唯一的。

4. 项目特征描述的格式

准确的描述分部分项工程量清单的项目特征是编制分部分项工程量清单的重要一环，但是对项目名称的定义和项目特征的描述，《计价规则》又无具体格式要求，这样一来，一是初学者对项目特征的描述无从下手，不知道应该怎么描述；二是有的造价人员对工程量清单计价的理解和做法不同，在编制清单时对于项目特征的描述还不规范。主要表现在对项目特征描述过于简单或根本不描述，使投标人无法准确理解工程量清单项目的构成要素；或者对项目特征描述过分复杂，使投标人报价时无所适从。

以上原因可能导致评标时难以合理的评定中标价，进而可能导致合同纠纷的产生，在办理工程结算时，由于工程量清单项目特征不清，界线不明，工程建设的甲乙双方为此经常引起争议和扯皮。

项目特征描述的方式大概分为"问答式"和"叙述式"两种。

（1）问答式主要是工程量清单编制时直接采用程序软件上提供的《计价规则》上的项目特征，在要求要描述的项目特征上采用答题的方式进行描述，这类方式常用在建筑、结构构件的特征描述上。如土方工程、砌筑工程、钢筋混凝土构件、金属结构构件、屋面工程等，清单描述格式见表6-1、表6-3。

表6-3 分部分项工程量清单

工程名称：　　　　　　　　　专业：建筑装饰工程　　　　　　　　　第　页　共　页

序号	项目编码	项目名称	计量单位	工程数量
1	010401003001	满堂基础 【项目特征】 1. 基础类型：有梁式 2. 混凝土强度等级：C30 3. 混凝土拌合料要求：现场搅拌 砾石 【工程内容】 混凝土制作、运输、浇捣、养护	m^3	00.00

（2）叙述式是对需要描述的项目特征根据用语习惯或工程做法，采用口语化的方式直接表述，这类方式常用在建筑及装饰装修做法的清单描述上。描述格式见表6-4。

表6-4 分部分项工程量清单

工程名称：　　　　　　　　　专业：建筑装饰工程　　　　　　　　　第　页　共　页

序号	项目编码	项目名称	计量单位	工程数量
1	010407002001	散水 【项目特征】 1. 工程部位：建筑物四周 2. 工程做法：陕09J01 散3 　1) 60mm厚C15混凝土撒1:1水泥砂子，压实赶光 　2) 150mm厚3:7灰土垫层，宽出面层300	m^2	36.82

续表

序号	项目编码	项目名称	计量单位	工程数量
2	020201001001	墙面一般抹灰 【项目特征】 1. 墙体类型：内砖墙面 2. 工程做法：陕09J01内32 1）5mm厚1∶2.5水泥砂浆找平 2）9mm厚1∶3水泥砂浆打底扫毛	m^2	212.60

5. 工程内容

《计价规则》附录中除"项目特征"以外还有"工程内容"。工程内容是指完成该清单项目可能发生的具体工作和操作程序，可供招标人确定清单项目和投标人投标报价参考。

工程内容和项目特征是两个不同性质的规定，决定分部分项工程量清单项目价值的大小是"项目特征"，而非"工程内容"。因此：

一是项目特征必须描述，因为其讲的是工程项目的实质，直接决定分部分项工程的价值（其实质是要求做什么）。

二是工程内容可以不描述或无需描述，因为其主要讲的是具体操作过程（其实质是怎么做）。

《计价规则》中关于工程内容的规定来源于原预算定额，实行工程量清单计价后，由于两种计价方式的差异，清单计价对项目特征的要求才是必要的。工程内容在实际编制清单时通常无须描述。

《计价规则》的工程内容中有，而项目特征中没有的，如砖基础的防潮层，在砖基础的项目特征中就没有要求，但在工程内容中有"铺设防潮层"工序。如果实际工程中砖基础有防潮层，就必须在砖基础的项目特征中增加描述防潮层的具体特征，不能以工程内容中有"铺设防潮层"而不描述，否则，将视为砖基础清单项目漏项，很有可能在施工中引起索赔。又如，"实心砖墙"清单的项目特征、工程内容中都有"勾缝"的内容，但这两个"勾缝"的含义不同。

（四）计量单位

分部分项工程量清单的计量单位应按规定的计量单位确定，清单项目工程量的计量单位均采用基本计量单位。它与定额的计量单位不同，编制清单或计价时按规定的计量单位计量。

长度计量单位为m；面积计量单位为m^2；体积计量单位为m^3；质量计量单位为t、kg；自然计量单位为台、套、个、樘等；无具体数量项目单位一般为项。

当《计价规则》中的计量单位有两个或两个以上时，应根据所编工程量清单项目特征要求，选择最适宜表现该项目特征并方便计量的单位。如《计价规则》中的混凝土桩计量单位就有"m/根"；门窗工程的计量单位就有"樘/m^2"。

（五）工程数量

分部分项工程量清单中所列工程数量应按《计价规则》附录中规定的工程量计算规则计算，力求准确，以免出现投标报价策略。

清单项目工程量计算规则是指对清单项目工程量的计算规定。《计价规则》中的每一个清单项目都有一个相应的工程量计算规则，这个规则全国统一，即全国各省（市）的工程量清单，均要按工程量计算规则计算工程数量。

清单项目的工程量计算规则与现实施工、预算定额的工程量计算规则有着原则上的区别。清单项目工程量的计算原则是以设计图示尺寸计算的实体工程量，通常也称为图纸用量、实体净值，没有考虑施工中需要考虑的工作面和预留量（如工作面、放坡或损耗等）。

而预算定额工程量的计算在净值的基础上，加上人为的预留量，这个量随施工方法、施工措施的不同而变化。因此，投标人投标报价时，应在综合单价中考虑施工中的各种损耗和需要增加的工程量。工程结算时的清单数量按合同双方认可的实际完成的工程量确定（也应按《计价规则》工程量计算规则计算）。

三、措施项目清单

（一）措施项目及措施项目清单

措施项目是指为完成工程项目施工，发生于该工程施工准备和施工过程中的技术、生活、安全、环境保护等方面的非工程实体项目。如临时设施、夜间施工、二次搬运、模板及支撑、脚手架、垂直运输、大型机械进出场等。

措施项目清单应根据拟建工程的实际情况列项，《计价规则》把措施项目分为通用措施项目和专业工程的专用措施项目两部分，分别见表6-5～表6-8。

表6-5　通用措施项目一览表

序号	项目名称
1	安全文明施工（含环境保护、文明施工、安全施工、临时设施、扬尘污染治理、建筑工人实名制管理）
2	夜间施工
3	二次搬运
4	测量放线、定位复测、检测试验
5	冬、雨季施工
6	大型机械设备进出场及安拆
7	施工排水
8	施工降水
9	施工影响场地周边地上、地下设施及建筑物安全的临时保护设施
10	已完工程及设备保护

注：1. 需要注意的是，从2017年7月1日起，安全文明施工措施在已有项目（环境保护、文明施工、安全施工、临时设施）的基础上增加了"扬尘污染治理"；从2019年12月1日起增加了"建筑工人实名制管理"，参见陕西省住房与城乡建设厅文件 陕建发〔2017〕270号、陕建发〔2019〕1246号及陕西省建设工程造价与建筑行业劳动保险基金统筹管理总站文件 陕建价统发〔2019〕64号。

2. 通用措施项目中的"施工排水"和"施工降水"是指工程上遇到冬雨季期间和工作内容中需要的"施工排水"和"施工降水"，而非工程上的降水处理，如轻型井点降水。

表6-6　建筑工程措施项目

序号	项目名称
1.1	混凝土、钢筋混凝土模板及支架
1.2	脚手架
1.3	垂直运输机械、超高降效

表6-7　装饰装修工程措施项目

序号	项目名称
2.1	脚手架
2.2	垂直运输机械、超高降效
2.3	室内空气污染测试

表 6-8　安装工程措施项目

序号	项目名称
3.1	组装平台
3.2	设备、管道施工的防冻和焊接保护措施
3.3	压力容器和高压管道的检验
3.4	焦炉施工大棚
3.5	焦炉烘炉、热态工程
3.6	管道安装后的充气保护措施
3.7	隧道内施工的通风、供水、供气、供电、照明及通信设施
3.8	现场施工围栏
3.9	长输管道临时水工保护措施
3.10	长输管道施工便道
3.11	长输管道跨越或穿越施工措施
3.12	长输管道地下穿越地上建筑物的保护措施
3.13	长输管道工程施工队伍调遣
3.14	格架式抱杆
3.15	脚手架

（二）措施项目清单的编制

措施项目清单的编制应考虑多种因素，编制时力求全面。除工程本身因素外，还涉及水文、气象、环境、安全和施工企业的实际情况等。同一工程，不同的施工单位组织施工采用的施工措施各不相同，所以措施项目清单应根据拟建工程的实际情况列项。为此，《计价规则》提供的"通用措施项目一览表"和"专业工程措施项目"，作为措施项目列项的参考。

1.措施项目清单列项

"通用措施项目一览表"（见表 6-5）所列内容是指各专业工程（建筑、装饰、管道、电气等）的"措施项目清单"中均可列的措施项目。

附录中的各专业工程"措施项目"（见表 6-6～表 6-8）中所列的内容，是指相应专业的"措施项目清单"中均可列的措施项目，结合拟建工程实际进行选择列项。

影响措施项目设置的因素太多，"通用措施项目一览表"和专业工程"措施项目"中不可能一一列出，因情况不同，出现《计价规则》未列的措施项目，清单编制人可补充。补充项目应列在清单项目最后，并在"序号"栏中以"补"字表示。如网架工程中拼装安装需要的操作平台；新型冠状病毒感染的肺炎疫情防控（陕建发〔2020〕1027 号文件）。

在陕西省把"夜间施工和冬、雨季施工"两个措施项目合并为一个措施项目编制清单，这是因为《计价费率》在测定时没有分开。

2.措施项目清单计量

非实体项目，一般来说，其费用的发生和金额的大小与使用时间、施工方法或者两个以上工序相关，与实际完成的实体工程量的多少关系不大，如安全文明施工、夜间施工、冬雨季施工、二次搬运、测量放线等。但有的非实体项目，则是可以精确计量的项目，如模板及支撑、脚手架、垂直运输、大型机械进出场及安装拆卸、基坑支护、成品保护等。

因此，《建设工程工程量清单计价规范》（GB 50500—2008）规定了凡能计算出工程量的措施项目，宜采用分部分项工程量清单的方式进行编制（项目编码、项目名称、项目特征、计量单位和工程数量），对不能计算出工程量的措施项目按"项"为计量单位进行编制。

陕西省《计价规则》规定，措施项目中可以计算工程量的项目清单，是采用分部分项工程量清的方式编制,或是以"项"编制,由招标人在措施项目清单中明确;不能计算工程量的项目清单,以"项"为计量单位。

3. 措施项目清单编制

根据《计价规则》的规定,在陕西省编制措施项目清单时,安全文明施工、夜间施工和冬雨季施工、二次搬运、测量放线和定位复测及检验试验四个措施项目一般按"项"编制,相应数量为"1",采用费率计价。其余措施项目如模板及支撑、脚手架、垂直运输、大型机械进出场和安装拆卸等都是可以计算具体数量的,应按分部分项工程量清单方式编制,采用综合单价计价,这样有利于措施费的确定和调整;也可以按"项"编制,相应数量为"1"。

这样一来,措施项目清单编制应有两种表现形式,其格式分别见表6-9~表6-11。

表6-9 措施项目清单(一)

工程名称:　　　　　　　　　　专业:建筑装饰工程　　　　　　　　第1页 共1页

序号	项目名称	计量单位	工程数量
1	安全文明施工(含环境保护、文明施工、安全施工、临时设施、扬尘污染治理、建筑工人实名制管理)	项	1
2	冬雨季、夜间施工措施费	项	1
3	二次搬运	项	1
4	测量放线、定位复测、检测试验	项	1

表6-10 措施项目清单(二)

工程名称:　　　　　　　　　　专业:建筑装饰工程　　　　　　　　第1页 共1页

序号	项目名称	计量单位	工程数量
1	混凝土、钢筋混凝土模板及支架		
1.1	模板 满堂基础 有梁式	m³	
1.2	模板 矩形柱 断面周长>1800	m³	
1.3	模板 楼梯 双向直形	m²	
2	脚手架		
2.1	外脚手架 双排 钢管	m²	
2.2	里脚手架	m²	
3	建筑工程垂直运输机械、超高降效		
3.1	剪力墙结构 30层 高度95m	m²	
	……		

表6-11 措施项目清单

工程名称:　　　　　　　　　　专业:建筑装饰工程　　　　　　　　第1页 共1页

序号	项目名称	计量单位	工程数量
一	通用项目		
1	安全文明施工(含环境保护、文明施工、安全施工、临时设施、扬尘污染治理、建筑工人实名制管理)	项	1
2	冬雨季、夜间施工措施费	项	1
3	二次搬运	项	1
4	测量放线、定位复测、检测试验	项	1
5	大型机械设备进出场及安拆	项	1

续表

序号	项目名称	计量单位	工程数量
6	施工排水	项	1
7	施工降水	项	1
8	施工影响场地周边地上、地下设施及建筑物安全的临时保护设施	项	1
9	已完工程及设备保护	项	1
二	建筑工程		
1	混凝土、钢筋混凝土模板及支架	项	1
2	脚手架	项	1
3	建筑工程垂直运输机械、超高降效	项	1
三	装饰装修工程		
3.1	脚手架	项	1
3.2	垂直运输机械、超高降效	项	1
3.3	室内空气污染测试	项	1
补	新型冠状病毒感染的肺炎疫情防控（陕建发〔2020〕1027号文件）	项	1

四、其他项目清单

其他项目清单是指分部分项工程量清单、措施项目清单所包含的内容以外，为完成工程施工可能发生的与拟建工程有关的其他费用和相应数量的清单。

工程建设标准的高低、工程的复杂程度、工期长短、组成内容、发包人对工程管理要求等都直接影响其他项目清单的具体内容，《计价规则》仅提供四项内容作为列项的参考，包括了暂列金额、专业工程暂估价、计日工和总承包服务费。其格式见表6-12。

表6-12 其他项目清单

工程名称： 专业：建筑装饰工程 第1页 共1页

序号	项目名称	计量单位	工程数量
1	暂列金额	项	1
2	专业工程暂估价	项	1
3	计日工	项	1
4	总承包服务费	项	1

表中未列的项目，编制人可根据工程实际情况补充。

（一）暂列金额

暂列金额是指招标人在工程量清单中暂定并包括在合同价款中的一笔款项。

暂列金额主要考虑可能发生的工程量变更而预留的款额。用于施工合同签订时尚未确定或者不可预见的所需材料、设备、服务的采购，施工中可能发生的工程变更、合同约定调整因素出现时的工程价款调整以及发生的索赔、现场签证确认等的费用。

暂列金额作为工程造价费用的组成部分计入工程造价，中标后虽然暂列金额已列入合同价格，但该费用并不是直接属投标人所有，而是由发包人暂定并掌握使用的一笔款项。暂列金额的用途、支付与否以及支付额度，都必须通过工程师的批准。

暂列金额是否列项由招标人自主确定。若列项应由清单编制人根据业主意图和拟建工程的实际情况给出相应的金额明细。其格式见表6-13。

表 6-13 暂列金额明细表

工程名称：　　　　　　　　　　　专业：建筑装饰工程　　　　　　　　　　　第 1 页　共 1 页

序号	项目名称	计量单位	暂定金额（元）
1	设计变更预留	元	50000.00
2	……		

（二）暂估价

暂估价是指招标人在工程量清单中提供的用于支付必然发生但暂时不能确定价格的材料、设备（指计入建筑安装工程费的设备）的单价以及拟另行分包专业工程的金额。暂估价包括材料暂估单价、工程设备暂估单价和专业工程暂估价。

（1）专业工程暂估价列入其他项目清单，对于专业性强的某些分项工程或单位工程，必须由专业队伍施工的（分包专业工程），即可分列这项费用（金额），其费用金额应通过向专业队伍询价或先行招标取得。其格式见表 6-14。

表 6-14 专业工程暂估价明细表

工程名称：　　　　　　　　　　　专业：建筑装饰工程　　　　　　　　　　　第 1 页　共 1 页

序号	项目名称	计量单位	暂定单价（元）
1	玻璃幕墙	m²	1200.00
	……		

（2）材料暂估单价、设备暂估单价是指业主出于特殊目的或要求，对工程消耗的某类或某几类材料、设备，在招标文件中规定，由招标人确定的材料、设备暂估单价明细。其格式见表 6-15 和表 6-16。

表 6-15 甲供材料、设备数量及单价明细表

工程名称：　　　　　　　　　　　专业：建筑装饰工程　　　　　　　　　　　第 1 页　共 1 页

序号	材料设备编号	名称、规格、型号	单位	数量	单价（元）
1		钢筋 不分种类、规格	t	680.000	4200.00
2		成品装饰木门（含油漆）	m²	150.00	780.00
3		……			

表 6-16 材料、设备暂估单价明细表

工程名称：　　　　　　　　　　　专业：建筑装饰工程　　　　　　　　　　　第 1 页　共 1 页

序号	材料设备编号	名称、规格、型号	计量单位	暂估单价（元）
1		商品混凝土 C30	m³	720.00
2		陶瓷地板砖 800×800	m²	180.00
		……		

一般而言，为方便合同管理和计价，计入分部分项工程量清单项目综合单价中的材料暂估单价、设备暂估单价最好只是材料费，以方便投标人组价。以"项"为计量单位给出的专业工程暂估价一般应是综合暂估价（规费和税金除外）。

（三）计日工

计日工是指在施工过程中，完成发包人提出的施工图纸以外的零星项目或工作，按合同约定的综合单价计价。

计日工是为了解决现场发生的零星工作的计价而设立的，包括人工工日、材料数量、机械台班，

计日工为额外工作和变更的计价提供了方便快捷的途径。所谓的零星项目或工作一般是指合同约定之外的或者因变更而产生的、工程量清单中没有相应项目的额外工作，尤其是那些时间不允许事先商定价格的额外工作。其格式见表 6-17。

表 6-17 计日工表

工程名称：　　　　　　　　　　　　　　专业：建筑装饰工程　　　　　　　　　　第 1 页 共 1 页

序号	项目名称	计量单位	暂定工程量
一	人工		
1	建筑工程人工	工日	
	……		
二	材料		
1	外购黄土	m³	
	……		
三	机械		
1	××型起重机	台班	
	……		

计日工计价的基础是计日工表，该表应根据拟建工程的具体情况列出项目或人工、材料、机械的名称及计量单位和相应的暂定数量。编制时尽可能把项目列全，尽可能根据经验估算一个比较贴近实际的数量，以防患于未然。

计日工为以后可能发生的项目结算提供依据。结算时，计日工的数量以完成零星工作所消耗的人工工时、材料数量、机械台班进行计量，并按照计日工表中填报的单价进行计价支付。

（四）总承包服务费

总承包服务费是指总承包人对发包人另行分包工程进行施工现场协调、服务，对发包人采购设备、材料管理、服务以及竣工资料汇总整理等服务所需的费用。

总承包服务费可划分为两个方面，一方面是发包人发包专业工程管理服务费，如分包人使用总包人的脚手架、水电以及总承包人对现场协调、管理、对竣工资料统一汇总等所需要的费用。另一方面是发包人供应材料、设备要求承包人提供保管等相关服务所需费用。

招标人只需列出该项目，投标人报价时可自主填报单价。其格式见表 6-18。

表 6-18 总承包服务项目表

工程名称：　　　　　　　　　　　　　　专业：建筑装饰工程　　　　　　　　　　第 1 页 共 1 页

序号	项目名称	计量单位	暂定工程量
1	发包人发包专业工程管理服务费	项	1
2	发包人供应材料、设备保管费	项	1

在工程竣工结算时，将（除能列入分部分项工程费外）索赔、现场签证等列入其他项目清单中。

五、规费、税金（增值税）项目清单

（一）规费

规费是指根据国家、省级政府和省级有关主管部门规定必须缴纳的，应计入建筑安装工程造价的费用。

规费项目清单应按照下列内容列项：

（1）社会保障保险：包括养老保险、失业保险、医疗保险、工伤保险、残疾人就业保险、女工生育保险；

(2) 住房公积金；

(3) 危险作业意外伤害保险。

规费作为政府和有关权力部门规定必须缴纳的费用，政府和有关权力部门可根据形势发展的需要，对规费项目进行调整。因此，清单编制人在编制规费项目清单时应根据省级人民政府或省级有关权力部门的规定列项，不得私自进行调整。其规费项目清单格式见表6-19。

(二) 税金（增值税）

增值税是指按照国家税法规定的应计入建筑安装工程造价内的增值税额。根据《财政部 国家税务总局关于全面推开营业税改征增值税试点的通知》（财税〔2016〕36号）的精神，自2016年5月1日起建设工程实行增值税，不再有营业税。

依据住建部《建设项目总投资项目费用组成》和住建部标定所《关于印发研究落实营改增具体措施研究会会议纪要的通知》的规定：城市维护建设税、教育费附加、地方教育附加列入工程管理费用中。

由于陕西省目前计价依据为2009年《陕西省建设工程工程量清单计价规则》，还没有修改《计价规则》中的税金，只是"关于调整陕西省建设工程计价依据的通知"（陕建发〔2016〕100号）中将城市维护建设税、教育费附加、地方教育附加合并称为附加税，并与增值税销项税额并列。

税金项目清单格式按营改增后列入，执行陕西省住建厅有关规定，其清单格式见表6-19。

表6-19 规费、税金（增值税）项目清单

工程名称：　　　　　　　　　专业：建筑装饰工程　　　　　　　　　第1页 共1页

序号	项目名称	计量单位	数量
一	规费	项	1
1	社会保障费	项	1
1.1	养老保险	项	1
1.2	失业保险	项	1
1.3	医疗保险	项	1
1.4	工伤保险	项	1
1.5	残疾人就业保险	项	1
1.6	女工生育保险	项	1
2	住房公积金	项	1
3	危险作业意外伤害保险	项	1
二	增值税销项税额	项	1
三	附加税	项	1

六、工程量清单总说明及封面

(一) 工程量清单总说明

工程量清单总说明应按下列内容填写：

(1) 工程概况：建设规模、工程特征、计划工期、施工现场实际情况、自然地理条件、环境保护要求等。

(2) 工程招标和分包范围。

(3) 工程量清单编制依据。

(4) 工程质量、材料、施工等的特殊要求。
(5) 其他需要说明的问题。

总说明编写格式示例见表 6-20。

表 6-20　总说明

工程名称：×××办公楼	专业：建筑装饰工程	第1页　共1页

一、工程概况

某公司综合办公楼位于陕西省西安市，框架结构，共四层，钢筋混凝土有梁式带形基础。建筑面积 2400m²，一层层高 4.2m，二层以上层高 3.6m，室内外高差 0.45m，建筑物高度 15.45m。

本工程为自筹资金项目，自筹资金已全部到位。

二、编制依据

(1)《陕西省建设工程工程量清单计价规则》(2009)；
(2) 本工程设计文件的建筑施工图、结构施工图及有关标准图集；
(3) 业主提供的该工程的招标文件以及招标答疑纪要；
(4) 省建设主管部门颁发的计价依据和办法；
(5) 与建设工程项目有关的标准、规范、技术资料。

三、有关问题说明

(1) 编制范围为综合办公楼施工图纸包括的全部内容，轻钢玻璃雨篷和图纸标明二次装修和甲方自理的项目未编制；
(2) 措施性钢筋（板中支撑钢筋）暂按定额规定计算并计入钢筋工程量中，结算时按施工组织设计调整；
(3) 其他问题。

(二) 填写工程量清单封面

工程量清单封面格式见表 6-21。

表 6-21　工程量清单封面

某综合办公楼　工程

工程量清单

招　标　人：＿＿＿＿＿＿＿＿＿＿＿＿＿＿＿＿＿＿＿（单位盖章）

法定代表人
或其授权人：＿＿＿＿＿＿＿＿＿＿＿＿＿＿＿＿＿＿＿（签字或盖章）

工 程 造 价
咨　询　人：＿＿＿＿＿＿＿＿＿＿＿＿＿＿＿＿＿＿＿（单位盖章）

法定代表人
或其授权人：＿＿＿＿＿＿＿＿＿＿＿＿＿＿＿＿＿＿＿（签字或盖章）

编　制　人：＿＿＿＿＿＿＿＿＿＿＿＿＿＿＿＿＿＿＿（造价人员签字盖专用章）

复　核　人：＿＿＿＿＿＿＿＿＿＿＿＿＿＿＿＿＿＿＿（造价人员签字盖专用章）

编制时间：　　年　　月　　日

复核时间：　　年　　月　　日

七、招标工程量清单文件格式

在分部分项工程量清单、措施项目清单、其他项目清单、规费和税金（增值税）项目清单编制完成以后，经检查、复核、审查无误，与工程量清单封面、总说明、专用表按一定的格式顺序装订，由相关责任人签字盖章，形成完整的工程量清单文件。工程量清单应采用统一格式，其文件标准格式及内容如下：

(1) 封面：见表 6-21。

(2) 总说明：见表 6-20。
(3) 分部分项工程量清单：见表 6-3、表 6-4。
(4) 措施项目清单：见表 6-11。
(5) 其他项目清单　见表 6-12。
(6) 规费、税金（增值税）项目清单：见表 6-19。
(7) 暂列金额明细表（如果有）：见表 6-13。
(8) 专业工程暂估价明细表（如果有）：见表 6-14。
(9) 计日工表（如果有）：见表 6-17。
(10) 总承包服务项目表：见表 6-18。
(11) 甲供材料、设备数量及单价明细表（如果有）：见表 6-15。
(12) 材料、设备暂估单价明细表（如果有）：见表 6-16。

提示：国家《建设工程工程量清单计价规范》（GB 50500—2013）把用于招标的工程量清单称为招标工程量清单，计价后的清单称为标价工程量清单，如最高控制价、投标报价等。

第四节　招标最高限价编制

一、招标最高限价概述

（一）招标最高限价的概念

招标最高限价是招标人依据国家或省级、行业建设主管部门颁发的有关计价依据和办法，以及拟定的招标文件和招标工程量清单，结合工程具体情况编制的对招标工程限定的最高工程造价（招标上限控制价），也称为最高投标限价。

提示：《建设工程工程量清单计价规范》（GB 50500—2008）首次提出了"招标控制价"的概念表述，《建设工程工程量清单计价规范》（GB 50500—2013）继续沿用该概念，陕西《计价规则》（2009）表述为"招标最高限价"，《中华人民共和国招标投标法实施条例》《建设工程施工发包与承包计价管理办法》均使用了"最高投标限价"的表述。"招标控制价""招标最高限价""最高投标限价"所表述的含义是一样的，本书按陕西省《计价规则》统称为"招标最高限价"。

招标最高限价的编制可有效控制投资、防止通过围标、串标方式恶性哄抬报价，给招标人带来投资失控的风险。招标最高限价或其计算方法需要在招标文件中明确，因此招标最高限价的编制提高了透明度，避免了暗箱操作等违法活动的产生。在招标最高限价的约束下，各投标人自主报价、公开公平竞争，有利于引导投标人进行理性竞争，符合市场规律。

依法必须招标的工程建设项目必须实行工程量清单招标，并应编制招标最高限价。招标最高限价超过批准的概算时，招标人应将其报原概算审批或核准部门审核。投标人的投标报价高于招标最高限价的，其投标应予以拒绝。

招标最高限价应由具有编制能力的招标人或受其委托具有相应资质的工程造价咨询人、工程招标代理人编制和复核。

工程造价咨询人接受招标人委托编制招标最高限价，不得再就同一工程接受投标人委托编制投标报价。

最高限价的编制方法有工料单价法、综合单价法，综合单价法适用于工程量清单计价，本节主要介绍工程量清单计价模式下招标最高限价的编制。

工料单价法编制施工图预算详见第五章相关内容。

（二）招标最高限价编制依据

(1)《陕西省建设工程工程量清单计价规则》(2009)；

(2) 建设工程设计文件及相关资料；
(3) 招标文件、招标工程量清单及其补充通知、答疑纪要；
(4) 与建设项目相关的标准、规范、技术资料；
(5)《陕西省建设工程消耗量定额》及《陕西省建设工程工程量清单计价费率》及其他相关计价依据和办法；
(6) 省、市工程造价管理机构发布的工程造价信息，工程造价信息没有发布的参照市场价；
(7) 常规的施工方案；
(8) 其他相关资料。

(三) 招标最高限价的编制程序

(1) 熟悉招标文件、施工图纸，收集相关资料；
(2) 分部分项工程量清单计价；
(3) 措施项目清单计价；
(4) 其他项目清单计价；
(5) 规费、税金的计算；
(6) 汇总工程造价、有关表格填写；
(7) 编写说明；
(8) 复核、装订、签章。

二、招标最高限价的一般规定

(1) 综合单价应包括招标文件中要求由投标人承担的一定范围的风险费用。
(2) 分部分项工程费应根据招标文件中的分部分项工程量清单项目工程量及综合单价计算。

分部分项工程量清单项目计价时不得变动，综合单价应符合该项目的特征描述及有关要求，并应包括招标文件中要求投标人承担的风险费用。招标文件提供了甲供材和甲方暂估单价的材料、设备，应按暂估的单价计入综合单价。

(3) 措施项目中的单价项目，应根据拟定的招标文件和招标工程量清单中的特征描述及有关要求确定综合单价，措施项目中的总价项目，应按《计价费率》的规定确定。

措施项目中的安全文明施工措施费应当按照国家或省级、行业建设部门的规定标准计算。

(4) 其他项目费应按下列规定计价：

1) 暂列金额应按招标工程量清单中列出的金额填写。
2) 暂估价中的材料、工程设备单价应按照招标工程量清单中列出的单价计入综合单价。
3) 暂估价中的专业工程金额应按招标工程量清单中列出的金额填写。
4) 计日工中的人工、材料、机械以综合单价的形式计列。
5) 总承包服务费应按照省级或行业建设主管部门的规定计算。计算时，应根据招标文件明确的总承包服务的范围及深度，可参考以下标准计取：

若招标人要求对分包的专业工程进行总承包管理和协调，并同时要求提供配合服务，可根据招标文件中列出的配合服务的内容和提出的要求，按分包的专业工程估算造价的2%～4%计取。

招标人自行供应材料、设备，交由承包人保管的，总承包人所需的保管费用可按招标人供应材料、设备价值的0.8%～1.2%计取。

(5) 规费和税金的计算应当按照国家或省级、行业建设部门的规定程序与标准计算。

(6) 招标人在招标文件中公布招标最高限价时，招标最高限价应如实公布且不得上浮或下调。公布招标最高限价时，应公布招标最高限价各组成部分的详细内容，不得只公布招标最高限价总价。招标人应将招标最高限价及有关资料报送工程所在地或有该工程管辖权的行业管理部门工程造价管理机构备查。

(7) 其他应考虑因素。招标最高限价编制时还应考虑工程的工期、招标方对工程质量要求、招标工程范围等。如原来规定由建设单位做的施工前准备或其他工作，由施工单位代办，在编制招标最高限价时就应加入此项费用。

三、招标最高限价的编制方法

（一）工程造价计价程序

《计价规则》中的工程量清单计价程序是针对营业税状态下的，自2016年5月1日起，营业税改为增值税。依据关于调整陕西省建设工程计价依据的通知（陕建发〔2019〕45号），建筑工程、装饰装修工程、安装工程、市政工程、园林绿化工程、西安市城市轨道交通工程的计价程序见表6-22。

表6-22　工程量清单计价程序表

序号	内容	计算式	备注
1	分部分项工程费	$\sum$（综合单价×工程量）＋可能发生的差价	
2	措施项目费	$\sum$（综合单价×工程量）＋可能发生的差价	
3	其他项目费	$\sum$（综合单价×工程量）＋可能发生的差价	
4	规费	（1＋2＋3）×费率	费率见表4-10
5	税前工程造价	（1＋2＋3＋4）×综合系数	费率见表4-11
6	增值税销项税额	（5）×适用税率	适用税率9%
7	附加税	（1＋2＋3＋4）×税率	税率见表4-12
8	工程造价	5＋6＋7	

从表6-22的计价程序中可以看出，工程造价中的分部分项工程费、措施项目费、其他项目费均涉及分部分项工程量清单的综合单价、措施项目综合单价、其他项目综合单价的计算和可能发生的差价的确定，因此，要确定工程造价，必须首先确定各部分的综合单价和可能发生的差价。

（二）综合单价

1. 综合单价概念

综合单价指完成工程量清单中一个规定计量单位项目所需的人工费、材料费、机械使用费、管理费和利润，并考虑一定范围内的风险费用。综合单价不但适用于分部分项工程量清单，也适用于措施项目清单及其他项目清单计价。即

综合单价＝人工费＋材料费＋机械费＋风险费＋企业管理费＋利润

清单计价人在编制施工图预算、招标最高限价和投标报价时，应分别按相应的编制原则、编制规定执行，即计价模式基本相同，但综合单价的形成又有所区别。

编制施工图预算、招标最高限价时：人工费、材料费、机械费、企业管理费、利润应按《消耗量定额》《计价费率》及相关计价依据确定。人工单价执行政府部门的规定。材料单价执行造价管理机构发布的信息价，信息价没有的参照市场价。

编制投标报价时：人工费、材料费、机械费均为市场价，企业管理费、利润由投标人自主确定。招标文件中要求投标人自主报价的材料、设备单价可按当期市场价格水平适当浮动，但不得过低（高）于市场价格水平，人工单价自主确定。

2. 综合单价的确定

综合单价计价应按一定的组价程序和内容进行。以直接工程费为基础的综合单价组成表见表6-23，

适用于机械土石方工程、桩基础工程、一般土建工程和装饰工程;以人工费为基础的综合单价组成表见表6-24,适用于人工土方工程和安装工程。

表6-23 以直接工程费为基础综合单价组成表

项目	计算式	合价	其中			
			人工费	材料费	机械费	一定范围的风险费
分项直接工程费	$a+b+c+d$	A	a	b	c	d
分项管理费	$A\times$费率	$A1$				
分项利润	$(A+A1)\times$利润率	$A2$				
分项综合单价	$A+A1+A2$	H				

表6-24 以人工费为基础综合单价组成表

项目	计算式	合价	其中				
			人工费	材料费		机械费	一定范围的风险费
				辅材	主材		
分项直接工程费	$a+b1+b2+c+d$	A	a	$b1$	$b2$	c	d
分项管理费	$a\times$费率	$A1$					
分项利润	$a\times$利润率	$A2$					
分项综合单价	$A+A1+A2$	H					

综合单价的确定步骤如下:

(1) 确定计算依据。编制招标最高限价和投标报价的依据不同,详见后续章节相关内容。

(2) 分析清单项目的工程内容。《计价规则》与《消耗量定额》《企业定额》在工程项目划分上不完全一致。工程量清单以"综合实体"项目为主划分(实体项目中一般可以包括许多工程内容)。而消耗量定额一般是按施工工序设置的,包括的工程内容一般是单一的。因此,需要工程量清单计价的编制人根据工程量清单描述的项目特征和工程内容确定清单项目所对应的消耗量定额子目。

(3) 计算定额项目的工程量。根据所选定额的工程量计算规则,计算定额工程数量,当定额的工程量计算规则与清单工程量的计算规则相一致时,可直接以清单中的工程量作为定额子目相应工程内容的工程数量。当两个计算规则不同或清单未提供工程量时,应按定额工程量计算规则重新计算。

(4) 确定相应项目人工、材料、机械台班消耗量。编制招标最高现价应采用《消耗量定额》,编制投标报价应采用《企业定额》,当投标单位没有《企业定额》时,可参考《消耗量定额》执行。

$$人工消耗量=定额子目中人工消耗量\times定额项目工程量$$
$$材料消耗量=定额子目中材料消耗量\times定额项目工程量$$
$$机械消耗量=定额子目中机械消耗量\times定额项目工程量$$

(5) 确定人工、材料、机械台班的单价。编制招标最高现价应采用政府部门规定的价格(如人工单价)和指导的价格(如材料的信息价或市场价格),编制投标报价时可采用市场价格。

(6) 确定相应项目的人工费、材料费和机械费。

$$人工费=\sum(人工消耗量\times人工单价)$$
$$材料费=\sum(材料消耗量\times材料单价)$$
$$机械费=\sum(机械消耗量\times机械台班单价)$$

(7) 计算分项直接工程费。

$$分项直接工程费=人工费+材料费+机械费+一定范围内的风险费用$$

式中,一定范围内的风险费用按照计价规则中的规定计算。

(8) 确定企业管理费、利润。

1) 企业管理费。企业管理费有两种计算法，一种是以分项直接工程费为计算基础；另一种是以人工费作为计算基础，分别乘以不同的费率。费率见表 4-13

① 以分项直接工程费为计算基础。

$$企业管理费＝分项直接工程费×管理费费率$$

式中，分项直接工程费＝人工费＋材料费＋机械费＋一定范围内的风险费

② 以人工费为计算基础。

$$企业管理费＝人工费×管理费费率$$

2) 利润。利润有两种计算法，一种是以分项直接工程费与企业管理费之和作为计算基础；另一种是以人工费作为计算基础，分别乘以不同费率。费率见表 4-14。

① 以分项直接工程费和管理费之和为计算基础。

$$利润＝（分项直接工程费＋分项管理费）×利润费率$$

② 以人工费为计算基础。

$$利润＝人工费×利润费率$$

(9) 计算定额项目综合费用。

$$定额项目综合费用＝分项直接工程费＋企业管理费＋利润$$

(10) 确定清单项目综合单价。

$$清单项目综合单价＝定额项目综合费用/清单项目工程量$$

除采用上述方法（总量法）确定清单项目综合单价以外，还可以采用清单单位含量法，即在计算定额工程量后（计算人工费、材料费、机械费之前），计算清单项目含量，清单含量＝某工程内容的定额工程量/清单工程量。

然后，用清单含量将定额人工、材料、机械消耗量折算成清单项目所需的人工、材料、机械台班用量，根据生产要素的单价，再分别计算出清单项目的分部分项工程量清单的人工费、材料费、机械费、企业管理费和利润，直接汇总后得到清单项目的综合单价。

在实际工作中，也可采用单位估价表法确定综合单价，即直接应用《价目表》中的基价（包括了人工费、材料费、机械费），计算分项直接工程费、企业管理费、利润，考虑清单含量，计算出综合单价。

(三) 关于差价

差价是指合同约定或政策规定计入工程造价总价，但不计入综合单价的费用。差价不计入综合单价，也就是说差价不计算管理费和利润，差价计入分部分项、措施项目、其他项目费用中的相应位置，即工程量清单计价程序中的"可能发生的差价"。差价一般包括：

(1) 政策性调整引起的差价，如陕西省住房和城乡建设厅《关于调整房屋建筑和市政基础设施工程工程量清单计价综合人工单价的通知》中规定，人工单价调整后，调增部分计入差价。

(2) 合同约定的材料价格变化引起的差价，如施工单位自主报价的材料引起的差价、甲方暂定单价材料及设备（甲定乙供）引起的差价。

现阶段编制招标最高限价时，可能发生的差价主要是人工差价。

提示：差价不计算"三个费率计取"的措施项目费用即冬雨季、夜间施工，二次搬运，测量放线等；但差价要计算安全文明施工措施费、规费和税金。理论依据如下：

陕西省《计价规则》(2009) 强制性条款：4.1.13 由发包人承担的除工程量变化以外的风险费用按差价计列。差价不计入综合单价，只计取规费和税金。

陕西省《计价规则》(2009) 强制性条款：4.1.6 措施项目清单中的安全文明施工措施费为不可竞争费，应按照本规则的计价程序和省建设主管部门发布的费率，参照规费计价基数计取。

陕西省《计价费率》(2009) 中"三个费率计取"的措施项目的计费基础是"分部分项工程费

用－可能发生的差价",而安全文明施工措施费的计费基础是"分部分项工程费＋措施费＋其他项目费"。

四、分部分项工程费的确定方法

（1）依据分部分项工程量清单的项目特征和工程内容，在消耗量定额中套用合理的定额。定额的套用有直接套用定额、换算套用定额和补充套用定额，套用规则是看定额包含的内容与该清单的项目特征描述是否完全一致或基本一致；如果不一致，再从定额总说明、章说明及定额表下附注，看是否允许进行定额换算以及换算的方法，若定额缺项，则需要补充定额在套用。

（2）依据陕西省建筑装饰工程消耗量定额（2004）的工程量计算规则，计算对应消耗量定额的工程量。消耗量定额的工程量计算规则与清单的计算规则一致的，直接引用清单工程量作为定额工程量。工程量计算规则与清单的计算规则不一致或清单未给出，应按定额工程量计算规则重新计算。如预制构件的制作、运输、安装、座浆灌缝；混凝土计量有含量表查询法和按实计量法等。

（3）依据陕西省建筑装饰市政园林绿化工程价目表（2009），计算各消耗量定额对应的定额子目人工费、材料费、施工机械使用费或定额直接工程费。

（4）依据陕西省建设工程工程量清单计价费率（2009），正确选择计价费率和计费基础，计算各消耗量定额的企业管理费、利润。应重点区分一般土建工程、机械土石方、桩基工程、人工土石方工程和装饰工程的计费基础和费率。

（5）计算各分部分项工程的综合单价。

（6）计算分部分项工程费。分部分项工程量清单计价表见表 6-29。

五、措施项目费的确定方法

措施项目费的确定方法有多种，编制招标最高限价主要有以下两种：

一种是按分部分项工程量清单计价的方法确定措施项目费用。首先分析某一措施项目清单应包含的计价内容，然后确定其综合单价，再考虑可能发生的差价。如模板及支架、脚手架、垂直运输、超高降效、大型机械进出场及安装拆卸、成品保护、边坡支护等。这种方法和分部分项工程费用的计算一样，这些措施项目也称为单价项目。

另一种是依据工程量清单计价费率（2009），采用费率计取方法，这种方法就是采用基数×费率的方式一次计算出某项措施项目的全部费用（规费、税金除外），这些措施项目也称为总价项目。如安全文明施工措施费，冬雨季、夜间施工措施费，二次搬运费，测量放线、定位复测检验试验费等。

措施项目清单计价表见表 6-30。

六、其他项目费的确定方法

其他项目清单费用的确定主要有以下计价方式：

一是其他项目清单中的暂列金额、专业工程暂估价必须按业主给定的费用计算，不得更改（类似于不可竞争费用）。

二是其他项目清单中的计日工费用，业主给定的数量不得修改，只填报综合单价并计算其费用。

三是总承包服务费根据工程是否发生的实际情况计算：

$$\text{分包专业的管理服务费}=\text{分包专业的工程造价（即专业工程暂估价）}\times\text{费率计算}$$
$$\text{甲供材料、设备的保管费}=\text{甲供材的价值}\times\text{费率计算}$$

式中，管理服务费的费率为 2%～4%；保管费的费率为 0.8%～1.2%。

其他项目清单计价表见表 6-31～表 6-36。

七、招标最高限价文件格式及组成（见表 6-25～表 6-28）

表 6-25　招标最高限价封面

_____工程

招标最高限价

最高限价(小写)：_____

　　　　(大写)：_____

招　标　人：_____（单位盖章）

法定代表人
或其授权人：_____（签字或盖章）

工程造价咨询人
或招标代理人：_____（单位盖章）

法定代表人
或其授权人：_____（签字或盖章）

编　制　人：_____（造价人员签字盖专用章）

复　核　人：_____（造价人员签字盖专用章）

编制时间：　年　月　日
复核时间：　年　月　日

表 6-26　工程项目总造价表

工程名称：　　　　　　　　　　　　　　　　　　　　　　　　　　第　页　共　页

序号	单项工程名称	造价（元）
	合计	

大写：

表 6-27　单项工程造价汇总表

工程名称：　　　　　　　　　　　　　　　　　　　　　　　　　　第　页　共　页

序号	单位工程名称	造价（元）
	合计	

表 6-28 单位工程造价汇总表

工程名称：　　　　　　　　　　　　　　　　　　　　　　　　　　　　　　　　　　　　　　第　页　共　页

序号	项目名称	金额（元）
1	分部分项工程费	
2	措施项目费	
	其中：安全文明施工措施费	
3	其他项目费	
4	规费	
5	税前工程造价	
6	增值税销项税额	
7	附加税	
	合计	

表 6-29 分部分项工程量清单计价表

工程名称：　　　　　　　　　　　　专业：　　　　　　　　　　　　　　　　　　　第　页　共　页

序号	项目编码	项目名称	计量单位	工程数量	金额（元）	
					综合单价	合价
	本页小计					
	合计					

表 6-30 措施项目清单计价表

工程名称：　　　　　　　　　　　　专业：　　　　　　　　　　　　　　　　　　　第　页　共　页

序号	项目名称	计量单位	工程数量	金额（元）	
				综合单价	合价
	合计				

表 6-31 其他项目清单计价表

工程名称：　　　　　　　　　　　　专业：　　　　　　　　　　　　　　　　　　　第　页　共　页

序号	项目名称	计量单位	工程数量	金额（元）	
				综合单价	合价
	合计				

表 6-32 计日工计价表

工程名称:　　　　　　　　　　　　　　　　专业:　　　　　　　　　　　　　　　　第 页 共 页

编号	项目名称	单位	暂定数量	金额（元）	
				综合单价	合价
一	人工				
人工费小计					
二	材料				
材料费小计					
三	机械				
机械费小计					
总计					

表 6-33 总承包服务费计价表

工程名称:　　　　　　　　　　　　　　　　专业:　　　　　　　　　　　　　　　　第 页 共 页

序号	项目名称	计量单位	工程数量	金额（元）	
				综合单价	合价
1	发包人发包专业工程管理服务费				
2	发包人供应材料、设备保管费				
合计					

表 6-34 规费、税金项目清单计价表

工程名称:　　　　　　　　　　　　　　　　专业:　　　　　　　　　　　　　　　　第 页 共 页

序号	项目名称	计量单位	工程数量	金额（元）	
				综合单价	合价
一	规费				
1	社会保障费				
1.1	养老保险				
1.2	失业保险				
1.3	医疗保险				
1.4	工伤保险				
1.5	残疾人就业保险				
1.6	女工生育保险				
2	住房公积金				
3	危险作业意外伤害保险				
规费合计					
二	安全文明施工费				
安全文明施工措施费合计					
三	增值税销项税额				
四	附加税				
税金合计					

表 6-35 工程量清单综合单价分析表

工程名称：　　　　　　　　　　　　　　　专业：　　　　　　　　　　　　　　　第　页　共　页

序号	项目编码	项目名称	单位	组价依据	综合单价（元）						合计
						其中					
					人工费	材料费	机械费	风险	管理费	利润	

表 6-36 主要材料价格表

工程名称：　　　　　　　　　　　　　　　专业：　　　　　　　　　　　　　　　第　页　共　页

序号	材料编码	材料名称、规格、型号	单位	数量	单价（元）	备注

第五节 投标报价编制

一、投标报价编制概述

（一）投标报价的概念

投标人投标时响应招标文件要求所报出的工程造价，报出的工程造价就是已标价工程量清单汇总后标明的工程总价。

投标报价是在工程采用招投标发包的过程中，由投标人按照招标文件的要求和招标工程量清单，根据工程特点，并结合自身的施工技术、装备和管理水平，依据有关计价规定自主确定的工程造价，是投标人希望达成工程承包交易的期望价格。

（二）投标报价的编制依据

（1）陕西省建设工程工程量清单计价规则（2009）；

（2）建设工程设计文件及相关资料；

（3）招标文件、工程量清单及其补充通知、答疑纪要；

（4）与建设项目相关的标准、规范等技术资料；

（5）企业定额或参照《陕西省建设工程消耗量定额》《陕西省建设工程工程量清单计价费率》及其他相关计价依据和办法；

（6）市场价格信息或参照省、市工程造价管理机构发布的工程造价信息；

（7）施工现场情况、工程特点及拟定的投标施工组织设计或施工方案；

（8）其他相关资料。

二、投标报价的一般规定

（1）投标报价应由投标人或受其委托具有相应资质的工程造价咨询人编制。

（2）投标人应依据计价规范的规定自主确定投标报价，但投标人自主决定的投标报价必须执行计价规范的强制性条文。

（3）投标报价不得低于工程成本。

（4）投标人必须按招标工程量清单填报价格。项目编码、项目名称、项目特征、计量单位、工程量必须与招标工程量清单一致。

（5）投标人的投标报价高于招标控制价的应予废标。

（6）措施项目费应根据招标文件及投标时拟定的施工组织设计或施工方案、按计价规范自主确定，其中安全文明施工措施费应按建设主管部门的规定确定。根据工程实际情况，投标人可对招标人所列的措施项目进行增补或删减。

（7）其他项目应按下列规定报价：

1）暂列金额应按招标工程量清单中列出的金额填写；

2）材料、工程设备暂估价应按招标工程量清单中列出的单价计入综合单价；

3）专业工程暂估价应按招标工程量清单中列出金额填写；

4）计日工应按招标工程量清单中列出的项目和数量，自主确定综合单价并计算计日工金额；

5）总承包服务费应按招标工程量清单中列出的内容和提出的要求自主确定。

（8）规费和税金应按照国家或省级、行业建设部门的规定程序和标准计算。

（9）投标人投标报价时应根据招标文件中分部分项工程量清单项目特征描述确定清单项目的综合单价。当出现招标文件中分部分项工程清单项目特征描述与设计图纸不符时，投标人应以分部分项工程量清单的项目特征描述为准，确定投标报价的综合单价。当施工中施工图纸或设计变更与工程量清单项目特征描述不一致时，发承包双方应按实际施工的项目特征，依据合同约定重新确定综合单价。

（10）投标总价应当与分部分项工程费、措施项目费、其他项目费和规费、税金的合计金额一致。投标综合单价应与综合单价分析表相一致，进入综合单价的材料单价应与"主要材料数量及价格表"中的单价一致。

三、投标报价的编制方法

（一）投标报价的编制程序

投标报价应由投标人依据招标文件的有关要求，结合施工现场实际情况及施工组织设计或施工方案，依据企业定额、市场价格，自主报价。

投标人编制投标报价的程序如下：

（1）认真研究招标文件，仔细研读设计文件，有利于编制投标文件时在实质上响应招标文件。

（2）进行现场勘察。现场勘察是投标前极为重要的环节，通过现场勘察，了解项目所在地自然环境、材料运输、生产和生活条件，可有效避免较大风险的发生。

（3）复核或计算工程量。采用工程量清单招标的工程项目，工程量清单已由招标人提供。但由于清单编制人的专业水平参差不齐，可能造成清单项目出现漏算、重算等。若不注意复核工程量，会直接影响中标机会或给以后工作留下隐患。一般情况下，投标人通过核算清单工程量，可以确定每一清单主体项目包含的辅助项目工程量，以便分析综合单价。

（4）编制或熟悉施工组织设计。施工组织设计或施工方案是编制投标报价的主要依据之一。在编制施工方案时要有针对性，既要采用先进的施工方法，合理安排工期，又要充分有效地利用机械设备和劳动力，尽可能减少临时设施和资金占用，以降低成本。

（5）市场询价。人、材、机价格对投标报价影响很大，因而必须高度重视市场询价工作，要充分考虑物价上涨因素对报价影响，不能简单地根据目前市场价格报价。

（6）详细估价及报价。详细估价及报价是投标的核心工作，它不仅是能否中标的关键，而且是中标后能否盈利的决定因素之一。

（7）确定投标策略。投标策略是承包人在投标竞争中的战略部署及其参与投标竞争的方式和手段，是投标人投标报价的最终决定。在确定投标策略时，要考虑自身的优势和招标项目的特点，以及最大限度的中标可能，期望利润和承担风险的能力。

（8）编制投标文件。投标人应严格按照招标人提供的工程量清单格式和要求编制投标报价，投标人未按招标文件要求进行投标报价，将被招标人拒绝。

（二）投标报价的主要过程

投标报价一般经历报价的前期准备、询价及方案确定、估价、报价四个环节。

1. 前期准备

投标前应当进行大量准备工作，只有准备工作做得充分和完备，投标的失误才会降到最低。准备工作常包括研究招标文件、工程现场勘察等。

2. 询价及方案确定

实行工程量清单计价模式后，投标人自主报价，所有与生产要素有关的价格全部放开，政府不再进行干预。用什么方式询价，具体询什么价，这是新形势下投标人面临的新问题。投标人在日常工作中必须建立价格体系，积累人工、材料、机械台班的价格。此外，在编制投标报价时应进行多方询价。询价的内容主要包括：材料市场价、人工当地的市场价、机械设备的租赁价、分部分项工程的分包价等。方案确定是指投标人根据工程特点，确定其施工方案和方法以及投入的各项资源情况。在进行估价前，必须首先根据招标文件计算和复核工程量，作为估价计算的必要条件。

3. 估价

估价是在施工进度计划、主要施工方法、分包商和各项资源消耗数量及安排确定后，根据本企业的实际情况和管理水平以及询价结果，对本企业完成招标工程所需要支出费用的估价。一般过程如下：

（1）根据工程项目所在地的具体情况、本企业人、材、机消耗标准、询价结果以及具体的施工方案，确定人工费、材料费、机械费单价。

（2）根据本企业的实际情况以及市场询价结果确定管理费费率和利润率。

（3）计算基本价格。

1）分部分项工程费的确定。应根据招标文件中的分部分项工程量清单项目的工程量及综合单价计算。分部分项工程量清单项目的综合单价应符合该项目的特征描述及有关要求，并应包括招标文件中要求投标人承担的风险费用。招标文件提供了暂估单价的材料、设备，按暂估单价计入综合单价。招标人要求投标人自主报价的材料、设备单价可按当期市场价格水平适当浮动，但不得过低（高）于市场价格水平。

2）措施项目费的确定。投标人可根据工程实际情况，结合施工组织设计，对招标人所列的措施项目进行增补或删减（不报价）。措施项目费应根据招标文件中的措施项目清单及投标时拟订的施工组织设计或施工方案，按《陕西省建设工程工程量清单计价规则》的规定自主确定，其中安全文明施工费为不可竞争费。增补或删减的措施项目在报价单中应单列并予以说明。

3）其他项目费的确定。暂列金额和暂估价应按招标人在其他项目清单中列出的金额填写；暂估价中的专业工程暂估价应分专业计列；对材料、设备暂估价，凡已经计入工程量清单综合单价中的，不再汇总计入暂估价。计日工按招标人在其他项目清单中列出的项目和数量，自主确定综合单价并计算计日工费用。总承包服务费根据招标文件中列出的内容和提出的要求结合工程实际自主确定。

4）规费和税金的确定。规费和税金为不可竞争费，应按国家或省级、行业建设部门的规定程序和标准计算。

4. 报价

报价是在估价的基础上，考虑本企业的实际竞争情况，确定在该工程上的预期利润和水平。实际上，报价就是投标决策的问题，灵活运用恰当的投标技巧和报价策略，经过分析、判断、调整得到的报价更具竞争力。

报价的相关规定：投标总价应当与分部分项工程费、措施项目费、其他项目费、规费和税金的合计金额一致；投标综合单价应与综合单价分析表一致；计入综合单价的材料单价应与"主要材料数量及价格表"中的单价一致。

5. 投标报价文件格式及组成

投标文件的格式及组成同招标最高限价，只是封面不同，封面见表6-37

表 6-37 投标报价封面

_____工程

投标总价

投标总价(小写)：_____

（大写）：_____

投　标　人：_____（单位盖章）

法定代表人
或其授权人：_____（签字或盖章）

编　制　人：_____（造价人员签字盖专用章）

编制时间：　　年　　月　　日

四、投标报价策略

投标报价策略是指投标人在投标竞争中的工作部署、参与投标竞争的方式和手段。对于投标人而言，投标报价策略是投标取胜的重要手段，投标报价策略一般有以下几种方式：

(1) 根据工程项目特点决定报价高低。

一般来说下列情况下报价可高一些：①施工条件差的工程。②专业要求高的技术密集型工程而本公司在这方面有专长。③特殊的、竞争对手少的工程。④业主对工期要求紧的工程。⑤支付条件不理想的工程。

下列情况报价则应低一些：①施工条件好的工程；②本公司目前急于打入某一市场、某一地区，或虽已在某地区经营多年，但即将面临没有工程的情况；③本项目可利用附近工程设备、劳务或有条件短期内突击完成的；④投标者多，竞争激烈时；⑤支付条件好的工程。

(2) 不平衡报价法：也称为前重后轻法；是指在总价基本确定后如何调整内部各个项目的报价，以其既不提高总价也不影响中标，又能在结算时得到更理想的经济效益。这种方法宜在采用单价合同形式时利用。

(3) 突然降价法：即先按一般情况报价，快到投标截止时，再突然降价。采用此方法时，一定要在投标报价的过程中考虑降价的幅度，这样往往降低的是总价，而要把降低的部分分摊到各清单项目内，可采用不平衡报价法进行。

(4) 多方案报价法：先按原招标文件报一个价，然后在提出如果某个条款做某些变动，报价可降低的额度。这样可以降低造价，吸引招标人。

投标人这时应组织一批有经验的设计和施工工程师，对原招标文件的设计方案仔细研究，提出更合理的方案以吸引招标人，促成自己的方案中标。这种新的建议方案可以降低总造价或提前竣工。但要注意的是对原招标方案一定要报价，以供招标人比较。

增加建议方案时，不要将方案写得太具体，保留方案的技术关键，防止招标人将此方案交给其他投标人，同时要强调的是，建议方案一定比较成熟或过去有这方面的实践经验，以免引起不良后果。

第七章 工程施工和竣工阶段造价管理

第一节 工程施工成本管理

施工成本管理是指通过控制手段，在达到建筑物预期功能和工期要求的前提下，优化成本开支，将施工总成本控制在施工合同或设计规定的预算范围内。施工成本管理应从投标报价开始，直至项目保证金返还为止，贯穿项目实施的全过程。在施工阶段，由于施工组织设计、工程变更、索赔、工程计量方式的差别以及工程实施中各种不可预见因素的存在，使得施工阶段的造价管理难度加大。

在施工阶段，建设单位应通过编制资金使用计划、及时进行工程计量与结算，预防并处理好工程变更与索赔，有效控制工程造价，施工承包单位也应做好成本计划及动态监控等工作，综合考虑建造的工期、质量、安全、环保等全要素成本，有效控制施工成本。

对于工程总承包项目，工程施工成本管理属于项目成本管理的一部分，项目成本管理要全面考虑设计的优化与建设目标，以及设备及工器具采购的成本管理，设计及其他费用的成本管理等内容。

一、施工成本管理的主要环节

施工成本管理是一个有机联系与相互制约的系统过程，施工成本管理任务和环节主要包括以下内容：

(1) 施工成本预测；
(2) 施工成本计划；
(3) 施工成本控制；
(4) 施工成本核算；
(5) 施工成本分析；
(6) 施工成本考核；
(7) 编制施工成本报告；
(8) 施工成本管理资料归档。

成本测算是指编制投标报价时对预计完成该合同施工成本的测算，它是决定最终投标价格取定的核心数据。成本测算数据是成本计划的编制基础，成本计划是开展成本控制和核算的基础；成本控制能对成本计划的实施进行监督，保证成本计划的实现，而成本核算又是成本计划是否实现的最后检查，成本核算所提供的成本信息又是成本分析、成本考核的依据；成本分析为成本考核提供依据，也为未来的成本测算与成本计划指明方向；成本考核是实现成本目标责任制的保证和手段。

二、施工成本管理内容

(一) 成本测算

施工成本测算是指施工承包单位凭借历史数据和工程经验，运用一定方法对工程项目未来的成本水平及其可能的发展趋势做出科学估计。施工成本测算是编制项目施工成本计划的依据，通常是对工程项目计划工期内影响成本的因素进行分析，比照近期已完工程项目的成本（单位成本），预测这些因素对施工成本的影响程度，估算出工程项目的单位成本或总成本。

施工成本的常用测算方法就是成本法，主要是通过施工企业定额来测算施工过程的成本，并考虑建设期物价等风险因素进行调整。

(二) 成本计划

成本计划是在成本预测的基础上，施工承包单位及其项目经理部对计划期内工程项目成本水平所做的筹划。施工成本计划是以货币形式表达的项目在计划期内的生产费用、成本水平及为降低成本采取的主要措施和规划的具体方案。成本计划是目标成本的一种表达形式，是建立项目成本管理责任制、开展成本控制和核算的基础，是进行成本费用控制的主要依据。

1. 成本计划的内容

(1) 直接成本计划。其主要反映工程项目直接成本的预算成本、计划降低额及计划降低率。其主要包括工程项目的成本目标及核算原则、降低成本计划表或总控制方案、对成本计划估算过程的说明及对降低成本途径的分析等。

(2) 间接成本计划。其主要反映工程项目间接成本的计划数及降低额，在编制计划时，成本项目应与会计核算中间接成本项目的内容一致。

2. 成本计划的编制方法

(1) 目标利润法。目标利润法是指根据工程项目的合同价格扣除目标利润后得到目标总成本并进行分解的方法。在采用正确的投标策略和方法以最理想的合同价中标后，从标价中扣除预期利润、增值税、应上缴的管理费等后的余额即为工程项目实施中所能支出的最大限额。

(2) 技术进步法。技术进步法是以工程项目计划采取的技术组织措施和节约措施所能取得的经济效果为项目成本降低额，求得项目目标成本的方法，即

$$项目目标成本 = 项目成本估算值（投标时）- 项目成本降低额$$

(3) 按实计算法。按实计算法是以工程项目的实际资源消耗测算为基础，根据所需资源的实际价格，详细计算各项活动或各项成本组成的目标成本，即

$$人工费 = \sum（各类人员计划用工量 \times 实际工资标准）$$

$$材料费 = \sum（各类材料的计划用量 \times 实际材料基价）$$

$$机械费 = \sum（各类机械的计划台班量 \times 实际台班单价）$$

在测算的人工费、材料费和机械费的基础上，由项目经理部结合施工技术和管理方案等测算措施费、管理费等，最后构成项目的目标成本。

(4) 定率估算法。定率估算法也称历史资料法，当工程项目非常庞大和复杂而需要分为几个部分时采用的方法。首先将工程项目分为若干子项目，参照同类工程项目的历史数据，采用算术平均法计算子项目目标成本降低率和降低额，然后汇总整个工程项目的目标成本降低率、降低额。在确定子项目成本降低率时，可采用加权平均法或三点估算法。

(三) 成本控制

成本控制是指在工程项目实施过程中，对影响工程项目成本的各项要素，即施工生产所耗费的人力、物力和各项费用开支，采取一定措施进行监督、调节和控制，及时预防，发现和纠正偏差，保证工程项目成本目标的实现。成本控制是工程项目成本管理的核心内容，也是工程项目成本管理中不确定因素最多、最复杂、最基础的管理内容。

1. 成本控制的内容

施工成本控制包括计划预控、过程控制和纠偏控制三个重要环节。

(1) 计划预控。计划预控是指运用计划管理的手段事先做好各项施工活动的成本安排，使工程项目预期成本目标的实现建立在有充分技术和管理措施保障的基础上，为工程项目的技术与资源的合理配置和消耗控制提供依据。控制的重点是优化工程项目实施方案、合理配置资源和控制生产要素的采购价格。

(2) 过程控制。过程控制是指控制实际成本的发生，包括实际采购费用发生过程的控制、劳动力和生产资料使用过程的消耗控制，质量成本及管理费用的支出控制。施工承包单位应充分发挥工程项目成本责任体系的约束和激励机制，提高施工过程的成本控制能力。

(3) 纠偏控制。纠偏控制是指在工程项目实施过程中，对各项成本进行动态跟踪核算，发现实际成本与目标成本产生偏差时，分析原因，采取有效措施予以纠偏。

2. 成本控制的方法

(1) 成本分析表法。成本分析表法是指利用各种表格进行成本分析和控制的方法。应用成本分析表法可以清晰地进行成本比较研究，常见的成本分析表有月成本分析表、成本日报或周报表、月成本计算及最终预测报告表。

(2) 工期成本同步分析法。成本控制与进度控制之间有着必然的同步关系，因为成本是伴随工程进展而发生的。如果成本与进度不对应，说明工程项目进展中出现虚盈或虚亏的不正常现象。

施工成本的实际开支与计划不相符，往往是由两个因素引起的：一是在某道工序上的成本开支超出计划；二是某道工序的施工进度与计划不符。因此，要想找出成本变化的真正原因，实施良好有效的成本控制措施，必须与进度计划的适时更新相结合。

(3) 挣值分析法。挣值法也称赢得值法，是对工程项目费用、进度进行综合控制的一种分析方法。基本参数有三项，即已完工作预算费用、计划工作预算费用和已完工作实际费用。通过比较已完工作预算费用与已完工作实际费用之间的差值，可以分析由于实际价格的变化而引起的累计费用偏差；通过比较已完工作预算费用与计划工作预算费用之间的差值，可以分析由于进度偏差而引起的累计费用偏差。并通过计算后续未完工程的计划费用余额，预测其尚需的费用数额，从而为后续工程施工的费用、进度控制及寻求降低成本途径指明方向。

(4) 价值工程方法。价值工程是研究如何以最低的寿命周期成本，可靠地实现对象（产品、作业或服务等）的必要功能，而致力于功能分析的一种有组织的技术经济思想方法和管理技术。价值工程方法是对工程项目进行事前成本控制的重要方法，在工程项目施工阶段，研究施工技术和组织的合理性，在保证工程项目要求的必要功能前提下，探索有无改进的可能性，在提高功能的条件下，确定最佳施工方案，降低施工成本，达到使工程增值的最终目标。

(四) 成本核算

成本核算是施工承包单位利用会计核算体系，对工程项目施工过程中所发生的各项费用进行归集，统计其实际发生额，并计算工程项目总成本和单位工程成本的管理工作。工程项目成本核算是施工承包单位成本管理最基础的工作，成本核算所提供的各种信息，是成本分析和成本考核等的依据。

1. 成本核算对象和范围

施工成本核算应以项目经理责任成本目标为基本核算范围，以项目经理授权范围相对应的可控责任成本为核算对象，进行全过程分月跟踪核算。根据工程当月形象进度，对已完工程实际成本按照分部分项工程进行归集，并与相应范围的计划成本进行比较分析各分部分项工程成本偏差的原因，并在后续工程中采取有效控制措施并进一步寻找降本挖潜的途径。项目经理部应在每月成本核算的基础上编制当月成本报告，作为工程项目施工月报的组成内容，提交企业生产管理和财务部门审核备案。

2. 成本核算方法

(1) 表格核算法。表格核算法是建立在内部各项成本核算的基础上，由各要素部门和核算单位定期采集信息，按有关规定填制一系列的表格，完成数据比较、考核和简单的核算，形成工程项目施工成本核算体系，作为支撑工程项目施工成本核算的平台。表格核算法需要依靠众多部门和单位支持，专业性要求不高。其优点是比较简捷明了、直观易懂、易于操作、适时性较好。其缺点是覆盖范围较窄、核算债权债务等比较困难；且较难实现科学严密的审核制度，有可能造成数据失实，精度较差。

(2) 会计核算法。会计核算法是指建立在会计核算基础上，利用会计核算所独有的借贷记账法和收支全面核算的综合特点，按工程项目施工成本内容和收支范围，组织工程项目施工成本的核算。不仅核算工程项目施工的直接成本，还要核算工程项目在施工生产过程中出现的债权债务，为施工生产而自购的工具、器具摊销，向建设单位的报量和收款，分包完成和分包付款等。其优点是核算严密、逻辑性强、人为调节的可能因素较小，核算范围较大。但对核算人员的专业水平要求较高。

由于表格核算法具有便于操作和表格格式自由等特点，可以根据企业管理方式和要求设置各种表格，因此对工程项目内各岗位成本的责任核算比较实用。施工承包单位除对整个企业的生产经营进行会计核算外，还应在工程项目上设成本会计，进行工程项目成本核算，减少数据的传递，提高数据的及时性，便于与表格核算的数据接口，这将成为工程项目施工成本核算的发展趋势。

总体来说，用表格核算法进行工程项目施工各岗位成本的责任核算和控制，用会计核算法进行工程项目成本核算，两者互补，相得益彰，确保工程项目施工成本核算工作的开展。

3. 成本费用归集与分配

进行成本核算时，能够直接计入有关成本核算对象的，直接计入；不能直接计入的，采用一定的分配方法计入各成本核算对象成本，然后计算出工程项目的实际成本。

（1）人工费。人工费计入成本的方法，一般应根据企业实行的具体工资制度而定。在实行计件工资制度时，所支付的工资一般能分清受益对象，应根据"工程任务单"和"工资计算汇总表"将归集的工资直接计入成本核算对象的人工费成本项目中。实行计时工资制度时，只有在只存在一个成本核算对象或者所发生的工资能分清是服务于哪个成本核算对象时，才可将之直接计入；否则，就需将所发生的工资在各个成本核算对象之间进行分配，再分别计入。

（2）材料费。工程项目耗用的材料应根据限额领料单、退料单、报损报耗单、大堆材料耗用计算单等计入工程项目成本。凡领料时能点清数量、分清成本核算对象的，应在有关领料凭证（如限额领料单）上注明成本核算对象名称，据以计入成本核算对象。领料时虽能点清数量，但需集中配料或统一下料的，则由材料管理人员或领用部门，结合材料消耗定额将材料费分配计入各成本核算对象。领料时不能点清数量和分清成本核算对象的，由材料管理人员或施工现场保管员保管，月末实地盘点结存数量，结合月初结存数量和本月购进数量，倒推出本月实际消耗量，再结合材料耗用定额，编制"大堆材料耗用计算表"，据以计入各成本核算对象的成本。工程竣工后的剩余材料，应填写"退料单"据以办理材料退库手续，同时冲减相关成本核算对象的材料费。施工中的残次材料和包装物应尽量回收再用，冲减工程成本的材料费。

（3）机械费。按自有机具和租赁机具分别加以核算。从外单位或本企业内部独立核算的机械站租入施工机具支付的租赁费，直接计入成本核算对象的机具使用费。如租入的机具是为两个或两个以上的工程服务，应以租入机具所服务的各个工程受益对象提供的作业台班数量为基数进行分配。其计算公式如下：

平均台班租赁费＝支付的租赁费总额/租入机具作业总台班数

自有机具费用应按各个成本核算对象实际使用的机具台班数计算所分摊的机具使用费，分别计入不同的成本核算对象成本中。

在施工机具使用费中，占比重最大的往往是施工机具折旧费。按现行财务制度规定，施工承包单位计提折旧一般采用平均年限法和工作量法。技术进步较快或使用寿命受工作环境影响较大的施工机具和运输设备，经国家财政主管部门批准，可采用加速折旧法，如双倍余额递减法或年数总和法计提折旧。

1）平均年限法。平均年限法也称使用年限法，是指按照固定资产的预计使用年限平均分摊固定资产净值（即固定资产原值减去净残值后的余额）折旧额的方法。这种方法计算的折旧额在各个使用年（月）份都是相等的，折旧的累计额所绘出的图线是直线，因此这种方法也称直线法。平均年限法的计算公式如下：

年折旧率＝（1－预计净残值率）/折旧年限×100％

年折旧额＝固定资产原值×年折旧率

2) 工作量法。工作量法是指按照固定资产生产经营过程中所完成的工作量计提折旧的一种方法，是由平均年限法派生出来的一种方法。适用于各种时期使用程度不同的专业机械或设备。工作量法的计算公式如下：

① 按照行驶里程计算折旧额时：

单位里程折旧额＝原值×（1－预计净残值率）/规定的总行驶里程

年折旧额＝年实际行驶里程×单位里程折旧额

② 按照台班计算折旧额时：

每台班折旧额＝原值×（1－预计净残值率）/规定的总工作台班

年折旧额＝年实际工作台班×每台班折旧额

3) 双倍余额递减法。双倍余额递减法是指按照上一年固定资产的账面净值乘以一个固定的折旧率来计算折旧的方法，它属于一种加速折旧的方法。其年折旧率是平均年限法的两倍，并且在计算年折旧率时不考虑预计净残值率。采用这种方法时，折旧率是固定的，但计算基数逐年递减，因此计提的折旧额逐年递减。双倍余额递减法的计算公式如下：

年折旧率＝2/折旧年限×100％

年折旧额＝固定资产账面净值×年折旧率

实行双倍余额递减法的固定资产，应当在其固定资产折旧年限到期前两年内，将固定资产账面净值扣除预计净残值后的净额平均摊销。

【例7-1】某施工机具固定资产原价为150000元，预计净残值2000元，预计使用年限5年，采用双倍余额递减法计算各年的折旧额。

解：年折旧率＝2÷5×100％＝40％

第一年折旧额＝150000×40％＝60000（元）

第二年折旧额＝（150000－60000）×40％＝36000（元）

第三年折旧额＝（150000－60000－36000）×40％＝21600（元）

第四年折旧额＝（150000－60000－36000－21600－2000）÷2＝15200（元）

第五年折旧额＝（150000－60000－36000－21600－2000）÷2＝15200（元）

(4) 措施费。凡能分清受益对象的，应直接计入受益成本核算对象中。如与若干个成本核算对象有关的，可先归集到措施费总账中，月末再按适当的方法分配计入有关成本核算对象的措施费中。

(5) 间接成本。凡能分清受益对象的间接成本，应直接计入受益成本核算对象中。否则先在项目"间接成本"总账中进行归集，月末再按一定的分配标准计入受益成本核算对象。分配的方法：土建工程是以实际成本中直接成本为分配依据，安装工程则以人工费为分配依据。

（五）成本分析

成本分析是揭示工程项目成本变化情况及其变化原因的过程。成本分析为成本考核提供依据，也为未来的成本预测与成本计划编制指明方向。

1. 成本分析的方法

成本分析的基本方法包括比较法、因素分析法、差额计算法、比率法等。

(1) 比较法。比较法又称指标对比分析法，是通过技术经济指标的对比检查目标的完成情况，分析产生差异的原因，进而挖掘内部潜力的方法。其特点是通俗易懂、简单易行、便于掌握。比较法的应用通常有下列形式：

1) 本期实际指标与目标指标对比。以此检查目标完成情况，分析影响目标完成的积极因素和消极因素，以便及时采取措施，保证成本目标的实现。

2) 本期实际指标与上期实际指标对比。通过这种对比，可以看出各项技术经济指标的变动情况，反映项目管理水平的提高程度。

3) 本期实际指标与本行业平均水平、先进水平对比。通过这种对比，可以反映本项目的技术管理和经济管理水平与行业的平均和先进水平的差距，进而采取措施赶超先进水平。

在采用比较法时，可采取绝对数对比、增减差额对比或相对数对比等多种形式。

(2) 因素分析法。因素分析法又称连环置换法，这种方法可用来分析各种因素对成本的影响程度。在进行分析时，首先要假定众多因素中的一个因素发生了变化，而其他因素则不变，在前一个因素变动的基础上分析第二个因素的变动，然后逐个替换，分别比较其计算结果，以确定各个因素的变化对成本的影响程度。据此对企业的成本计划执行情况进行评价，并提出进一步的改进措施。因素分析法的计算步骤如下：

1) 以各个因素的计划数为基础，计算出一个总数；

2) 逐项以各个因素的实际数替换计划数；

3) 每次替换后，实际数就保留下来，直到所有计划数都被替换成实际数为止；

4) 每次替换后，都应求出新的计算结果；

5) 最后将每次替换所得结果，与其相邻的前一个计算结果比较，其差额即为替换的那个因素对总差异的影响程度。

(3) 差额计算法。差额计算法是因素分析法的一种简化形式，它利用各个因素的目标值与实际值的差额来计算其对成本的影响程度。

(4) 比率法。比率法是指用两个以上的指标的比例进行分析的方法。其基本特点是先把对比分析的数值变成相对数，再观察其相互之间的关系。常用的比率法有以下几种：

1) 相关比率法。通过将两个性质不同而相关的指标加以对比，求出比率，并以此来考察经营成果的好坏。例如，将成本指标与反映生产、销售等经营成果的产值、销售收入、利润指标相比较，就可以反映项目经济效益的好坏。

2) 构成比率法。构成比率法又称比重分析法或结构对比分析法，是通过计算某技术经济指标中各组成部分占总体比重进行数量分析的方法，通过构成比率，可以考察项目成本的构成情况，将不同时期的成本构成比率相比较，可以观察成本构成的变动情况，同时也可看出量、本、利的比例关系（即目标成本、实际成本和降低成本的比例关系），从而为寻求降低成本的途径指明方向。

3) 动态比率法。动态比率法是将同类指标不同时期的数值进行对比，求出比率，以分析该项指标的发展方向和发展速度的方法。动态比率的计算通常采用定基指数和环比指数两种方法。

2. 成本分析的类别

施工成本的类别有分部分项工程成本、月（季）度成本、年度成本等。这些成本都是随着工程项目施工的进展而逐步形成的，与生产经营有着密切的关系。因此，做好上述成本的分析工作，无疑将促进工程项目的生产经营管理，提高工程项目的经济效益。

(1) 分部分项工程成本分析。分部分项工程成本分析是施工项目成本分析的基础。分部分项工程成本分析的对象为主要的已完分部分项工程。分析的方法是进行预算成本、目标成本和实际成本的"三算"对比，分别计算实际成本与预算成本、实际成本与目标成本的偏差，分析偏差产生的原因，为今后的分部分项工程成本寻求节约途径。

分部分项工程成本分析的资料来源是预算成本是以施工图和定额为依据编制的施工图预算成本，目标成本为分解到该分部分项工程上的计划成本，实际成本来自施工任务单的实际工程量、实耗人工和限额领料单的实耗材料。

对分部分项工程进行成本分析，要做到从开工到竣工进行系统的成本分析。因为通过主要分部分项工程成本的系统分析，可以基本了解工程项目成本形成的全过程，为竣工成本分析和今后的工程项目成本管理提供宝贵的参考资料。

(2) 月（季）度成本分析。月（季）度成本分析是项目定期的、经常性的中间成本分析。通过月（季）度成本分析，可以及时发现问题，以便按照成本目标指定的方向进行监督和控制，保证工程项目成本目标的实现。

月（季）度成本分析的依据是当月（季）度成本报表。分析的方法通常包括：

1) 通过实际成本与预算成本的对比，分析当月（季）度成本降低水平；通过累计实际成本与累计预算成本的对比，分析累计的成本降低水平，预测实现工程项目成本目标的前景。

2) 通过实际成本与目标成本的对比，分析目标成本的落实情况，以及目标管理中的问题和不足，进而采取措施，加强成本管理，保证工程成本目标的落实。

3) 通过对各成本项目的成本分析，可以了解成本总量的构成比例和成本管理的薄弱环节。对超支幅度大的成本项目，应深入分析超支原因，并采取对应的增收节支措施防止今后再超支。

4) 通过主要技术经济指标的实际与目标对比，分析产量、工期、质量、"三材"节约率、机械利用率等对成本的影响。

5) 通过对技术组织措施执行效果的分析，寻求更加有效的节约途径。

6) 分析其他有利条件和不利条件对成本的影响。

(3) 年度成本分析。由于工程项目的施工周期一般较长，除进行月（季）度成本核算和分析外，还要进行年度成本的核算和分析。因为通过年度成本的综合分析，可以总结一年来成本管理的成绩和不足，为今后的成本管理提供经验和教训。

年度成本分析的依据是年度成本报表。年度成本分析的内容，除月（季）度成本分析的六个方面外，重点是针对下一年度的施工进展情况规划切实可行的成本管理措施，以保证工程项目施工成本目标的实现。

(4) 竣工成本的综合分析。凡是有几个单位工程而且是单独进行成本核算的项目，其竣工成本分析应以各单位工程竣工成本分析资料为基础，再加上项目经理部的经营效益（如资金调度、对外分包等所产生的效益）进行综合分析。如果施工项目只有一个成本核算对象（单位工程），就以该成本核算对象的竣工成本资料作为成本分析的依据。单位工程竣工成本分析应包括竣工成本分析；主要资源节约、超支对比分析；主要技术节约措施及经济效果分析。

通过以上分析，可以全面了解单位工程的成本构成和降低成本的因素，对今后同类工程的成本管理很有参考价值。

(六) 成本考核

成本考核是在工程项目建设过程中或项目完成后，定期对项目形成过程中的各级单位成本管理的成绩或失误进行总结与评价。通过成本考核，给予责任者相应的奖励或惩罚。施工承包单位应建立和健全工程项目成本考核制度，作为工程项目成本管理责任体系的组成部分。考核制度应对考核的目的、时间、范围、对象、方式、依据、指标、组织领导以及结论与奖惩原则等做出明确规定。

1. 成本考核的内容

施工成本的考核，包括企业对项目成本的考核和企业对项目经理部可控责任成本的考核。企业对项目成本的考核包括对施工成本目标（降低额）完成情况的考核和成本管理工作业绩的考核。企业对项目经理部可控责任成本的考核包括：

(1) 项目成本目标和阶段成本目标完成情况；

(2) 建立以项目经理为核心的成本管理责任制的落实情况；

(3) 成本计划的编制和落实情况；

(4) 对各部门、各施工队和班组责任成本的检查和考核情况；

(5) 在成本管理中贯彻责、权、利相结合原则的完成情况。

此外，为层层落实项目成本管理工作，项目经理对所属各部门、各施工队和班组也要进行成本考核，主要考核其责任成本的完成情况。

2. 成本考核指标

(1) 企业的项目成本考核指标：

$$项目施工成本降低额＝项目合同施工成本－项目实际施工成本$$

项目施工成本降低率＝项目施工成本降低额/项目合同施工成本×100%

(2) 项目经理部可控责任成本考核指标：

1) 项目经理责任目标总成本降低额和降低率：

目标总成本降低额＝项目经理责任目标总成本－项目经理责任实际总成本

目标总成本降低率＝目标总成本降低额/项目经理责任目标总成本×100%

2) 施工责任目标成本实际降低额和降低率：

施工责任目标成本实际降低额＝施工责任目标总成本－施工责任实际总成本

施工责任目标成本降低率＝施工责任目标成本降低额/施工责任目标总成本×100%

3) 施工计划成本实际降低额和降低率：

施工计划成本实际降低额＝施工计划总成本－施工实际总成本

施工计划成本实际降低率＝施工计划成本实际降低额/施工计划总成本×100%

施工承包单位应充分利用工程项目成本核算资料和报表，由企业运营管理部门对项目经理部的成本和效益进行全面考核，在此基础上做好工程项目成本效益的考核与评价，并按照项目经理部的绩效，落实成本管理责任制的激励措施。

第二节 工程变更与工程索赔

一、工程变更管理

(一) 工程变更概述

1. 工程变更的概念、内容

工程变更是指合同实施过程中由发包人批准的对合同工程的内容、工程数量、质量要求、施工顺序和时间、施工条件、施工工艺或其他特征及合同条件等的改变。

在工程项目的实施过程中，由于种种原因常常会出现设计、工程量、计划进度、使用材料等方面的变化，这些变化统称工程变更。工程变更包括设计变更、进度计划变更、施工条件变更以及原招标文件和工程量清单中未包括的"新增工程"。

2. 工程变更影响合同价款

工程变更会带来工程造价和工期的变化，这是因为工程变更很有可能引起工程量的变化、承包方的索赔等。

工程实际造价＝合同价款±工程追加合同价款

追加合同价款＝设计变更增减的工程价款±工程量增减引起的增减工程价款±

施工条件变更增减的工程价款±工程索赔的工程价款

3. 工程变更权

发包人和工程师均可以提出变更，变更指示均通过工程师发出。工程师是指监理人、造价咨询人等业主授权的第三方。

发包人提出变更的，应通过工程师向承包人发出变更指示，变更指示应说明计划变更的工程范围和变更的内容；工程师提出变更建议的，在发出变更指示前应征得发包人同意，否则，工程师无权擅自发出变更指示；未经许可，承包人不得擅自对工程的任何部分进行变更。

承包人收到工程师下达的变更指示后方可实施变更，认为不能执行的，应立即提出不能执行该变更指示的理由。承包人认为可以执行变更的，应当书面说明实施该变更指示对合同价款和工期的影响，且合同当事人应当按照合同变更估价条款约定确定变更估价。

涉及设计变更的，应由设计人员提供变更后的施工图纸和说明。如设计变更超过原设计标准或批准的建设规模时，发包人还应及时办理规划、设计变更等审批手续。

(二) 设计变更与工程签证

1. 设计变更

工程设计变更是施工图图示内容的调整，是施工图的进一步完善。设计变更（包括施工图纸和设计说明）是工程价款调整的依据。施工管理中必须加强设计委托内容的论证，坚持和强化开工前的图纸审核、图纸会审、图纸交底工作，杜绝或控制设计变更次数，最大限度地减少工程设计变更。

设计变更的确认：施工中发包人需对原工程设计进行设计变更，应以书面形式向承包人发出变更通知，其设计变更必须由设计院签发（原设计单位提供变更的相应图纸和说明），承包人按照变更通知、设计变更及有关要求进行变更施工。由于设计变更而导致合同价款的增减及造成的承包人的损失，由发包人承担，延误的工期相应顺延。

2. 工程签证

在施工合同履行过程中发生除设计变更以外的工程变更主要是以工程签证的形式来体现的。所谓工程签证是指在施工过程中，基于设计图纸及设计变更以外的施工事实的记录和核定。工程签证也被称为现场签证、施工签证，是指不能或不便于反映在图纸上而变化施工内容的文字记录。从性质上来看，应视为原工程承包合同的补充协议，是工程价款调整的有效凭证。

工程签证可分为两类：一类是定性的确认，即对变更的事实予以确认的签证；另一类则是既定性又定量的确认，不仅对变更的事实予以确认，而且对变更的事实所需要的费用和延误的时间也予以确认的签证。

现场签证的确认：现场签证是发、承包双方现场代表就施工过程中涉及的合同价款之外的责任事件所作的签认证明。现场签证是涉及合同价款之外的款项签证，是法人代表授权行为的具体实施与体现。

施工中承包人不得对原设计进行变更。由于图纸错误或工艺、施工条件、质量标准等原因引起的变更，应由承包人根据现场的实际情况填写现场签证单，签字盖章后交由监理工程师、甲方专业工程师签字确认后生效。手续不全的则视为无效签证。

3. 变更与签证的作用

设计变更、现场签证是施工图纸的补充部分，与正式施工图纸一样具有同等的法律效力，设计变更、现场签证一经确认，发、承包双方必须按规定严格执行。

现场签证必须做到"随做随签，一项一签，一事一单，要有金额，工完签完"，以免事过境迁，发生补签和结算困难。

现场签证内容应明确，项目要清楚，做什么填什么，要明确使用材料名称、规格、型号、几何尺寸、细部尺寸、工程数量，经双方核实签证；价款的结算方式、单价的确定应明确商定计价方法。

施工中的隐蔽工程验收证明、施工会议记录、纪要、施工日志等均不能作为变更、签证的依据，更不能作为工程结算的依据。

(三) 工程变更与其计价

1. 变更估价的程序

变更估价的程序：①承包人应在收到变更指示后约定期限内，向工程师提交变更估价申请；②工程师应在收到承包人提交的变更估价申请后约定期限内审查完毕并报送发包人，工程师对变更估价申请有异议，通知承包人修改后重新提交；③发包人应在承包人提交变更估价申请后约定期限内审批完毕。发包人逾期未完成审批或未提出异议的，视为认可。变更估价程序及现场签证表见表7-1，该表来源于《计价规则》(2009)。

因变更引起的价款调整应计入最近一期的工程进度款中支付。

表 7-1　现场签证表

工程名称：　　　　　　　　　　　专业：　　　　　　　　　　　编号：

| 施工部位 | | 日期 | |

致：＿＿＿＿＿＿＿＿＿＿＿＿＿＿＿＿＿＿（发包人全称）

根据＿＿＿＿＿＿（指令人姓名）　年　月　日的口头指令或你方＿＿＿＿＿＿＿（或监理人）　年　月　日的书面通知，我方要求完成此项工作应支付价款金额为（小写）＿＿＿＿＿＿＿元，（大写）＿＿＿＿＿＿＿＿＿＿＿元，请予核准。

附：1. 签证事由及原因：
　　2. 附图及计算式：

承包人（章）
承包人代表＿＿＿＿＿＿＿
年　月　日

复核意见：	复核意见：
你方提出的此项签证申请经复核： □不同意此项签证，具体意见见附件。 □同意此项签证，签证金额的计算，由造价工程师复核。 　　　　　　　　　　监理工程师＿＿＿＿＿＿＿ 　　　　　　　　　　　　　年　月　日	□此项签证按承包人中标的计日工单价计算，金额为（小写）＿＿＿＿＿＿＿元，（大写）＿＿＿＿＿＿＿元。 □此项签证因无计日工单价，金额为（小写）＿＿＿＿＿＿＿元，（大写）＿＿＿＿＿＿＿元。 　　　　　　　　　　造价工程师＿＿＿＿＿＿＿ 　　　　　　　　　　　　　年　月　日

审核意见：
□不同意此项签证。
□同意此项签证，价款与本期进度款同期支付。

发包人（章）
发包人代表＿＿＿＿＿＿＿
年　月　日

注：1. 在选择栏中的"□"内作标识"√"。
　　2. 本表一式四份，由承包人在收到发包人（监理人）的口头或书面通知后填写，发包人、监理人、造价咨询人、承包人各存一份。

2. 变更估价的原则

除专用合同条款另有约定者外，变更估价项目的单价按照下述约定处理：

（1）已标价工程量清单或预算书有相同项目的，按相同项目的单价认定。

（2）已标价工程量清单或预算书中无相同项目，但有类似项目的参照类似项目的单价认定。

（3）变更导致实际完成的变更工程量与已标价工程量清单或预算书中列明的该项目工程量的变化幅度太大时（一般为15%），或已标价工程量清单或预算书中无相同项目或类似项目单价的，由合同双方按照合同约定方法确定变更项目的单价。

3. 工程变更与估价的关系

静态的工程造价是签订工程合同时的合同价款，工程合同价款是指发包人、承包人在协议中约定的款项。动态的工程造价则是通过在工程合同价款的基础上以工程追加合同价款调整来实现的，工程追加合同价款是指在合同履行中发生需要增加合同价款的情况。

建设工程施工合同的动态变化主要是通过工程变更形式来体现的，而工程变更往往是通过设计变更和工程签证来锁定的。就法律角度而言，工程变更签证应视为是对原工程承包合同的补充。因此，根据法律规定，合同当事人协商一致，可以变更或补充合同。

工程签证与其计价有以下三种形式：

（1）如果工程签证不仅对于发生的变更事实予以肯定，而且对于发生变更的费用和延误的工期也予以确定，则按签证中约定的工程价款结算方式进行结算。

这类工程签证是最有利于维护承包人利益的，这种定性定量的约定，无论其与计价方法有什么差异，都是合法有效的。除非对方向仲裁委员会或法院以"约定内容显失公平"为由主张撤销或变更，并得到支持的例外。

（2）如果工程签证仅对发生的变更事实予以肯定，但未对发生变更的费用和延误的工期予以确认的工程签证，则参照签订施工合同时当地建设行政主管部门发布的计价方法或计价标准结算工程价款。

建设工程合同中的实质性条款（价款、工期、质量）是对应于施工合同承包前提的，其关于工程价款的计价标准或方式并非自然适用于变更部分。工程签证从本质上讲就是一个补充的合同，所以当工程签证对价款没有确定，是参照而不是按照政府发布的计价方法和标准进行计价，并且是签订合同时而不是发生争议时。

（3）如果没有工程签证，但承包人提供的其他证据能确认实际发生工程量的，则参照签订施工合同时当地建设行政主管部门发布的计价方法或标准结算工程价款。

这种情况对承包人最为不利，没有工程签证，承包人认为其实际施工的工程量多于合同或附件中列明的工程量，根据"谁主张，谁举证"的原则，只要经过举证、质证等程序后足以证明该证据所证明的实际工程量事实的真实性、合法性和关联性的，就可以作为计算工程量的依据。定性问题解决后，计价问题参照同前。

总之，签订合同时约定的计价标准或计价方式是对应静态前提条件的，而动态变化引起的工程造价的增减则是以追加合同价款调整来体现的。

工程签证对变更的事实和变更的计价标准予以明确约定的，按约定计价；工程签证仅对变更的事实予以确定，其计价原则是按当地的计价规定和标准进行计价；没有工程签证，只要有其他证据证明发包人同意施工，其计价原则是按当地的计价规定和标准进行计价。

综上所述，只要发生工程变更，就可能是签订建设工程施工承包合同时的前提条件发生变化，就存在一个对变更工程价款的计价问题。因此，一般情况下，建设工程合同价款不完全等同于工程竣工结算造价。并且，建设工程合同价款的计价方式也并不自然适用于工程追加合同价款部分的计价。对工程追加合同价款部分的计价原则遵循的是"有约定，从约定；无约定，从法定"的原则。

二、工程索赔管理

（一）工程索赔概述

工程索赔在建筑工程市场是一种正常的现象，是合同当事人保护自身正当权益、弥补工程损失、提高经济效益的重要而又有效的手段。由于施工现场条件、气候条件的变化，施工进度、物价的变化，以及合同条款、规范、标准文件和施工图的变更、差异、延误等因素的影响，使得工程承包中不可避免的出现索赔。

许多国际工程项目，承包人通过成功的索赔能使工程收入增加10%～20%，个别工程的索赔甚至超过了合同额本身。

在我国，由于索赔起步较晚，对工程索赔的认识还不够全面、正确，在工程施工中，还存在发包人（业主）忌讳索赔、承包人索赔意识不强、监理工程师不懂如何处理索赔的现象。应该看到，施工索赔是一项融技术、经济、合同、法律、管理策略于一体的系统工作。

1. 工程索赔的含义

所谓"索赔"是指在工程承包合同履行过程中，当事人一方因非自己的原因而遭受经济损失或工期延误，按照合同约定或法律规定，应由对方承担责任，而向对方提出经济补偿和（或）工期顺延要求的行为。

索赔可以简单的理解为：在工程合同履行过程中，合同当事人一方因非己方的原因而遭受损失，按合同约定或法规规定应由对方承担责任，从而向对方提出补偿的要求。

2. 索赔的本质特征

对于施工合同的双方来说，索赔是维护自身合法利益的权利，它同合同条件中双方的合同责任一样，构成严密的合同制约关系。承包商可以向业主提出索赔，业主也可以向承包商提出索赔。

习惯上把承包商向业主提出的补偿自己损失的权利要求称为"施工索赔"；把业主向承包商提出的索赔以及通常情况下业主对承包商的索赔要求进行评议和批评，指出其不符合合同条款的地方，使其索赔要求被全部否定或去除索赔计价中不合理的部分，称为反索赔。

索赔是要求给予补偿（赔偿）的一种权利主张、要求；索赔的依据是法律法规和合同文件，主要是合同文件；索赔的发生是非自身原因导致的；与原约定相比较，已发生了额外的经济损失或工期拖延；索赔必须有切实有效的证据；索赔是单方行为，双方还没有达成协议。

索赔的关键在于"索"，你不"索"，对方就没有任何义务主动的来"赔"；同样，"索"得乏力、无力，即索赔依据不充分、证据不足、方式方法不当，也很难获得"赔"。国际工程承包的经验是一个不敢、不会索赔的承包人最终必然是要亏损的。

3. 索赔的分类

工程索赔的分类比较多，常见到的有以下类型：

(1) 按索赔的合同依据分类：

1) 合同中明示的索赔：是指承包人所提出的索赔要求，在施工合同文件中有文字依据。这些在合同文件中有文字规定的合同条款，称为明示条款。

2) 合同中默示的索赔：是指承包人所提出的索赔要求，虽然在施工合同条款中没有专门的文字叙述，但可以根据合同中某些条款的含义，推论出承包人有索赔权。这种索赔要求同样有法律效力，承包人有权得到相应的经济补偿。这种有经济补偿含义的条款，被称为"默示条款"或"隐含条款"。

合同中承包人的索赔事件及可补偿的内容见表 7-2，来源于《建设工程施工合同（示范文本）》(GF-2017-0201)。

表 7-2 合同中承包人的索赔事件及可补偿的内容

序号	条款号	索赔事件	可补偿内容		
			工期	费用	利润
1	1.6.1	延迟提供图纸	√	√	√
2	1.9	施工中发现文物、古迹	√	√	
3	2.4.1	延迟提供施工场地	√	√	√
4	5.1.2	因发包人原因导致承包人工程返工	√	√	√
5	5.2.3	工程师对已经覆盖的隐蔽工程要求重新检验且合格	√	√	
6	5.3.3	承包人应工程师要求对材料、设备和工程重新检验且合格	√	√	
7	5.4.2	因发包人提供的材料、工程设备造成工程不合格	√	√	√
8	6.1.9.1	因发包人原因造成承包人员工伤事故		√	
9	7.4	承包人依据发包人提供的错误资料导致测量放线错误	√	√	√
10	7.5.1	因发包人原因造成工期延误	√	√	√
11	7.6	施工中遇到不利物质条件	√	√	
12	7.7	异常恶劣的气候条件导致工期延误	√		
13	7.8.1	发包人暂停施工造成工期延误	√	√	√
14	7.8.6	工程暂停后因发包人原因无法按时施工	√	√	√
15	7.9	承包人提前竣工		√	
16	8.1	提前向承包人提供材料、工程设备		√	

续表

序号	条款号	索赔事件	可补偿内容		
			工期	费用	利润
17	8.3.1	发包人提供材料、设备不合格或延迟提供或变更交货地点	√	√	√
18	11.2	基准日后法律变化		√	
19	13.4.2	发包人在工程竣工前提前占用工程	√	√	√
20	13.3.2	因发包人原因导致工程试运行失败		√	√
21	15.2.2	工程移交后因发包人原因出现新的缺陷或损坏的修复		√	√
22	15.3.2	工程移交后因发包人原因出现的缺陷修复的实验和试运行		√	√
23	16.1.1.5	因发包人违约导致承包人暂停施工	√	√	√
24	17.3.2.4	因不可抗力造成工期延误	√		
25	17.3.2.6	因不可抗力停工期间应工程师要求照管、清理、修复工程		√	

(2) 按索赔目的分类。

1) 费用索赔：是指承包人要求发包人补偿其经济损失。如当施工的客观条件发生变化导致承包人增加开支，要求对超出计划成本的附加开支给以补偿。

2) 工期索赔：由于非承包人原因造成施工进度拖延，要求批准延迟合同工期的索赔，称为工期索赔。工期索赔形式上是对工期权利的要求，以避免在原定合同竣工日不能完工时，被发包人追究拖延工期违约责任，一旦获得合同工期延长，承包人不但可以免除拖延工期违约赔偿责任，还有可能提前交工获得奖励，最终仍然反映在经济收益上。

(3) 按索赔事件的性质分类。

1) 工程延误索赔：因发包人未按合同要求提供施工条件，如未及时交付设计图纸、施工现场、道路等，或因发包人指令工程暂停或不可抗力事件等原因造成工期拖延的，承包人提出索赔。此类索赔是工程上最常见的一类索赔。

2) 工程变更索赔：由于发包人或工程师指令增加或减少工程量或增加附加工程、修改设计、变更工程顺序等，造成工期延长或费用增加，承包人对此提出索赔。

3) 合同被迫终止的索赔：由于发包人违约及不可抗力事件等原因造成合同非正常终止，使承包人蒙受经济损失而向发包人提出索赔。

4) 赶工索赔：由于发包人或工程师指令承包人加速工程施工，缩短工期，引起承包人额外增加开支引起的索赔。

5) 意外风险和不可预见因素索赔：在工程施工过程中，因不可抗力的自然灾害、特殊风险以及一个有经验的承包人通常不能合理预见的不利施工条件或外界障碍等，如地下水、地质断层、溶洞、地下障碍物等引起的索赔。

6) 其他索赔：如货币贬值、汇率变化、物价上涨、政策性变化等原因引起的索赔。

(4) 按《建设工程工程量清单计价规范》(GB 50500—2013) 的规定分类：

《建设工程工程量清单计价规范》(GB 50500—2013) 中对合同价款调整规定了15种事项，这些合同价款调整事项，广义上也属于不同类型的费用索赔，具体如下：

法律法规变化、工程变更、项目特征不清、工程量清单缺项、工程量偏差、计日工、物价变化、暂估价、不可抗力、提前竣工（赶工补偿）、误期赔偿、索赔、现场签证、暂列金额以及发承包双方约定的其他调整事项。

4. 索赔与变更

索赔与变更的关系：有的变更会带来索赔，但变更并不必然带来索赔，两者之间既有联系又有区别：

（1）索赔与变更有相同之处。由于索赔与变更的处理都是由于施工单位完成了工程量表中没有规定的工作，或者是在施工过程中发生了意外事件，由业主按照合同的有关规定给予施工单位一定的费用补偿或者批准延长工期。

（2）索赔与变更有着很大的区别。变更签证是建设单位或监理提出变更要求（指令）后，主动与承包人就额外费用补偿或工期延长等达成一致的书面证明材料和补充协议，它可以直接作为工程价款结算的依据；而索赔是一种未经对方确认的单方行为，是承包人根据法律和合同的规定，对其认为有权得到的权益主动向发包人提出要求。

在工程变更的过程中，工程师的地位十分重要，工程师应该主动确认、跟踪变更的执行过程。如果工程师的作用得不到充分发挥，那么变更将会成为承包商索赔的重要契机。在实际工程中，实施变更之前，工程师可以根据合同规定，要求承包商提出一份建议书。

工程变更价格一般由承包人提出，工程师只有确认权。否则按合同条款中关于争议的约定处理。因此，承包人先是利用各种机会寻求工程变更，一旦变更确认，便大张其口。因此，由工程师主动确认变更的价格是更好的选择。

（二）工程索赔产生的原因

在合同实施过程中，经常会发生一些非承包商责任引起的、而且承包商不能影响的事件，这些事件使得原合同状态发生变化，最终引起施工工期和费用的增加，是承包商的索赔机会。这些事件就是索赔事件，又称干扰事件。

1. 合同缺陷

合同缺陷常常表现为合同文件不严谨甚至前后矛盾、合同规定过于笼统、合同中的条款遗漏或错误。这不仅包括合同中的商务条款，也包括技术规范和图纸中的缺陷。如设计图纸错误造成设计修改、工程返工、窝工等。一般情况下发包人作为合同的起草人，他要对合同中的缺陷负责，这是解释合同争议所遵循的一个原则。

2. 业主方（包括发包人和工程师）违约

在工程实施过程中，由于发包人或工程师没有尽到合同义务，导致索赔事件发生。例如，发包人未按合同约定完成基本工作（现场三通一平、按时交付图纸资料、地质条件不符）；未按合同规定支付预付款及工程款等；发包人或工程师要求工程加速、更换某些材料；发包人承担的风险发生；设计与工程师指令错误，造成工程修改、停工、返工、窝工；工程师的不适当决定、苛刻检查、变更施工顺序，造成的临时停工或施工中断；不合理的指令造成工效大幅降低，导致费用支出增加；发包人或工程师协调工作不力，未及时下达指令、请示批复等，使工程延期或费用增加。

3. 不利的物质条件

不利的物质条件通常是指承包人在施工现场遇到的不可预见的不利自然物质条件和非自然的物质障碍（客观障碍）。其是指一个有经验的承包人无法合理预料到的施工条件变化。不利自然条件如地下水文条件、地质断层、溶洞、沉陷等；客观障碍如下水道、公共设施、坑、井、废弃的旧建筑物等。

4. 工程环境的变化

国家政策及法律、法规变更：如定额、取费标准、规费、税金的修改等；货币贬值、外汇汇率变化等；物价上涨带来材料价格和人工单价的大幅上涨。

5. 不可抗力事件

不可抗力事件又可以分为自然事件和社会事件。自然事件主要是指工程施工过程中不可避免发生并不能克服的自然灾害，如地震、海啸、瘟疫（如新型冠状病毒肺炎）、水灾等。社会事件包括国家政策、法律、法令的变更，战争、罢工等。

6. 合同变更

合同变更有可能导致索赔事件的发生，如发包人或工程师指令增加或减少工程量、增加附加工程、修改设计标准、提高质量标准、变更施工顺序等；非承包人原因，发包人要求终止工程施工、工程加速、工程拖延、提前交工等；发包人要求修改施工方案，打乱施工顺序；发包人要求承包人完成合同规定以外的义务和工作。

7. 其他

（1）其他承包人干扰：其他承包人干扰是指其他承包人未能按时、按序进行并完成某项工作，各独立承包人之间配合协调不好等而给本承包人的工作带来干扰。如某承包人不能按期完成自己那部分工作，其他承包人的相应工作也会因此而拖延，此时，被迫延迟的承包人就有权向发包人索赔；如场地使用、现场交通等各承包人之间都有可能发生相互干扰的问题。

（2）其他第三人原因：其他第三人的原因通常表现为因与工程有关的其他第三人的问题而引起的对本工程的不利影响。如银行付款延误、邮路延误、运输延误、铁路中断等。

（三）工程索赔的依据和前提条件

一个导致索赔成功的索赔事件，一般要符合以下条件：即索赔事件的发生确实导致承包商施工工期和费用的增加，同时导致索赔事件发生的原因不是承包商自己的原因造成的，并且按照约定，它不属于承包商应该承担风险的范畴。

合同在其履行过程中，承包人向业主提出索赔要求是不可避免的。这是因为：业主负责起草招标文件（合同）；投标的竞争性；不可预见事件的影响。

签订一个好的合同只是做到尽量减少索赔和有利于索赔事件发生后的处理工作，而不是杜绝索赔。

对合同双方来说，索赔是维护双方合法利益的权利。它与合同条件中双方的合同责任一样，构成严密的合同制约关系。因此，索赔和反索赔不可避免。

1. 索赔的依据

（1）工程施工合同文件：施工合同是工程索赔中最关键和最主要的依据，工程施工期间，发承包双方关于工程洽谈、变更等书面协议或文件也是索赔的重要依据。

（2）国家法律法规：国家制定的相关法律、行政法规是工程索赔的法律依据，包括工程项目所在地的地方性法律法规。

（3）国家、部门、地方有关的标准、规范、定额：对于工程建设的强制性标准是合同双方必须严格执行的，对于非强制性标准，必须在合同中有明确规定的情况下，才能作为索赔的依据。

（4）合同履行过程中与索赔事件有关的各种凭证：这是承包人因索赔事件所遭受费用和工期损失的事实依据，是计划情况和实际情况的反映。

2. 索赔成立的条件

（1）索赔事件已造成了承包人直接经济损失或工期延误；

（2）造成费用增加或工期延误的索赔事件是非承包人的原因造成的；

（3）承包人已经按照合同规定的期限和程序提交了索赔意向通知、索赔报告及相关证明材料。

国际工程中均有"投标造价低，挣钱靠索赔"的经营策略。一个承包商索赔能力的大小体现了它的技术、经济、管理水平的高低，因此，国际上越能实现索赔的承包商，业主越是喜欢将工程发包给他们。

（四）工程量清单与索赔

工程量清单是合同文件的组成部分：施工合同不仅指协议书，还应包括有关资料、补充协议、变更文件等，实行清单计价模式后，其合同也即通常所说的"单价合同"。《建设工程施工合同（示范文本）》第二条第一款规定：合同文件解释顺序中"工程量清单排在第八位"。

工程量清单作为合同文件的组成部分，也是索赔的理由和证据。当承包人按照设计图纸和规范施工，其工作内容是分部分项工程量清单（如分部分项工程量清单中项目特征的描述、工程数量）所不包含的，则承包人可以向发包人提出索赔；当承包人履行不符合清单要求时，发包人可以提出反索赔要求。

措施项目清单为可调整清单,投标人对清单中所列项目在计价时可适当变更和增减,清单计价一经报出,即被认为包括了所有应该发生的措施项目的全部费用。如果报出的清单中没有列项,且施工中又必须发生的项目,业主有权认为,其已经综合在分部分项工程量清单的综合单价中,将来发生时投标人不得以任何借口提出索赔与调整。

也就是说措施项目费用一般不做调整,但出现下列情况时可做调整:

(1) 发包人更改已审定的施工方案(修正错误除外),引起措施项目费用增加时予以增加,减少时不予减少。

(2) 由于工程量变化引起措施项目费用增加时予以增加,减少时予以减少。

上述两类情况发生时,承包人原中标价以综合单价计算的措施项目按原综合单价计算;承包人原中标价以系数计算的措施项目,按原中标系数计算。

(五) 费用索赔程序

费用索赔程序及费用索赔申请(核准)表见表 7-3,该表来源于《计价规则》(2009)。

表 7-3 费用索赔申请(核准)表

工程名称: 　　　　　　　　专业: 　　　　　　　　编号:

致:_____(发包人全称) 　　根据施工合同条款第_____条的约定,由于_____原因,我方要求索赔金额(小写)_____元,(大写)_____元,请予核准。 附:1. 费用索赔的详细理由和依据: 　　2. 索赔金额的计算: 　　3. 证明材料: 　　　　　　　　　　　　　　　　　　　　　　　　　　　　承包人(章) 　　　　　　　　　　　　　　　　　　　　　　　　　　　　承包人代表_____ 　　　　　　　　　　　　　　　　　　　　　　　　　　　　　　年　月　日	
复核意见: 　　根据施工合同条款第_____条的约定,你方提出的费用索赔申请经复核: 　□不同意此项索赔,具体意见见附件。 　□同意此项索赔,索赔金额的计算,由造价工程师复核。 　　　　　　　　　　　　监理工程师_____ 　　　　　　　　　　　　　　年　月　日	复核意见: 　　根据施工合同条款第_____条的约定,你方提出的费用索赔申请经复核,索赔金额为(小写)_____元,(大写)_____元。 　　　　　　　　　　　　造价工程师_____ 　　　　　　　　　　　　　　年　月　日
审核意见: 　□不同意此项索赔。 　□同意此项索赔,与本期进度款同期支付。 　　　　　　　　　　　　　　　　　　　　　　　　　　　　发包人(章) 　　　　　　　　　　　　　　　　　　　　　　　　　　　　发包人代表_____ 　　　　　　　　　　　　　　　　　　　　　　　　　　　　　　年　月　日	

注:1. 在选择栏中的"□"内作标识"√"。
　　2. 本表一式四份,由承包人填报,发包人、监理人、造价咨询人、承包人各存一份。

第三节 建设工程价款结算

一、建设工程价款结算概述

（一）工程价款结算的概念

工程价款结算是指对建设工程的发承包合同价款进行约定和依据合同约定进行工程预付款、工程进度款、工程竣工价款结算的活动。

工程价款结算是施工企业对已完工程经有关单位验收后，按合同约定向建设单位办理工程款清算的一项日常性工作，其中包括预收工程备料款、中间结算和竣工结算，在实际工作中通称为工程结算。

(1) 工程预付款：是指由施工单位自行采购的建筑材料，根据工程承包合同，建设单位在工程开工前按年度工程量的一定比例预先支付给施工单位的备料款。

工程预付款的结算是指在工程后期，随工程所需材料储备逐渐减少，预付款以抵冲工程价款的方式陆续扣回。

(2) 工程进度款：是指发包人依据合同约定和工程进度支付给承包人的款项，包括已经完成的施工图工程量、工程变更和工程索赔款项、计日工费用等，一般在支付时要扣除预付款金额和质量保证金费用。

(3) 工程竣工价款结算：是指施工单位按合同（协议）规定的内容全部完工、交工后，施工单位与建设单位按照合同约定的合同价款及合同价款调整内容及方法进行的最终工程价款结算。

（二）工程价款结算的作用

工程价款结算对于建筑施工企业和建设单位均具有重要的意义，主要表现如下：

(1) 通过工程价款结算办理已完工程的工程价款，确定施工企业的货币收入，补充施工生产过程中的资金消耗。

(2) 工程价款结算是统计施工企业完成生产计划和建设单位完成建设任务的依据。

(3) 竣工结算是施工企业完成该工程项目的总货币收入，是企业内部编制工程决算，进行成本核算，确定工程实际成本的重要依据。

(4) 竣工结算是建设单位编制竣工决算的主要依据。

(5) 竣工结算的完成，标志着甲乙双方承担的合同义务和经济责任的结束。

（三）工程价款结算的特点

工程价款结算，实质上是施工企业（卖方）与建设单位（买方）之间的商品货币结算，通过结算实现施工企业的工程价款收入，补充施工企业在一定时期内为生产建筑产品而付出的各种生产要素的消耗。但是，由于建筑产品与一般商品的生产和交易方式不同，因此，工程价款结算具有不同于一般商品销售的显著特点。

(1) 工程价款结算价格以预算价格为基础，实行单件计算。建筑工程结算价格的基础是建筑工程的预算价格。工程价款结算是依据其预算文件等有关资料实行单件结算的。

(2) 建筑产品生产周期长，需要采用不同的工程价款结算方式。建筑产品施工周期长，施工企业在施工过程中预先投入很多资金，如果像其他商品那样出售成品换回货币，势必影响企业的资金周转和施工的顺利进行，同时也影响施工企业的经济核算、成本控制和利润的完成。因此，工程价款结算应根据工程的具体特点和工期，由施工单位与建设单位在合同中明确规定工程价款结算方式及有关问题。

二、工程价款结算的依据和方式

（一）工程价款结算的依据

1. 工程价款结算的编制依据主要有以下资料

（1）施工企业与建设单位签订的施工合同或协议书。

（2）施工进度计划、月旬作业计划和施工工期。

（3）施工过程中现场实际情况记录和有关费用签证，如工程签证单、隐蔽工程验收记录、工程交工验收记录等。

（4）施工图纸及其有关资料、会审纪要、设计变更和现场工程签证、索赔资料和文件。

（5）建设行政主管部门发布的工程造价计价标准、计价办法等有关规定。

（6）工程设计概算、施工图预算文件和年度建筑安装已完工程量。

（7）国家和当地有关政策规定。

2. 《计价规则》（2009）中对工程价款结算的有关规定

《陕西省建设工程工程量清单计价规则》（2009）关于工程价款结算的相关规定包括了工程合同价款约定、工程计量与价款支付、索赔与现场签证、工程价款调整、竣工结算，详细内容见本节内容六。

（二）工程价款结算方式

根据建设工程的规模、性质、进度及工期要求，工程价款结算有多种方式，应通过合同约定。我国现行的结算方式主要有以下几种：

1. 按月结算与支付

按月结算与支付即实行按月支付进度款，竣工后清算的办法。就是指每月由施工单位提出已完成工程月报表，连同工程价款结算账单，经建设单位审批，办理工程价款结算的方式。

（1）月初预支，月末结算。在月初（中）施工企业按照施工作业计划和施工图预算，编制当月工程价款预支账单，月末按当月施工统计数据，编制工程月报表和工程价款结算账单，经建设单位审批后，办理月末结算。同时，扣除本月预支款，并办理下月预支款。

（2）月末结算。月初（中）不实行预支，月终施工企业按统计的实际完成分部分项工程量，编制已完工程月报表和工程价款结算账单，经建设单位审核后办理结算。

2. 分段结算与支付

分段结算与支付是指按照工程形象进度，划分不同阶段支付工程进度款。分段结算是指以单项工程或单位工程为对象，按施工形象进度将其划分为若干个施工阶段，按阶段进行工程价款结算。

分阶段结算的一般方法是根据工程的性质和特点，将其施工过程划分为若干施工形象进度阶段，以审定的施工图预算为基础，测算每个阶段的预支款数额。在施工开始时，办理第一阶段的预支款，在该阶段完成后，计算其工程价款，经建设单位审批，办理阶段结算，同时办理下一阶段的预支款。

3. 年终结算

对于跨年度竣工的单位工程或单项工程，为了正确统计施工企业本年度的经营成果和建设单位建设投资完成情况，对正在施工的工程由双方进行已完和未完工程量盘点，办理年度结算，结清本年度工程价款。

4. 竣工后一次结算

竣工后一次结算是指建设项目或单项工程建设期较短或者工程承包合同价值不大的，可以采用工程价款按月预支或分阶段预支，竣工后一次结算工程价款的方式。

从严格意义上讲，工程定期结算（按月结算）、工程分段结算、工程年终结算都属于工程进度款的期中支付结算。

三、工程预付款的支付与扣还

工程预付款又称材料预付款或工程备料款,施工企业承包工程、组织施工需要一定数额的备料资金,用于提前储备材料和订购配件,以保证施工的顺利进行。

（一）工程预付款的支付

对于工程备料款的额度,应以保证施工所需材料和构件的正常储备,保证施工的顺利进行为原则。预收工程备料款数额过少,备料不足,可能造成施工生产停工待料；预收款过多,会造成资金积压和浪费,不便于施工企业管理和资金核算。工程备料款的额度,一般是根据施工工期、建筑安装年度工作量、主要材料和构件费用占年度建筑安装工作量的比例以及材料储备时间等因素经测算来确定。对于预付款的额度,各地区、各部门的规定不完全相同,预付款额度确定的方法有以下两种：

1. 百分比法

百分比法也称额度系数法,发包人根据工程特点、工期长短、市场行情、供求规律等因素,招标时在合同条件中约定工程预付款的百分比。其含义就是预收工程备料款数额占年度建筑安装工作量的百分比。

根据《建设工程价款结算暂行办法》（财建发〔2004〕369号）第十二条中规定：包工包料工程的预付款按合同约定拨付,原则上预付比例不低于合同金额的10%,不高于合同金额的30%,对重大工程项目,按年度工程计划逐年预付。计价执行《建设工程工程量清单计价规范》（GB 50500—2013）的工程,实体性消耗和非实体性消耗部分应在合同中分别约定预付款比例。

2. 公式计算法

公式计算法也称影响因素法,是指将影响工程备料款数额的各个因素作为参数,如主要材料（含结构构件）占年度承包工程总价的比例、材料储备定额天数、年度施工天数等,通过公式计算预付款额度的一种方法。其工程备料款额度的计算公式如下：

$$M = \frac{P \cdot N}{T} \cdot t$$

式中　M——预收备料款数额；

　　　P——年度建筑安装工作量；

　　　N——主要材料和构件费用占年度建筑安装工作量的比例,根据施工图预算确定；

　　　T——年度施工日历天数；

　　　t——材料储备时间,可根据材料储备定额和当地材料供应情况确定。

（二）工程预付款的扣还

工程预付款是建设单位为了保证施工生产的顺利进行而预支给施工企业的一部分垫款,因此工程预付款属于预支性质。当施工进行到一定程度之后,材料和构配件的储备量将随工程的进行而减少,需要的工程备料款也随之减少,在此后办理工程价款结算时,以抵扣工程价款的方式开始陆续扣还工程预付款。

工程预付款的扣还是随工程价款的结算,以冲减工程价款的方法逐渐抵扣,待到工程竣工时,全部工程预付款抵扣完毕。工程施工进行到什么时候开始扣还工程备料款,每次办理价款结算时抵扣的数额大小都应合理。备料款开始扣还得太早,或每次扣还数额过大,会给未来工程施工生产带来困难；扣还太迟或数额过小,则不利于建设资金的管理和流动。扣款的方法主要有以下两种：

1. 按合同约定扣款

预付款的扣款方法由发包人和承包人通过洽商后在合同中予以确定,一般是在承包人完成金额累计达到合同总价的一定比例后,由承包人开始向发包人还款,发包人从每次应付给承包人的金额中扣回工程预付款,发包人至少在合同规定的完工前将工程预付款的总金额逐次扣回。例如,有的合同双方约定当工程进度达到年度建筑安装工作量的65%时，开始扣还工程备料款。

国际工程中的扣款方法一般是当工程进度款累计金额超过合同价格的10%~20%时开始起扣，每月从进度款中按一定比例扣回。

2. 起扣点计算法

工程备料款开始扣还时的工程进度状态称为工程备料款的起扣点。工程备料款起扣点，可以用累计完成建筑安装工作量的数额表示，称为累计工作量起扣点；也可以用累计完成建筑安装工作量与年度建筑安装工作量百分比表示，称为工作量百分比起扣点。

确定工程备料款起扣点的原则：未完施工工程所需主要材料和构件的费用等于工程备料款数额。根据确定的起扣点，此后每次结算工程价款时，按材料所占比重扣减工程价款，直至工程竣工前全部扣清。可以采用下述两种方法确定起扣点：

（1）累计工作量起扣点。根据累计工作量起扣点的含义，即累计完成建筑安装工作量达到起扣点的数额时，开始扣还工程备料款。此时，未完工程的工作量应等于年度建筑安装工作量与完成建筑安装工作量之差，未完工程的材料和构件费用等于未完工作量乘以材料比例。即：

$$(P-Q)N=M$$
$$Q=P-M/N$$

式中 Q——起扣点，即备料款开始扣回时的累计完成工程金额；

P——年度建筑安装工程合同总额；

M——预收工程备料款数额；

N——主要材料及构件所占比重。

（2）百分比起扣点。根据百分比起扣点的含义，即建筑安装工程累计完成的建筑安装工作量占年度建筑安装工作量的百分比达到起扣点的百分比时，开始扣还工程备料款。即

$$D=\frac{Q}{P}=\left(1-\frac{M}{P \cdot N}\right)$$

式中 D——工程量百分比起扣点；

Q——起扣点，即备料款开始扣回时的累计完成工程金额；

P——年度建筑安装工程合同总额；

N——主要材料及构件所占比重。

（三）工程预付款应扣还的额度

1. 分次扣还法

按扣还工程备料款的原则，自起扣点开始，在每次工程价款结算时应扣抵工程备料款。抵扣的数额按扣还工程备料款的原则，应该等于本次工程结算价款中的材料和构件费用的数额，即工程价款数额和材料比例的乘积。但是，一般情况下，工程备料款的起扣点与工程价款结算间隔点不一定重合。因此，第一次扣还工程备料款数额的计算式与其后各次工程备料款扣还数额计算式略有区别。

（1）第一次扣还工程备料款数额的计算公式如下：

$$A_1=(F-Q) \cdot N$$

式中：A_1——第1次扣还工程备料款数额；

F——累计完成建筑安装工程量；

Q——起扣点；

N——主要材料及构件所占比重。

（2）第二次及其以后各次扣还工程备料款数额的计算式如下：

$$A_i=F_i \cdot N$$

式中 A_i——第i次扣还工程备料款数额；

F_i——第i次扣还工程备料款时，当次结算完成的建筑安装工作量；

N——主要材料及构件所占比重。

【例7-2】某工程承包合同价为600万元,预付备款额度为20%,主要材料及构配件费用占工程造价的60%,每月实际完成的工作量及合同价调整额见表7-4,求预付备料款、每月结算工程款及竣工结算工程款各为多少?

表7-4　实际完成的工作量及合同价调整额

月份	7月	8月	9月	10月	合同价调整额
完成工作量(万元)	100	140	200	160	50

解:A. 预付备料款=600×20%=120(万元)

B. 预付备料款起扣点=600-120/60%=400(万元),即当累计结算工程款为400万元时,开始扣备料款;

C. 7月份应结工程款100万元,累计拨款额100万元;

D. 8月份应完成工作量140万元,结算140万元,累计拨款额240万元;

E. 9月份完成工作量200万元,累计完成200+240=440(万元),超过了起扣点400万元,所以应从9月份的440-400=40(万元)中扣60%的备料款。9月份应结工程款=(200-40)+40×(1-60%)=176(万元),9月份累计拨款=416(万元)。

F. 10月份应结工程款160×(1-60%)=64(万元)。

10月份累计拨款480万元,加上预付备料款120万元,合同价调整额50万元,总计结算款为650万元。

每月工程价款结算见表7-5。

表7-5　工程价款结算表

月份	7月	8月	9月	10月	合同价调整额
当月完成工作量(万元)	100	140	200	160	50
累计完成工作量(万元)	100	240	440	600	650
当月结算工程价款(万元)	100	140	176	64	50
累计结算工程价款(万元)	100	240	416	480	530

2. 一次扣还工程备料款

预收工程备料款的扣还还可以在未完工的建筑安装工作量等于预收备料款时,用其全部未完工程价款一次抵扣工程备料款,施工企业停止向建设单位收取工程价款。采用这种方法需要计算出停止收取(支付)工程价款的起点,根据以上原则应按下式计算:

$$K=P(1-5\%)-M$$

式中　K——停止收取工程价款的起点;

　　　P——年度建筑安装工作量;

　　　M——工程备料款数额;

　　　5%——扣留工程价款比例,一般取5%~10%,其目的是为了加快收尾工程的进度,扣留的工程价款在竣工结算时结清。

这种扣还工程备料款的方法计算简单,停止收取工程价款的起点在分次扣还法的工程备料款起扣点的后面。从实际上看,在停止收取工程价款起点以后的未完工程价款,已经以工程备料款的形式转入施工单位的账户中,建设单位对未完工程已经失去了经济控制权,若没有其他合同条款规定和措施保证,则一般不宜采用一次扣还工程备料款的方法。

四、工程进度款的支付

施工企业在施工过程中,依据工程的施工进度和合同约定的进度款支付方式,按逐月、或分段

（形象进度、控制界面）完成的工程量乘以工料单价或综合单价计算各项费用（工程价款），向建设单位（业主）办理价款结算手续。工程进度款包括已经完成的施工图工程量、工程变更和工程索赔款项、计日工费用等，一般在支付时要扣除预付款金额和保证金费用。

（一）工程进度款的支付程序

工程进度款的支付步骤：①承包商：工程量测量与统计→②承包商：交付已完工程量报告→③监理、造价工程师：核实并确认→④建设单位：认可并审批→⑤支付工程进度款。

工程进度款的收取，一般是月初（或分段）收取上期完成的工程进度款，当累计工程价款未达到起扣点时，此时的工程进度款应等于施工图预算中所完成的建筑安装工程费用之和。当累计完成工程价款总和达到预付款起扣点时，就要从每期的工程进度款中减去应扣除的备料款数额。

$$应收取的工程进度款 = \sum 本期已完工程量 \times 预算价格 + 追加的合同价款$$

$$应收取的工程进度款 = \sum 本期已完工程量 \times 预算价格 + 追加的合同价款 - 应扣除的预付款$$

（二）工程计量

从上述工程进度款的计算和进度款的支付程序中都可以看出，对承包人已经完成的合格工程进行计量并予以确认（简称工程计量），是发包人支付工程进度款的前提工作。因此，工程计量不仅是发包人控制施工阶段工程造价的关键环节，也是约束承包人履行合同义务的主要手段。

1. 工程量的计算与确认

工程计量是发承包双方根据合同约定，对承包人完成合格工程数量进行的计算和确认。具体地说，就是双方根据设计图纸、技术规范以及施工合同约定的计量方式和计算方法，对承包人已经完成的质量合格的工程实体数量进行测量和计算，并进行标识和确认的过程。

招标工程量清单中所列的工程数量，通常是根据招标时的设计图纸计算的数量，是发包人对合同工程的预估工程量。工程施工过程中，通常会由于一些原因导致承包人实际完成的工程量与工程量清单中所列的工程量不一致，如招标工程量清单缺项或项目特征描述与实际不符、工程变更、现场施工条件的变化、现场签证、暂估价中的专业工程发包等。因此，在工程合同价款结算前，必须对承包人履行合同义务所完成的实际工程进行准确的计量。

2. 工程计量的方法

工程量必须按照相关专业工程量计算规范（如《房屋建筑与装饰工程工程量计算规范》）或《计价规则》《消耗量定额》规定的工程量计算规则进行计算。工程量可选择按月或按工程形象进度分段计量（对应合同约定的支付方式）。因承包人原因造成的超出合同范围施工或返工的，发包人不予计量。若发现招标工程量清单中出现缺项、工程量偏差、或因工程变更引起工程量的增减，应按承包人在履行合同义务中实际完成的工程量计算。

3. 工程量确认的相关规定

《工程价款结算暂行办法》（财建发〔2004〕369号）第十三条中规定：

（1）承包人应当按照合同约定的方法和时间，向发包人提交已完工程量的报告。发包人接到报告后14天内核实已完工程量，并在核实前1天通知承包人，承包人应提供条件并派人参加核实，承包人收到通知后不参加核实，以发包人核实的工程量作为工程价款支付的依据。发包人不按约定时间通知承包人，致使承包人未能参加核实，核实结果无效。

（2）发包人收到承包人报告后14天内未核实完工程量，从第15天起，承包人报告的工程量即视为被确认，作为工程价款支付的依据，双方合同另有约定的，按合同执行。

（3）对承包人超出设计图纸（含设计变更）范围和因承包人原因造成返工的工程量，发包人不予计量。

(三) 工程进度款支付

1. 期中支付

工程进度款的结算支付也称为合同价款的期中支付,是指发包人在合同工程施工过程中,按照合同约定对付款周期内承包人完成的合同价款给予支付的款项。发承包双方应按合同约定的时间、程序和方法,根据工程计量结果,办理期中价款结算,支付进度款。

2. 支付价款的计算

(1) 已完工程的结算价款：已标价工程量清单中的单价项目,承包人应按工程计量确认的工程量与综合单价计算。如综合单价发生调整的,以发承包双方确认调整的综合单价计算进度款。

已标价工程量清单中的总价项目,承包人应按合同约定的进度款支付分解、分别列入进度款支付申请中的安全文明施工费和本周期支付的总价项目的金额中。

(2) 结算价款的调整：承包人现场签证、发包人确认的索赔金额列入本周期应增加的金额中。由发包人提供的材料、设备金额应按发包人签约提供的单价和数量从进度款支付中扣除,列入本周期应扣减的金额中。

(3) 进度款的支付比例：进度款的支付比例按照合同约定,按期中支付结算价款总额计算,一般不低于60%、不高于90%。

3. 进度款支付申请与复核

承包人应在每个价款结算周期到期后,向发包人提交已完工程进度款支付申请表(一式四份),详细说明此周期内认为有权得到的款额。工程进度款支付申请表见表7-6,该表来源于《陕西省建设工程工程量清单计价规则》(2009)。

发包人收到进度款申请表后,应按一定的程序和规定的时间精心复核、审核,核准无误后即可支付工程进度款。

4. 工程进度款支付的相关规定

《工程价款结算暂行办法》(财建发〔2004〕369号)第十三条规定(三)：

(1) 根据确定的工程计量结果,承包人向发包人提出支付工程进度款申请,14天内发包人应按不低于工程价款的60%,不高于工程价款的90%向承包人支付工程进度款。按约定时间发包人应扣回的预付款,与工程进度款同期结算抵扣。

(2) 发包人超过约定的支付时间不支付工程进度款,承包人应及时向发包人发出要求付款的通知,发包人收到承包人通知后仍不能按要求付款,可与承包人协商签订延期付款协议,经承包人同意后可延期支付,协议应明确延期支付的时间和从工程计量结果确认后第15天起计算应付款的利息(利率按同期银行贷款利率计)。

(3) 发包人不按合同约定支付工程进度款,双方又未达成延期付款协议,导致施工无法进行,承包人可停止施工,由发包人承担违约责任。

(4) 第十条规定：确认增(减)的工程变更价款作为追加(减)合同价款与工程进度款同期支付。

(四) 工程质量保证金的预留

1. 质量保证金的含义

根据《建设工程质量保证金管理办法》(建质〔2017〕138号)的规定,建设工程质量保证金是指发包人与承包人在建设工程承包合同中约定,从应付的工程款中预留,用以保证承包人在缺陷责任期内对建设工程出现的缺陷进行维修的资金。

缺陷是指建设工程质量不符合工程建设强制标准、设计文件以及承包合同的约定；缺陷责任期是指承包人对已交付使用的合同工程承担合同约定的缺陷修复责任的期限。缺陷责任期一般为一年,最长不超过两年,由发承包双方在合同中约定。

表 7-6 工程款支付申请（核准）表

工程名称：　　　　　　　　　　　　　专业：　　　　　　　　　　　　　编号：

致＿＿＿＿＿＿＿＿＿＿＿＿＿＿＿＿＿＿＿＿（发包人全称）

我方于＿＿＿＿＿至＿＿＿＿＿期间已完成了＿＿＿＿＿工作，根据施工合同的约定，现申请支付本期的工程款额（小写）＿＿＿＿＿元，（大写）＿＿＿＿＿元，请予核准。

序号	名　　称	金额（元）	备　注
1	累计已完成的工程价款		
2	累计已实际支付的工程价款		
3	本周期已完成的工程价款		
4	本周期完成的计日工金额		
5	本周期应增加和扣减的变更金额		
6	本周期应增加和扣减的索赔金额		
7	本周期应抵扣的预付款		
8	本周期应扣减的质保金		
9	本周期应增加或扣减的其他金额		
10	本周期实际应支付的工程价款		

承包人（章）
承包人代表＿＿＿＿＿＿
年　月　日

复核意见： □与实际施工情况不相符，修改意见见附表。 □与实际施工情况相符，具体金额由造价工程师复核。 监理工程师＿＿＿＿＿＿ 年　月　日	复核意见： 你方提出的支付申请经复核，本期间已完成工程款额为（大写）＿＿＿＿＿元，（小写）＿＿＿＿＿元，本期间应支付金额为（大写）＿＿＿＿＿元，（小写）＿＿＿＿＿元。 造价工程师＿＿＿＿＿＿ 年　月　日

审核意见：
□不同意。
□同意，支付时间为本表签发后的 15 天内。

发包人（章）
发包人代表＿＿＿＿＿＿
年　月　日

注：1. 在选择栏中的"□"内作标识"√"。
　　2. 本表一式四份，由承包人填报，发包人、监理人、造价咨询人、承包人各存一份。

　　缺陷责任期从工程通过竣工验收之日起计算。由于承包人的原因导致工程无法按规定期限进行竣工验收的，缺陷责任期从实际通过竣工验收之日起计算。由于发包人原因导致工程无法按规定期限竣工验收的，在承包人提交竣工验收报告 90 天后，工程自动进入缺陷责任期。

　　2. 工程质量保修范围

　　发承包双方在工程质量保修书中约定的建设工程的保修范围包括地基基础工程、主体结构工程、屋面防水工程、有防水要求的卫生间、房间和外墙面的防渗漏，供热与供冷系统，电气管线、给排水管道、设备安装和装修工程，以及双方约定的其他项目。

由于用户使用不当或自行装饰装修、改动结构、擅自添置设施或设备而造成建筑功能不良或损坏的，以及因自然灾害等不可抗力造成的质量损害，不属于保修范围。

3. 工程质量保证金的预留

发包人应按合同约定方式预留保证金，保证金总预留比例不得高于工程价款结算总额的3%。合同约定有承包人以银行保函替代预留保证金的，保函金额不得高于工程价款结算总额的3%。在工程项目竣工前，已经缴纳了履约保证金的，发包人不得同时预留工程质量保证金。采用工程质量保证担保、工程质量保险等其他保证方式的，发包人不得再预留保证金。

质量保证金的预留方式有以下两种：

（1）分阶段按比例预留：业主可以选择每次从支付的工程进度款中按预留比例扣留保证金，直到保留金额达到双方规定的限额为止。

（2）最后一次按比例预留：对应工程造价不高、保修金总数不大的工程。当预付款及进度款累计达到工程造价一定比例（如97%左右）时，停止支付工程价款，预留该剩下比例价款作为质量保证金。

缺陷责任期内，由承包人原因造成的缺陷，承包人应负责维修，并承担鉴定和维修费用。

4. 质量保证金的返还

缺陷责任期内，承包人应认真履行合同约定的责任，到期后，承包人向发包人申请返还质量保证金。

发包人和承包人对质量保证金的预留、返还以及工程维修质量、费用有争议的，按承包合同约定的争议和纠纷解决程序处理。

五、工程竣工结算及其审核

工程结算是指发承包双方根据国家有关法律、法规规定，对合同工程实施中、终止时、已完工后的工程项目进行的合同价款计算、调整和确认。一般工程结算可以划分为定期结算（按月结算）、分段结算、年终结算和竣工结算等方式。其中定期结算、分段结算、年终结算都属于工程进度款的期中支付结算，该内容已做过介绍，下面重点介绍工程竣工结算。

工程竣工结算是指施工单位在所承包的工程按照合同规定的内容全部完工并经建设单位及有关部门验收合格点交后，发承包双方按照合同约定对所完成工程项目进行的合同价款的计算、调整和确认，重新确定工程造价。竣工结算是施工单位最后一次向建设单位办理工程款结算的文件。

工程竣工结算分为建设项目竣工总结算、单项工程竣工结算、单位工程竣工结算。

（一）工程竣工结算的编制和审核

单位工程竣工结算由承包人编制，发包人审查；实行总承包的工程，由具体承包人编制，在总承包人审查的基础上，发包人审查。单项工程竣工结算或建设项目竣工总结算由总（承）包人编制，发包人可以直接进行审查，发包人也可委托具有相应资质的工程造价咨询机构进行审查。政府投资项目，由同级财政部门审查。

承包人应在合同约定期限内完成项目竣工结算编制工作，未在规定期限内完成并且提不出正当理由延期的，责任自负。

单项工程竣工结算或建设项目竣工总结算经发、承包人签字盖章后有效。

1. 工程竣工结算的编制依据

（1）建筑工程工程量清单计价规范（规则）及各专业工程的计量规范；

（2）建设工程施工合同；

（3）发承包双方实施过程中已确认的工程量及其结算的合同价款；

（4）发承包双方实施过程中已确认调整后追加（减）的工程价款；

(5) 建设工程设计文件及相关资料；
(6) 投标文件；
(7) 其他依据。

2. 竣工结算的编制

工程竣工结算是指施工单位所承包的工程按照合同规定的内容全部竣工，并经建设单位和有关部门验收合格后，由施工单位根据施工过程中实际发生的变更情况，对原施工图预算或工程合同造价进行增减调整修正，再经建设单位审查，重新确定工程造价，并作为施工单位向建设单位办理工程价款清算的技术经济文件。

竣工结算的核心是编制竣工结算书，工程结算书是施工单位根据施工图预算或合同造价、设计变更增减项目、现场签证费用和索赔费用编制确定的工程最终造价的经济文件，表示向建设单位应收的全部工程价款。

结算造价＝工程预算造价或合同价款＋工程追加（减）合同价款

提示：工程量清单计价模式下竣工结算的编制详见本章第四节内容。

工程竣工结算，意味着发承包双方经济关系的最后结束，因此，发承包双方对财务往来进行清算。竣工价款结算则根据"工程结算书"和"工程价款结算账单"进行。工程价款结算账单表示施工单位已向建设单位收取的工程进度款记录。

竣工结算价款＝预算或合同价款＋合同价款调整-预付及已结算工程价款-质量保证金

3. 工程竣工结算的计价原则

在工程量清单计价模式下，工程竣工结算的编制应当遵循以下计价原则：

(1) 分部分项工程量清单和措施项目清单中的单价项目应依据双方确认的工程量与已标价工程量清单的综合单价计算；如综合单价发生调整的，以双方确认调整的综合单价计算。

(2) 措施项目清单中的总价项目应依据合同约定的项目和金额计算；如发生调整的，以双方确认调整的金额计算。其中安全文明施工措施费必须按国家或省市建设主管部门的规定计算。

(3) 其他项目清单按下列规定计价：

1) 计日工应按发包人实际签证确认的数量按已标价工程量清单的综合单价计算；
2) 专业工程暂估价应按《计价规范（规则）》的相关规定计算；
3) 总承包服务费应按双方确认调整的金额乘以中标费率计算；
4) 施工索赔费用应依据双方确认的索赔事项和金额计算；
5) 现场签证费用应依据双方签证资料确认的金额计算；
6) 暂列金额应减去工程价款调整（包括索赔、现场签证）金额计算，如有余额归发包人所有。

(4) 规费和增值税额应按照国家或省级建设主管部门的规定计算。

提示：发承包双方在合同工程实施过程中已经确认的工程量结果和合同价款，在竣工结算办理中应直接进入结算。

采用总价合同的，应在合同总价的基础上，对合同约定能调整的内容及超过合同约定范围的风险因素进行调整；采用单价合同的，在合同约定风险范围内的综合单价应固定不变，并按合同约定进行计量，且应按实际完成的工程量进行计量。

4. 工程竣工结算的审核

工程竣工结算的审核，是竣工结算阶段的一项重要工作。经审查核定的工程竣工结算是核定建设工程造价的依据，也是建设项目验收后编制竣工决算和核定新增固定资产价值的依据。因此，发承包双方、监理单位以及造价咨询公司等，都十分关注竣工结算的审核。

(1) 工程完工后，发承包双方应在合同约定时间内办理工程竣工结算。工程竣工结算由承包人或受其委托具有相应资质的工程造价咨询人编制，由发包人或受其委托具有相应资质的工程造价咨询人核对。

(2) 审查与核对竣工结算应在规定期限内核对完毕，核对结论与承包人竣工结算文件不一致的，应提交给承包人复核，承包人应在规定期限内复核完毕并予以书面答复，审核人收到承包人提出的异议后应再次复核，复核无异议的，双方应在竣工结算文件上签字确认，竣工结算办理完毕。承包人在规定时间内未提出书面异议的，视为核对的竣工结算文件承包人已认可。

(3) 竣工结算审核工作通常包括下列三个阶段：

1) 准备阶段：准备阶段包括收集、整理竣工结算审核项目的审核依据资料，做好送审资料的交验、核实、签收工作，并对资料的缺陷向对方提出书面意见及要求。

2) 审核阶段：审核阶段应包括现场勘察核实；召开审核会议，澄清有关问题，提出补充依据性资料和必要的弥补性措施，形成会议纪要；进行工程计量、计价审核与确定工作；完成初步审核报告。

3) 审定阶段：审定阶段应包括竣工结算审核意见与承包人和发包人进行沟通，召开协调会议、再次复核，处理分歧事项，形成工程结算审核成果文件，签认竣工结算审定表，提交竣工结算审核报告等工作。

(4) 竣工结算审核的方法：竣工结算审核的方法有全面审核法、重点审核法、类比审核法和抽样审核法，除委托咨询合同另有约定的外，应采用全面审核法。

(5) 竣工结算审核成果：竣工结算审核成果文件包括竣工结算审核书封面、签署页、竣工结算审核报告、竣工结算审定签署表、竣工结算审核汇总对比表、单项工程竣工结算审核汇总对比表、单位工程竣工结算审核汇总对比表等。

(二) 竣工结算价款的支付

工程竣工结算文件经发承包双方签字确认后，应作为工程结算的依据，未经对方同意，另一方不得就已生效的竣工结算文件再次委托工程造价咨询机构重复审核。发包方应按竣工结算文件及时支付竣工结算价款。

1. 承包人提交竣工结算价款支付申请

承包人根据已确认的竣工结算文件，向发包人提交竣工结算价款支付申请，支付申请应包括以下主要内容：

(1) 竣工结算合同价款总额；

(2) 累计已实际支付的合同价款；

(3) 应扣留的质量保证金；

(4) 实际应支付的竣工结算价款余额。

竣工结算价款＝预算或合同价款＋合同价款调整-预付及已结算工程价款-质量保证金

2. 发包人签发竣工结算支付证书

发包人在收到承包人提交的竣工结算价款支付申请后，在约定期限内予以核实，向承包人签发竣工结算支付证书。

发包人在收到承包人提交的竣工结算价款支付申请后规定时间内不予核实的，不向承包人签发竣工结算支付证明的，视为承包人的竣工结算价款支付申请已被发包人认可。

3. 支付竣工结算价款

发包人签发竣工结算支付证书后，在约定期限内，按照竣工结算支付证书列明的金额向承包人支付结算价款。

六、《陕西省建设工程工程量清单计价规则》关于价款结算的有关规定

4.4 工程合同价款的约定

4.4.1 实行招标的工程合同价款应在中标通知书发出之日起30天内，由发、承包双方依据中标总价和综合单价在合同中约定。

不实行招标的工程合同价款，发、承包人按双方认可的工程价款在合同中约定。

4.4.2 实行招标的工程，合同约定不得违背招、投标文件中关于工期、造价、质量等方面的实质性内容。招标文件与中标人投标文件不一致的地方，以投标文件为准。

4.4.3 实行工程量清单计价的工程，应采用总价与综合单价相结合以综合单价为准的合同形式。

4.4.4 发、承包双方应在合同条款中对下列事项进行约定：

1　工程合同价款（包括总价和工程量清单综合单价）；
2　预付工程款的数额、支付时间及抵扣方式；
3　工程计量与支付工程进度款的方式、数额及时间；
4　工程价款的调整因素、方法、程序、支付及时间；
5　索赔与现场签证的程序、金额确认与支付时间；
6　承担风险的内容、幅度以及超出约定内容、幅度的调整办法；
7　工程竣工价款结算编制与核对、支付及时间；
8　工程质量保证（保修）金的数额、预扣方式及时间；
9　安全文明施工措施费用的支付时间及使用情况监督办法；
10　施工工期提前或延后的奖惩办法；
11　与履行合同、支付价款相关的担保事项；
12　发生工程价款争议的解决方法及时间；
13　与履行合同、支付价款有关的其他事项等。

4.4.5 发包人应当自合同签订之日起 30 日内按规定将合同副本报项目所在地县级以上建设主管部门或其委托的机构备案。

4.5　工程计量与价款支付

4.5.1 发包人应按照合同约定支付工程预付款。支付的工程预付款，按照合同约定在工程进度款中抵扣。

4.5.2 发包人支付工程进度款，应按照合同约定计量和支付，支付周期同计量周期。

4.5.3 工程计量时，若发现工程量清单中出现漏项、工程量计算偏差，以及工程变更引起工程量的增减，应按承包人在履行合同义务过程中实际完成的工程量计算。

4.5.4 承包人应按照合同约定，向发包人递交已完工程量报告。发包人应在接到报告后按合同约定进行核对。

4.5.5 承包人应在每个付款周期末，向发包人递交进度款支付申请，并附相应的证明文件。除合同另有约定外，进度款支付申请应包括下列内容：

1　本周期已完成工程的价款；
2　累计已完成的工程价款；
3　累计已支付的工程价款；
4　本周期已完成计日工金额；
5　应增加和扣减的变更金额；
6　应增加和扣减的索赔金额；
7　应抵扣的工程预付款；
8　应抵扣的发包人供应的材料、设备的金额；
9　根据合同应增加和扣减的其他金额；
10　本付款周期实际应支付的工程价款。

4.5.6 发包人在收到承包人递交的工程进度款支付申请及相应的证明文件后，发包人应在合同约定时间内核对和支付工程进度款。

4.5.7 发包人未在合同约定时间内支付工程进度款，承包人应及时向发包人发出要求付款通知，发包人收到承包人通知后仍不按要求付款，可与承包人协商签订延期付款协议，经承包人同意后延期支付。协议应明确延期支付的时间和从要求付款通知送达之日起按同期银行贷款利率计算应付款的利息。

4.5.8 发包人不按合同约定支付工程进度款，双方又未达成延期付款协议，导致施工无法进行时，承包人可停止施工，由发包人承担违约责任。

4.6 索赔与现场签证

4.6.1 合同一方向另一方提出索赔时，应有正当的索赔理由和有效证据，并应符合合同的相关约定。

4.6.2 若承包人认为非承包人原因发生的事件造成了承包人的经济损失，承包人应在确认该事件发生后，按合同约定向发包人发出索赔通知。

发包人在收到承包人发出的索赔通知后并在合同约定时间内，未向承包人做出答复，视为该项索赔已经认可。

4.6.3 承包人索赔按下列程序处理：

1 承包人在合同约定的时间内向发包人递交费用索赔意向通知书；
2 发包人指定专人收集与索赔有关的资料；
3 承包人在合同约定的时间内向发包人递交费用索赔申请表；
4 发包人指定的专人初步审查费用索赔申请表，符合本规则第4.6.1条规定的条件时予以受理；
5 发包人指定的专人进行费用索赔核对，经造价工程师复核索赔金额后，与承包人协商确定并由发包人批准；
6 发包人指定的专人应在合同约定的时间内签署费用索赔审批表，或发出要求承包人提交有关索赔的进一步详细资料的通知，待收到承包人提交的详细资料后，按本条第4、5款的程序进行。

4.6.4 若承包人的费用索赔与工程延期索赔要求相关联时，发包人在做出费用索赔的批准决定时，应结合工程延期的批准，综合做出费用索赔和工程延期的决定。

4.6.5 若发包人认为由于承包人的原因造成额外损失，发包人应在确认引起索赔的事件后，按合同约定参照4.6.3条规定的程序向承包人索赔。

承包人在收到发包人索赔通知后并在合同约定时间内，未向发包人做出答复，视为该项索赔已经认可。

4.6.6 承包人应发包人要求完成合同以外的零星工作或非承包人责任事件发生时，承包人应按合同约定及时向发包人提出现场签证。

4.6.7 发、承包双方确认的索赔与现场签证费用与工程进度款同期支付。

4.7 工程价款调整

4.7.1 招标工程以投标截止日前28天，非招标工程以合同签订前28天为基准日，其后国家的法律、法规、规章和政策发生变化影响工程造价的，应按省建设主管部门或其授权的省工程造价管理机构发布的规定调整合同价款。

4.7.2 若施工中出现施工图纸与工程量清单项目特征描述不符的，由承包人按新的项目特征提出综合单价，发包人确认。

4.7.3 因分部分项工程量清单漏项或非承包人原因的工程变更，造成增加新的工程量清单项目，其对应的综合单价按下列方法确定：

1 合同中已有适用的综合单价，按合同中已有的综合单价确定；
2 合同中有类似的综合单价，参照类似的综合单价确定；
3 合同中没有适用或类似的综合单价，由承包人提出综合单价，发包人确认。

4.7.4 承包人中标的措施项目费为合同价款的组成部分，一般不做调整。但出现下列情况时可做调整：

1 发包人更改已审定的施工方案（修正错误除外），引起措施项目费用增加时予以增加，减少时不予减少。

2 由于工程量变化引起措施项目费用增加时予以增加，减少时予以减少。

上述两类情况发生时，承包人原中标价以综合单价计算的措施项目按本规则4.7.3条办理；承包人原中标价以系数计算的措施项目，按原中标系数计算。

4.7.5 因非承包人原因引起的工程量增减，发、承包双方应在合同中约定调整综合单价的工程量增减幅度。在合同约定幅度以内的，应执行原有的综合单价；在合同约定幅度以外的，其综合单价由承包人提出、发包人确认。

4.7.6 若施工期内材料、设备市场价格波动超出合同约定幅度时，其超出部分应按差价调整工程价款；合同没有约定或约定不明确的，其合同约定价与实际价格之间的全部差价由发包人承担。

4.7.7 因不可抗力事件导致的费用，发、承包双方应按以下原则分别承担并调整工程价款。

1 工程本身的损害、因工程损害导致第三方人员伤亡和财产损失以及运至施工场地用于施工的材料和待安装的设备的损害，由发包人承担；

2 发包人、承包人人员伤亡由其所在单位负责，并承担相应费用；

3 承包人的施工机械设备损坏及停工损失，由承包人承担；

4 停工期间，承包人应发包人要求留在施工场地的必要的管理人员及保卫人员的费用，由发包人承担；

5 工程所需清理、修复费用，由发包人承担。

4.7.8 工程价款调整报告应由受益方在合同约定时间内向合同的另一方提出，经对方确认后调整合同价款。受益方未在合同约定时间内提出工程价款调整报告的，视为不涉及合同价款的调整。

收到工程价款调整报告的一方应在合同约定时间内确认或提出协商意见，否则，视为工程价款调整报告已经确认。

4.7.9 经发、承包双方确定调整的工程价款，作为追加（减）合同价款与工程进度款同期支付。

第四节 清单计价模式下竣工结算编制

一、《陕西省建设工程工程量清单计价规则》关于竣工结算的规定

（1）工程完工后，发、承包双方应在合同约定时间内办理工程竣工结算。

（2）工程竣工结算由承包人或受其委托具有相应资质的工程造价咨询人编制，由发包人或受其委托具有相应资质的工程造价咨询人核对。

（3）工程竣工结算应依据：

1）本规则；

2）施工合同；

3）投标文件；

4）招标文件；

5）工程竣工图纸及资料；

6）双方确认的工程量；

7）双方确认追加（减）的工程价款；

8）双方确认的索赔、现场签证事项及价款；

9）其他依据。

（4）分部分项工程费应依据双方确认的工程量、合同约定的综合单价和按规定应计列的差价计算；如综合单价发生调整的，以发、承包双方确认调整的综合单价计算。

发包人提供了暂估单价的材料、设备，若依法必须招标的，由发包人和承包人共同通过招标确定

其单价,若不属于依法必须招标的,由发包人和承包人协商确定其单价。发包人和承包人通过招标或协商确定的材料、设备单价与暂估单价的差额以差价方式调整总价。

(5) 措施项目费应依据合同约定的项目和金额计算;如发生调整的,以发、承包双方确认调整的金额计算,其中安全文明施工费应按本规则第4.1.6条的规定计算。

(6) 其他项目费用应按下列规定计算:

1) 计日工应按发包人实际签证确认的事项和金额计算;

2) 发包人提供暂估价的专业工程结算按发包人、承包人与专业分包人依据有关计价规定最终确认的价格计算;

3) 总承包服务费应依据合同约定金额计算,如发生调整的,以发、承包双方确认调整的金额计算;

4) 索赔费用应依据发、承包双方确认的索赔事项和金额计算;

5) 现场签证费用应依据发、承包双方签证资料确认的金额计算;

6) 暂列金额应减去工程价款调整与索赔、现场签证金额计算,如有余额归发包人。

(7) 规费和税金应按本规则第4.1.10条的规定计算。

(8) 承包人应在合同约定时间内编制完成竣工结算书,并在提交竣工验收报告的同时递交给发包人。

承包人未在合同约定时间内递交竣工结算书,经发包人催促后仍未提供或没有明确答复的,发包人可以根据已有资料办理结算。

(9) 发包人在收到承包人递交的竣工结算书后,应按合同约定时间核对。

同一工程竣工结算核对完成,发、承包双方签字确认后,发包人不得要求承包人与另一个或多个工程造价咨询人重复核对竣工结算,承包人也不得要求发包人重复核对竣工结算。

(10) 发包人收到承包人递交的竣工结算书后,在合同约定时间内,不核对竣工结算或未提出核对意见的,视为承包人递交的竣工结算书已经认可,发包人应向承包人支付工程结算价款。

承包人在接到发包人提出的核对意见后,在合同约定时间内,不确认也未提出异议的,视为发包人提出的核对意见已经认可,竣工结算办理完毕。

(11) 发包人应对承包人递交的竣工结算书予以签收,拒不签收的,承包人可以不交付竣工工程。

承包人未在合同约定时间内递交竣工结算书的,发包人要求交付竣工工程,承包人应当交付。

(12) 竣工结算办理完毕,发包人应将竣工结算书报送工程所在地工程造价管理机构备案。经备案的竣工结算书作为工程竣工验收备案的必备文件。

(13) 竣工结算办理完毕,发包人应根据确认的竣工结算书在合同约定时间内向承包人支付工程竣工结算价款。

(14) 发包人支付工程竣工结算价款,应按合同约定预留质量保证(保修)金,并应在质量缺陷责任期结束后向承包人返还剩余的金额,不得超出合同约定的数额预留质量保证(保修)金,不得超出合同约定的时间扣留剩余的金额。

(15) 发包人未在合同约定时间内向承包人支付工程结算价款的,承包人可催告发包人支付结算价款。如达成延期支付协议的,发包人应按同期银行同类贷款利率支付拖欠工程价款的利息。如未达成延期支付协议,承包人可以与发包人协商将该工程折价,或申请人民法院将该工程依法拍卖,承包人享有就该工程折价或者拍卖的价款优先受偿的权利。

二、竣工结算的本质

竣工结算文件的编制其实质就是施工图预算的编制,是投标报价工作的延续(即编制程序、编制方法基本相同),换句话说就是施工图预算的调整。即在施工图预算的基础上,针对施工过程中发生的工程设计变更、材料变更、技术签证、索赔等资料对施工图预算进行调整后计算和确定的工程造价。结算造价是该工程建筑安装工程费用的实际价格。

编制结算时,招投标所形成的竞争成果(中标综合单价、中标系数或费率)不能推翻,即中标综合单价、中标费率不变。施工中可能发生的人工、材料和暂估单价材料价格的变化另行计算。如人工、材料价格的变化按差价处理,在《主要材料、设备差价表》上计算,然后计入造价计算程序的相应位置。主要材料、设备差价表见表7-7,该表来源于陕西省《计价规则》(2009)。

表7-7 主要材料、设备差价表

工程名称:　　　　　　　　　　　专业　　　　　　　　　　　第 页 共 页

序号	材料编码	名称、规格、型号	单位	数量	单价(元)			合价(元)
					合同价	确认价	差价	

注:1. 此表为工程结算时计算材料差价用表。
　　2. 差价应考虑合同约定的内容、幅度。

三、竣工结算的编制

(一)分部分项工程费的计算或调整

分部分项工程费用 = $\sum$ 双方确认的工程量 × 合同约定的综合单价(或双方确认调整的综合单价) + 按规定应计列的差价

(1)清单工程量为承包人实际完成的工程数量:该工程数量经双方确认,而非原清单工程数量;

(2)综合单价为合同约定的综合单价:即中标的综合单价,即投标时所报的综合单价或按合同双方重新确认调整的综合单价(合同另有约定时);

(3)按规定应计列的差价:施工中变化部分如政策性调整和主要材料价格变化,在材料差价表上计算。

招标人提供了暂估单价的材料、设备,投标时是按暂估单价计入综合单价的,招投标形成的造价成果结算时不能推翻即综合单价、各种费率不变,价格变化的部分另按差价处理。

差价包括:①材料差价:是指施工单位自主报价的材料引起的差价;②暂估单价材料引起的差价:是指甲定乙供材料引起的差价;③政策性调整引起的差价:是指政府人工单价调整引起的差价。

材料差价 = [双方确认的材料单价 - 合同材料单价 × (1 + 约定的幅度)] × 材料的数量,材料的数量可按定额材料消耗量 × 定额工程量计算,如合同无约定幅度时,约定的幅度不计算;

暂估单价材料差价 = (招标或双方协商确认的材料单价 - 暂估材料单价) × 材料的数量,材料的数量可按定额材料消耗量 × 定额工程量计算;

人工费差价 = (政策性规定的人工单价 - 合同约定的人工单价或同期政策性规定人工单价两者取大值) × 人工数量,人工数量可按定额人工消耗量 × 定额工程量计算;

或人工费差价 = (政策性规定的人工单价 - 合同约定的人工单价) × 应调差价的人工费/合同约定的人工单价;

或人工费差价 = 应调差价的人工费/合同约定的人工单价 × 政策规定的人工单价 - 应调差价的人工费。

(二)措施项目费的计算或调整

措施项目费用的调整:一般不做调整,陕西省《计价规则》(2009)规定:①增加时增加,减少是不予减少;②增加时增加,减少时予以减少。

也就是说措施项目费用一般不做调整,不能把招投标的竞争成果给以否定;非承包人的原因只增加不减少。具体规定见《计价规则》：

发包人更改已审定的施工方案（修正错误除外），引起措施项目费用增加时予以增加，减少时不予减少。由于工程量变化引起措施项目费用增加时予以增加，减少时予以减少。

措施项目费用调整方法：按中标综合单价、中标系数（或费率）计算。增加的差价不参与调整费率计取部分措施项目费用，但差价应参与安全文明施工措施费的调整。相关依据见第六章。

$$措施项目费用＝安全文明施工措施费＋$$
$$其他措施项目费用（除安全文明外的费率计取部分措施项目费用＋$$
$$工程量部分措施项目费用）＋按规定应计列的差价$$

（1）费率计取部分措施项目费即总价项目：包括冬雨季及夜间施工增加费、二次搬运费、测量放线定位复测及检验试验费等三个措施项目，其计算如下：

（调整后的分部分项工程费－差价）×中标费率计算，招标费率即投标费率、合同费率。

（2）工程量部分措施项目费即单价项目：包括模板及支撑、脚手架、垂直运输、超高降效、大型机械进出场等措施项目，其计算如下：

实际完成的清单工程量×中标的综合单价＋按规定应计列的差价。工程量、综合单价、差价计算原理同分部分项工程费。

（3）安全文明施工措施费：属不可竞争性费用，计算方法同投标报价。

（三）其他项目费的计算或调整

其他项目费用＝专业工程暂估价＋计日工费用＋总包服务费＋索赔和现场签证费用＋按规定应计列的差价

（1）专业工程暂估价按发包人、承包人与专业分包人依据有关计价规定最终确认的价格计算；

（2）计日工表中的数量按实际签证确认，中标综合单价不变；

（3）总承包服务费按中标费用结算，如发生调整的，按双方确认调整的金额计算，但招投标时所报费率不变；

（4）索赔费用、现场签证费用按双方确认的金额计算；

（5）暂列金额的扣减：暂列金额应减去工程价款调整与索赔、现场签证金额，如有余额归发包人所有。

（四）规费和增值税额的计算或调整

规费和税金（增值税销项税额）属于不可竞争性费用，必须按规定计算，相关费率、系数见表4-10～表4-12。

$$规费＝（分部分项工程费＋措施项目费＋其他项目费）×费率$$
$$税金（增值税销项税额）＝税前工程造价×增值税适用税率$$
$$税前工程造价＝（分部分项工程费＋措施项目费＋其他项目费＋规费）×综合系数$$
$$附加税＝（分部分项工程费用＋措施项目费用＋其他项目费用＋规费）×费率$$

（五）结算造价（工程造价）

结算工程造价＝分部分项工程费用＋措施项目费用＋其他项目费用＋规费＋增值税销项税额＋附加税

或　　　　　　　　结算工程造价＝中标价＋追加的工程价款

四、工程造价纠纷解决方法、程序

（一）工程造价纠纷的产生

施工过程中，业主和承包商在履行施工合同时往往难以避免发生合同争议。如果不善于及时处理这些争议，任其积累和扩大，将会破坏一个工程项目合同各方的协作关系，严重影响项实施，甚至导致中途停工。因此，每个工程项合同双方，应该重视合同争议问题，及时而合理地解决任何争议，善于排除影响项目实施的一个个障碍。

合同争议的焦点,是双方的经济利益问题。在合同实施过程中,尤其是施工遇到特殊困难或工程成本大量超支时,合同双方为了澄清合同责任,保护自己的利益,经常会发生一些纠纷,例如:对工程项目合同条件的理解和解释不同;在确定新单价时论点不同;业主拖期支付工程款或不按合同约定支付工程款引起争议;在处理索赔问题时发生争议等。

(二) 避免工程造价纠纷的对策

(1) 合同条款签订应严密、有效。一是承包方和发包方有关人员应认真学习《合同法》等有关法律知识,认真学习国家和地方的有关工程造价的各种文件规定,并严格按规定办理工程预结算。二是要坚持实事求是原则,发包人不盲目压价,承包人不接受不合理压价要求,以免签订不合法的无效条款。

(2) 加强勘察设计管理资料。

(3) 施工图预算要全面、准确、合法、有效。

(4) 在施工过程中,要严格执行现场签证制度,监理工程师应做到守法、诚信、公正、科学。

(5) 在开工前应签订材料价格确认方案的规定性文件,并严格执行,以避免以材料找差引起纠纷。

(6) 各级工程造价部门应大力宣传有关造价的政策法规,完善造价各环节的管理措施。

(三) 工程造价争议解决的途径

根据工程施工过程中发包人、监理工程师和承包人处理工程造价纠纷的实践,造价纠纷的解决途径有友好协商解决、调解解决、仲裁或诉讼解决。

1. 协商

按照法律和商业惯例,一旦出现商业纠纷,双方应首先在自愿、平等的基础上进行友好协商,寻求解决的可能性。双方既有商业联系,对纠纷产生的原因应是心中有数,假如双方从合作的愿望出发并持客观公正的态度,通过坦诚、细致的磋商,纠纷是不难解决的。要害是双方协商不成,而应依据双方的协议,遵照有关的法规和通常的商业惯例,本着互谅互让、实事求是的精神,提出公平合理的解决方案,即可达成和解协议。这是大多数人的首选方式。当然,这种和解协议的内容必须合法,不损害国家、社会、第三人利益。自行协商解决纠纷,不受时间、地点和法定程序的限制,能维持双方的商业关系,消除隔阂或误解,增进双方的情谊。

2. 调解

经过协商不能达成协议时,双方可申请业务主管部门(如工程造价管理协会等)出面进行调解。业务主管部门是依法负有对日常商业活动的指导、管理、监督之责,他们比较认识本行业的业务,比较全面的把握情况,由其出面调解,既轻易做纠纷双方的思想工作,又能准确运用法规,提出合理和中肯的解决方案。此外,主管部门还可以运用法律和制度答应的方式,给纠纷双方以必要的帮助、照顾和支持。

假如协商一致,纠纷双方也可以共同委托所信赖的第三者(个人或团体)出面调解。由第三者进行调解,有较高的灵活性、中立性、专业性和权威性,比较超脱和公正,不致因某种利害关系而偏袒一方或损害另一方的利益,调解专家充分听取双方的意见,耐心细致说服双方,以自己专业和人格上的感召力促使双方互相让步而达成和解。

3. 仲裁

假如纠纷双方不愿通过协商和调解,或者协商、调解不成时,就只能在仲裁和诉讼两种方式中做选择。仲裁作为解决商业纠纷的重要方式,具有与法院诉讼同等的法律地位和强制执行效力。目前,更多的商家宁愿选择仲裁而不愿到法院诉讼,这是因为:

(1) 仲裁机构比法院更独立、公正。如工程造价仲裁委员会,它不隶属于任何行政、党务机构,在审理案件中,能完全排除外界的干扰,做到依法、独立、公正。此外,审理案件的仲裁员大多是在海内外有相称影响力的法律、经贸、科技方面的知名专家。专家审理案件,更专业、更公正。

(2) 仲裁程序更简便,审理期限更短,效率更高。仲裁实行"一裁终局"制度,其本身没有上诉或再审程序,仲裁过的纠纷不能再到法院申诉,仲裁一经裁决即具有法律约束力和强制执行力。

(3) 商家在仲裁程序中有更大的自主权。仲裁程序完全体现商家的意思自治,仲裁机构、仲裁员、仲裁地点、仲裁语言、甚至仲裁所依据的程序规则和适用的法律,均由商家自主选择。

(4) 仲裁实行一审终局,没有上诉,因而仲裁费用更低。此外,仲裁实行不公开审理,第三人不可旁听案件审理,媒体也不得报道仲裁程序及裁决,因此,仲裁更能保守商业秘密。

第五节 竣工决算编制

一、竣工决算概述

建设工程竣工决算是指在竣工验收交付使用阶段,由建设单位编制的建设项目从筹建到竣工投产或使用全过程的全部实际支出费用的经济文件。它也是建设单位反映建设项目实际造价和投资效果的文件,是竣工验收报告的重要组成部分。

根据建设项目规模的大小,可分为大、中型建设项目竣工决算和小型建设项目竣工决算两大类。

(1) 编制对象:建设项目。

(2) 编制单位:项目业主的财务部门。

(3) 编制内容:建设工程从筹建到竣工交付使用为止全部建设费用,它反映建设工程的投资效益,其内容包括竣工结算平面示意图、竣工财务决算、工程造价比较分析。

(4) 性质和作用:业主办理交付、验收、动用新增各类资产依据;竣工验收报告的重要组成部分。

二、竣工决算编制

(一) 竣工决算编制的主要依据

(1) 建设工程项目可行性研究报告和有关文件;

(2) 建设工程项目总概算书和单项工程综合概算书;

(3) 建设工程项目设计图纸及说明,其中包括总平面图、建筑工程施工图、安装工程施工图及相应竣工图纸;

(4) 建筑工程竣工结算文件;

(5) 设备安装工程竣工结算文件;

(6) 设备购置费用竣工结算文件;

(7) 工器具和生产用具购置费用结算文件;

(8) 其他工程和费用的结算文件;

(9) 国家和地方主管部门颁发的有关建设工程竣工决算文件;

(10) 施工中发生的各种记录、验收资料、会议纪要等其他资料。

(二) 竣工决算编制内容

(1) 项目竣工财务决算说明书;

(2) 项目竣工财务决算报表;

(3) 项目造价分析资料表等。

(三) 竣工决算编制程序

(1) 收集、整理有关项目竣工决算依据;

(2) 清理项目账务、债务和结算物资;

(3) 填写项目竣工决算报告;

(4) 编写项目竣工决算说明书；

(5) 报上级审查。

（四）竣工决算编制步骤

按照财政部关于《基本建设财务管理若干规定》的通知要求，竣工决算的编制步骤如下：

(1) 收集、整理、分析原始资料。从建设工程开始就按编制依据的要求，收集、清点、整理有关资料，主要包括建设工程档案资料，如设计文件、施工记录、上级批文、概（预）算文件、工程结算的归集整理，财务处理、财产物资的盘点核实及债权债务的清偿，做到账账、账证、账实、账表相符。对各种设备、材料、工具、器具等要逐项盘点核实并填列清单，妥善保管，或按照国家有关规定处理，不准任意侵占和挪用。

(2) 对照、核实工程变动情况，重新核实各单位工程、单项工程造价。将竣工资料与原设计图纸进行查对、核实，必要时可实地测量，确认实际变更情况；根据经审定的施工单位竣工结算等原始资料，按照有关规定对原概（预）算进行增减调整，重新核定工程造价。

(3) 将审定后的待摊投资、设备工器具投资、建筑安装工程投资、工程建设其他投资严格划分和核定后，分别计入相应的建设成本栏目内。

(4) 编制竣工财务决算说明书，力求内容全面、简明扼要、文字流畅、说明问题。

(5) 填报竣工财务决算报表。

(6) 做好工程造价对比分析。

(7) 清理、装订好竣工图。

8、按国家规定上报、审批、存档。

（五）竣工决算编制方法

(1) 为了严格执行基本建设项目竣工验收制度，正确核定新增固定资产价值，考核分析投资效果，建立健全经济责任制，所有新建、改建和扩建项目竣工以后，都应按照国家建委《关于基本建设项目竣工验收暂行规定》编制竣工决算。

(2) 基本建设项目竣工决算是反映竣工项目建设成果的文件，办理交付动用验收的依据，为竣工验收报告的重要组成部分。建设单位编制竣工决算，要注意积累各项资料，做好基础工作；要发动群众讨论，认真总结经验，进行对比分析，肯定成绩，找出差距，以利于不断提高基本建设管理水平。在竣工项目办理动用验收后一个月内，要编好竣工决算上报主管部门。其中有关财务成本部分，应送开户建设银行审查签证。建设单位编制竣工决算所需施工资料部分，施工单位应当负责提供。每项工程完工后施工单位在向建设单位（或建设指挥部）提出有关技术资料和竣工图纸，办理交工验收，应同时编制工程决算，办理财务结算。

(3) 竣工决算的内容，按大、中型建设项目和小型建设项目分别制订。大、中型建设项目的竣工决算包括竣工工程概况表（一表）、竣工财务决算表（二表）、交付使用财产总表（附一表）以及交付使用财产明细表。竣工决算的各项数字，要核对准确，真实可靠，并且做必要的文字说明。

竣工决算，应在上报主管部门的同时，抄送有关设计单位和开户建设银行各一份，大、中型建设项目的竣工决算（一表、三表），还应抄送财政部和省、市、自治区财政局各一份。

(4) 在全部工程竣工前后，要认真做好各项账务、物资以及债权债务的清理结束工作，做到工完账清。各种材料、设备、施工机具等，要逐项清点核实，妥善保管，按照国家规定进行处理，不准任意侵占。在没有编报竣工决算、清理结束以前，机构不得撤销，有关人员不得调离。竣工后的结余资金，一律通过建设银行上交主管部门。

(5) 各建设施工部门、设计部门以及建设银行要注意积累技术经济资料，考核分析建设成本，不断改进设计，推广先进技术，努力降低消耗，提高投资效果。

(6) 各地区、各部门可根据以上要求，结合具体情况制订补充规定，并督促所属执行。

参考文献

[1] 住房城乡建设部，交通运输部，水利部．全国二级造价工程师执业资格考试大纲（2019年版）[M]．北京：中国计划出版社，2019.

[2] 中华人民共和国住房和城乡建设部．建设工程工程量清单计价规范：GB 50500—2008．北京：中国计划出版社，2008.

[3] 中华人民共和国住房和城乡建设部．建设工程工程量清单计价规范：GB 50500—2013．北京：中国计划出版社，2013.

[4] 全国造价工程师职业资格考试培训教材编审委员会．建设工程造价管理 基础知识（2019年版）[M]．北京：中国计划出版社，2019.

[5] 二级造价工程师职业资格考试培训教材编审委员会．建设工程造价管理基础知识[M]．北京：中国建材工业出版社，2019.

[6] 全国一级建造师执业资格考试用书编写委员会．建设工程项目管理[M]．北京：中国建筑工业出版社，2017.

[7] 全国二级建造师执业资格考试用书编写委员会．建设工程法规及相关知识[M]．北京：中国建筑工业出版社，2017.

[8] 陕西省建设工程造价与建筑行业劳动保险基金统筹管理总站．建设工程计量与计价实务：土木建筑工程[M]．北京：中国建材工业出版社，2019.

[9] 陕西省建设工程造价与建筑行业劳动保险基金统筹管理总站．建设工程计量与计价实务：电气安装工程[M]．北京：中国建材工业出版社，2019.

[10] 陕西省建设工程造价与建筑行业劳动保险基金统筹管理总站．建设工程计量与计价实务：管道安装工程[M]．北京：中国建材工业出版社，2019.